普通高等教育“十一五”国家级规划教材

材料成形基础

第2版

主　编　常　春

副主编　翟慎秋　房强汉

参　编　田永生　王德云　刘援朝

刘军红　孙传祝　杨振宇

主　审　许本枢　亓成孝

机械工业出版社

本书为普通高等教育“十一五”国家级规划教材，是制造基础课用书。全书共八章，包括材料基础、坯料成形、切削加工成形和零件成形等方面的基本内容。第一章为工程材料导论，涉及材料的微观和宏观、钢铁材料、热处理基本概念；第二、三、四章为坯料的成形技术，包括金属的凝固成形、塑性成形、焊接成形；第五、六、七章为切削加工成形技术；第八章为零件成形的工艺设计。为方便教学，本书配有电子课件，位于机械工业出版社教材服务网上（www.cmpedu.com），向使用本书的授课教师免费提供。

本书可作为大学理工科学生的教材，也可以作为工程技术人员的参考书。

图书在版编目（CIP）数据

材料成形基础/常春主编．—2版．—北京：机械工业出版社，2009.8（2024.7重印）

普通高等教育“十一五”国家级规划教材

ISBN 978-7-111-27570-1

Ⅰ.材…　Ⅱ.常…　Ⅲ.工程材料-成型-高等学校-教材　Ⅳ.TB3

中国版本图书馆CIP数据核字（2009）第114424号

机械工业出版社（北京市百万庄大街22号　邮政编码100037）
策划编辑：冯春生　责任编辑：冯春生　王　杉
责任校对：张　媛　封面设计：王伟光　责任印制：常天培
北京机工印刷厂有限公司印刷
2024年7月第2版第13次印刷
184mm×260mm・10.75印张・261千字
标准书号：ISBN 978-7-111-27570-1
定价：25.00元

第2版前言

本书为普通高等教育“十一五”国家级规划教材，是机械工业出版社出版的《材料成形基础》（常春主编）的修订本，也是相关高等院校的教学用书。

随着高等教育事业的发展，除了需要对学生加强理论教育以外，还要加强对应用基础方面的教育，以适应生产制造部门对人才的需求变化。当前生产制造部门所需要的人员不仅要有理论知识，还要有解决实际问题的能力。为了适应这种变化，本书在保持第1版原有的精简特色基础上，进一步增加了实际应用方面的知识。

按照理论与应用并重的指导思想，从加强应用的角度出发，本书增加了零件成形的工艺设计内容，以利于提高学生的工艺设计能力。在新增加的内容中，通过一系列实例分别介绍了热处理件的工艺设计、自由锻件的工艺设计、模锻件的工艺设计、铸造件的工艺设计及机械加工件的工艺设计。工艺设计复杂多变，需要灵活运用，很难通过少数实例概括工艺设计的各个方面。尽管如此，工艺设计内容的出现，会对学生的学习起到积极作用。另外，在材料的基础知识部分，增加了有色金属材料的内容，以补足第1版在该方面的不足。

本书适用于机械工程、材料科学与工程、交通运输车辆、能源与动力工程、电力和电器工程、工程力学和工业管理等方面的专业基础教学。参考教学学时为32～45学时。为了使学生能够顺利学习本书的内容，应事先具备机械制图方面的知识，并且需要通过金工实习或者有关工程训练，以便于理解书中的内容。

本书由山东大学、山东理工大学和山东交通学院的任课教师，在积累了长期教学经验的基础上合作编写。参加编写的人员有：常春、翟慎秋、房强汉、田永生、王德云、刘援朝、刘军红、孙传祝和杨振宇老师。全书由常春统稿并任主编，翟慎秋、房强汉任副主编，许本枢、亓成孝任主审。

该书在编写过程中查阅了许多国内外出版的有关教材和资料，在此一并致谢。

由于编者水平所限，书中难免有缺点和错误，恳请各位读者指正。

编者

第1版前言

随着21世纪的到来，教学情况的不断变化，授课学时和教学内容均有不同程度的改变。为了适应这些变化，根据教学实践，对传统教材的内容作了一定的调整。基础理论方面，保留了最基本的部分；制造工艺方面，去掉了应用较少的工艺方法。书中的内容涉及到制造业的两个方面：其一是坯料制造方法，涵盖了材料和热处理知识、金属的凝固成形知识、塑性成形知识和焊接成形知识；其二是切削加工成形基本知识。通过对课程的学习，能够打好材料成形基础，便于今后其他课程的学习和应用。

现今的材料成形方法与以前有所不同，在生产的组织体系上和学科分工上有明显变化，不同成形工艺之间的联系增强，各种传统的分工界限正在日益被淡化。在这种不断变化中，要求从事加工制造的工程技术人员具有较为综合的材料成形知识。为此，本教材内容从理论和应用两方面作了介绍。

在整个制造过程中，本书涉及到的内容和所处位置如下：

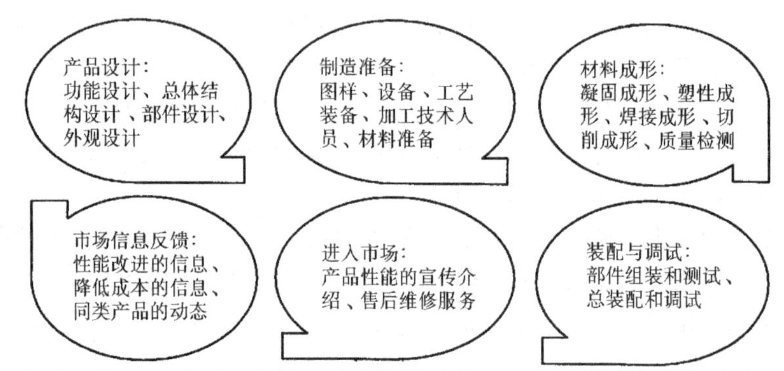

在编写本书时，考虑到各种不同专业授课学时的差异，对部分内容采取了表格化处理，目的是使内容简明，同时有利于教师根据学时来调节授课内容的深浅。

本书由山东大学、山东理工大学和山东交通学院的有关教师合作编写。其参编人员有：常春、田永生、房强汉、翟慎秋、孙传祝、杨振宇、刘援朝、刘军红和王德云老师。全书由常春统稿并任主编，翟慎秋、房强汉任副主编，许本枢教授主审。

在本书的编写过程中，参阅了有关教材和资料，在此向各相关方面表示感谢。由于编者的水平所限和时间的仓促，书中的缺点和错误在所难免，欢迎读者批评指正。

编者

目　　录

绪　论

材料成形基础是一门制造类的综合性基础课程，主要介绍材料基础知识和工程构件的成形方法、各种成形工艺的规律和特点、各成形工艺之间的联系、零件结构对成形工艺的影响等。

材料成形基础包括三方面的内容：其一为材料基础知识；其二为坯料制造方法；其三为切削加工成形的方法。

材料知识对于工程人员的重要性是显然的。社会的进步与材料的发展密切相关，各种机械零件、电子器件和运输机械，均需要不同特性的材料来制造。

坯料的成形包括金属的凝固成形、塑性成形和焊接成形。凝固成形利用液体的流动性，可以制作结构复杂的零件坯料或工程构件。凝固成形有几千年的历史，青铜器的铸造和铸铁的生产应用，使人类的历史产生了巨大的进步。近代铸造技术的应用更为广泛，铸造成形的构件占到整个机械制造部件的50%以上。金属的塑性成形也有数千年的生产历史，古代兵器的制造，如至今还十分锋利的战国时期宝剑，无不具有高超的材料技术和塑性成形技术含量。目前的工程构件制造对塑性成形的依赖更多，汽车、机床等机械的齿轮和轴类部件均需要通过塑性成形的方法制造坯料。焊接成形的工程应用也十分广泛，各种桥梁、构架、船舶均需要焊接成形。现代焊接方法的出现，节省了大量的材料和工时，是许多构件制作不可缺少的成形方法。

切削加工在机械制造业所占的比例很高，是零部件的最终成形方法，对产品的质量有直接影响。高水平的切削加工，是能够制造出良好机械的先决条件。近年来，切削加工的发展速度极快，各种自动机床、数控机床日益增多，促使制造业的加工水平大为提高。

各种成形方法有各自的不同特点。坯料成形的各种方法可以形成接近最终要求的坯件。由于有坯料成形的各种方法，减少了切削加工对原材料的过多消耗，减少了切削加工的工作量，降低了制造成本；铸造成形允许坯件的复杂程度较高；而塑性成形的坯件力学性能较高；焊接成形则可以充分使用型材。热处理能够改善材料的力学性能，但无法改变材料的外形。切削加工方法可以使零件达到相当高的精度，制造出各种精密机械。只有合理利用各种成形方法的特点，才能够加工制造出既经济又耐用的构件。

当今的材料制造成形方法与以前相比，在体系的组织和学科的分工方面有较明显变化，不同成形工艺之间的联系增强，而各种传统的分工界限正在日益淡化。在这种变化形势下，要求我们有较为综合的成形知识。为了达到这一目的，在学习时应达到以下要求：

1）熟悉一般金属材料的微观和宏观特点，熟悉常用金属材料的牌号和基本性质。

2）熟悉各种成形的基本方法和特点。

3）熟悉各种成形方法之间的相互联系。

另外，在课堂学习的同时，也要注意到制造现场学习，以增加感性认识。

第一章　工程材料导论

材料是社会进步的物质基础，人类每一种新材料的应用，都会使科学技术提高到一个新的水平，每一次材料科学的重大突破，都会对社会产生巨大的影响。人类历史的发展划分为石器时代、青铜器时代和铁器时代。目前我们正处在新型材料的发展时期，各种高分子材料、先进陶瓷和复合材料不断涌现出来。

现代材料对社会生产的作用更加突出，各种机械、运输车辆、航运船舶和各种构件大量采用钢铁等金属材料。金属材料从采矿、冶炼到加工成形的生产技术十分完备。为了正确使用金属材料，必需掌握相关基础知识。金属材料的基础知识，主要包括材料的微观知识（如晶体知识和微观结构）、宏观的力学性能与改变材料力学性能的方法。

第一节　工程材料的力学性能

工程材料的力学性能主要有强度、塑性、硬度、冲击韧度和疲劳强度等。

一、强度

强度是工程材料在外力作用下抵抗变形和断裂的能力。根据材料受力的不同，可以分为抗拉强度、抗压强度、抗弯强度等，其中以抗拉强度最为常用。材料的抗拉强度是采用标准拉伸试棒，由拉伸试验测定。材料内部单位面积上承受的力称为应力，以符号 σ 表示。材料原始长度与相对变化长度的百分比称为应变，以符号 ε 表示。拉伸试棒的形状和低碳钢受拉伸时的应力与应变关系曲线如图 1-1 所示。曲线上的 e 点为材料能产生最大弹性变形的点，e 点对应的应力 σ_e 为材料的弹性极限。超过 e 点，材料开始产生塑性变形。在 s 点附近曲线较为平坦，不需要进一步的增大外力，便可以产生明显的塑性变形，该现象称为材料的屈服现象，所对应的应力 σ_s 称为材料的屈服强度。经过一定的塑性变形后，必须进一步增加外力才能够使材料继续变形。b 点为材料能够承受的最大外力，对应的应力 σ_b 称为抗拉强度。超过 b 点的应力 σ_b 后，试棒的局部截面迅速变细，产生缩颈现象，到达 k 点后断裂。

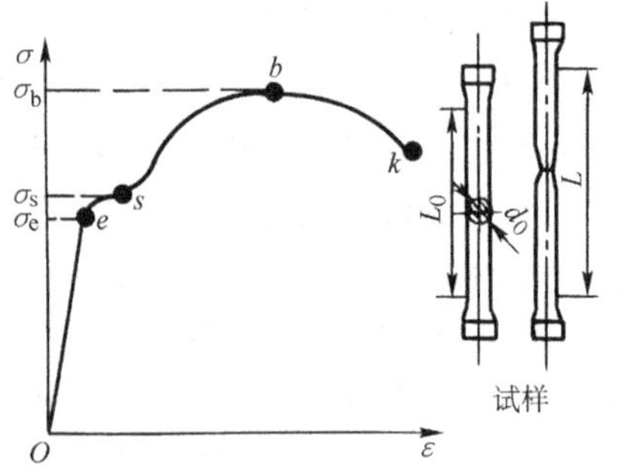

图 1-1　拉伸试棒和低碳钢的应力-应变曲线

二、塑性

金属材料在外力作用下，产生永久变形而不致引起破坏的性能，称为塑性。塑性通常由伸长率和断面收缩率表示。

1. 伸长率

金属材料产生塑性变形时，标距的相对变化的百分比称为伸长率，即

$$\delta = \frac{L - L_0}{L_0} \times 100\%$$

式中，δ 为材料的伸长率；L_0 为试棒的原始标距（mm）；L 为试棒受拉伸后的标距（mm）。

2. 断面收缩率

金属材料试样拉断后，缩颈处截面上的收缩量与原始截面积的百分比，称为断面收缩率，即

$$\psi = \frac{A_0 - A}{A_0} \times 100\%$$

式中，ψ 为材料的断面收缩率；A_0 为试棒的原始截面积（mm^2）；A 为试棒拉断后，断口处的截面积（mm^2）。

材料的 δ 或 ψ 值愈大，塑性愈高。良好的塑性是金属材料能够进行塑性变形加工的必要条件。

三、硬度

金属材料抵抗更硬物体压入的能力称为硬度。常用的硬度指标有布氏硬度、洛氏硬度等。

1. 布氏硬度

布氏硬度的测试原理如图 1-2 所示，在试验力 F 的作用下迫使钢球压向工件表面，并形成凹痕。布氏硬度值按下式计算：

$$\text{HBW} = \frac{\text{所加试验力}}{\text{压痕的表面积}}$$

HBW 的单位为 N/mm^2。

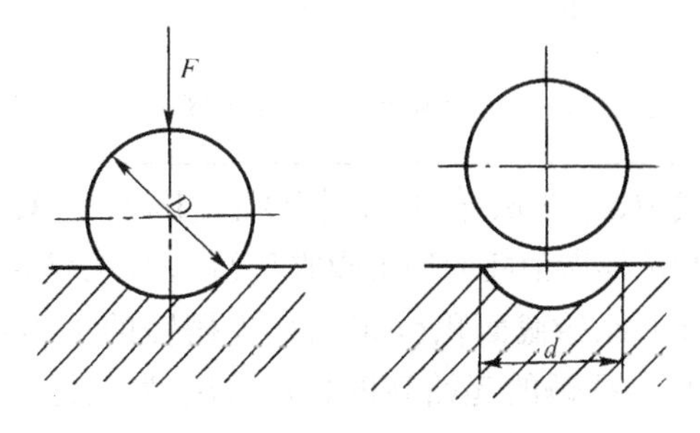

图 1-2　布氏硬度测试原理

由于布氏硬度试验的圆球为硬质合金，当测试过于硬的材料时易于引起球的变形，影响测量的准确性，因而布氏硬度试验适用于测量退火钢、正火钢及常见铸铁和有色金属等较软材料，也适合于测试中等硬度的材料，有效值小于 650HBW。布氏硬度试验的压痕面积较大，测试结果的重复性较好，但操作较繁琐。

2. 洛氏硬度

洛氏硬度试验也是以规定的试验力，将坚硬的压头垂直压向被测金属来测定硬度的方法。它是由压痕深度计算硬度。实际测试时，能够直接从刻度盘上读出数值。

洛氏硬度试验因压头和载荷的不同，分别有 HRA、HRB 和 HRC 三种，其原理和应用范围见表 1-1。洛氏硬度试验测试方便，操作简捷，试验压痕较小，测试硬度值范围较宽，可测试硬度较高的材料。但由于压痕较小和测试值的重复性较差，必须进行多点测试，取平均值作为材料的硬度。

四、冲击韧度

有些机件工作时要受到冲击作用，如蒸汽锤的锤杆、柴油机曲轴、冲床的一些部件。由于瞬时冲击的破坏作用远大于静载荷的作用，在设计受冲击载荷件时必须考虑材料的抗冲击性能。材料抵抗冲击的性能称为冲击韧度。

材料的冲击韧度由摆锤冲击试验测定，原理如图 1-3 所示。冲击韧度是由摆锤将试样一次冲断后，计算试样缺口处断面单位面积上的冲击吸收功来确定的。冲击韧度值可按下式计算：

$$a_K = \frac{A_K}{A_0} = \frac{G(H_1 - H_2)}{A_0}$$

表 1-1 洛氏硬度试验原理及应用范围

规范	HRA	HRB	HRC
压头	120°金刚石圆锥压头	ϕ1.588mm 淬火钢球压头	120°金刚石圆锥压头
总试验力/N	$F = 60 \times 9.807$	$F = 100 \times 9.807$	$F = 150 \times 9.807$
测量范围	20 ~ 88	20 ~ 100	20 ~ 70
适用材料	硬质合金材料、表面淬火钢等	软的钢材、退火钢、铜合金等	淬火钢、调质钢等

式中，a_K 为试样的冲击韧度值（J/cm^2）；A_K 为冲断试样所消耗的冲击吸收功（J）；A_0 为试样缺口处的原始截面积（cm^2）；G 为摆锤的重力（N）；H_1 为摆锤的起始高度（cm）；H_2 为试样被冲断后摆锤的高度（cm）。

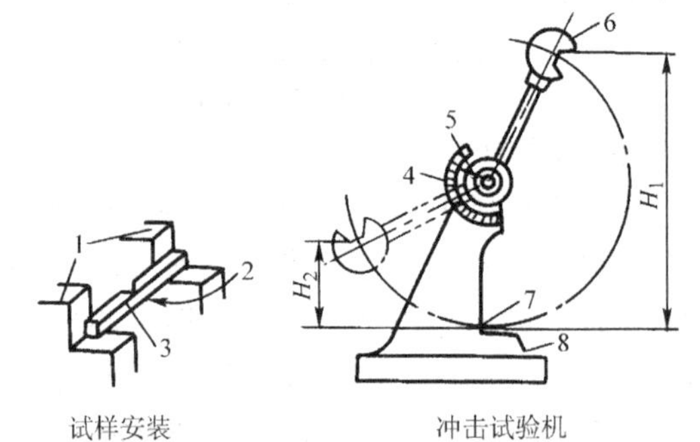

图 1-3 冲击韧度试验原理

1、8—支座 2—冲击点 3、7—试样 4—刻度盘 5—指针 6—摆锤

冲击韧度值 a_K 愈大，材料的韧性愈好。应当指出，冲击韧度是对材料一次性冲击破坏测得的。而在实际应用中许多受冲件，往往是受到较小冲击能量的多次冲击而被破坏，此种情况与高能量的较少次冲击不同，应予以区别。由于冲击韧度的影响因素较多，因而 a_K 值目前仅作为设计时的选材参考。

五、疲劳强度

许多机械零件是在交变应力下工作的，如机床主轴、齿轮和弹簧等。所谓交变应力，是指零件所受应力的大小和方向随时间作周期性变化，如受力发生弯曲的轴，在转动时材料要反复受到拉应力和压应力的作用，属于对称交变应力循环。零件在交变应力作用下，当交变应力值远低于材料的屈服强度时，经较长时间运行后也会发生破坏，这种破坏称为疲劳破坏。疲劳破坏往往会突然发生而造成事故。材料抵抗疲劳破坏的能力由疲劳试验获得。通过疲劳试验，把材料承受交变应力与材料断裂前应力循环次数的关系曲线称为疲劳曲线，如图 1-4 所示。

材料能够承受无数次应力循环时的最大应力称为疲劳强度。对称应力循环时疲劳强度用 σ_{-1} 表示。由于无数次应力循环难以实现，现规定钢铁材料经受 10^7 次循环、有色金属经受

10^8 次循环时的应力值确定为 σ_{-1}。

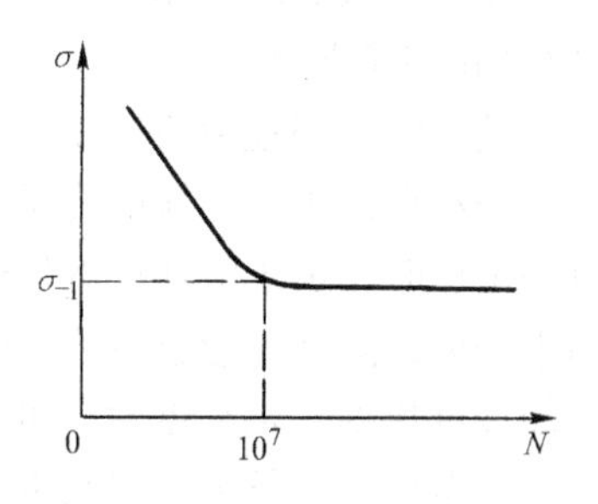

图 1-4　钢铁材料的疲劳曲线

一般认为，产生疲劳破坏的原因是由于材料的某些缺陷，如夹杂物、气孔和微观裂纹所致。在交变应力下，缺陷处首先形成微小裂纹，裂纹逐步扩展，导致零件的受力截面减小，以致突然产生破坏。另外，零件表面的机械加工刀痕和构件截面突然变化部位，均会产生应力集中，交变应力下应力集中处易产生显微裂纹，这也是产生疲劳破坏的重要原因之一。为了防止或减少零件的疲劳破坏，除需要合理设计零件的结构防止应力集中外，还要尽量减小零件表面粗糙度值、采取表面强化处理等措施来提高抗疲劳能力。

第二节　材料的微观结构基础

一、材料的结晶

液态的材料到达凝固温度后转变为固体。凝固后的固体材料按原子排列分为晶体材料和非晶体材料两类。晶体材料内部的原子排列是规则的，非晶体材料内部的原子排列是不规则的。形成晶体以后进一步冷却时，有一些材料中晶体的原子排列规律还会产生变化。

1. 结晶过程

晶体材料有金属和非金属材料，种类繁多。下面以工程中应用最多的金属材料为例，分析工程材料的结晶过程。

纯金属的结晶是在一定温度下进行的。如果液态金属冷却过程极其缓慢，当达到理论结晶温度之后，稍有温度降低，便会开始结晶，结晶过程中有结晶潜热放出，补偿了温度的下降。因而纯金属一旦开始结晶，便在一恒定温度下完成结晶，其冷却曲线如图 1-5 所示。

在一般冷却条件下，液态金属总是具有一定冷却速度，使实际结晶温度低于理论结晶温度，即 $T_1 < T_0$，这种现象叫金属结晶的过冷现象。理论结晶温度与实际结晶温度之差 ΔT，称为过冷度。冷却速度愈快，过冷度愈大。

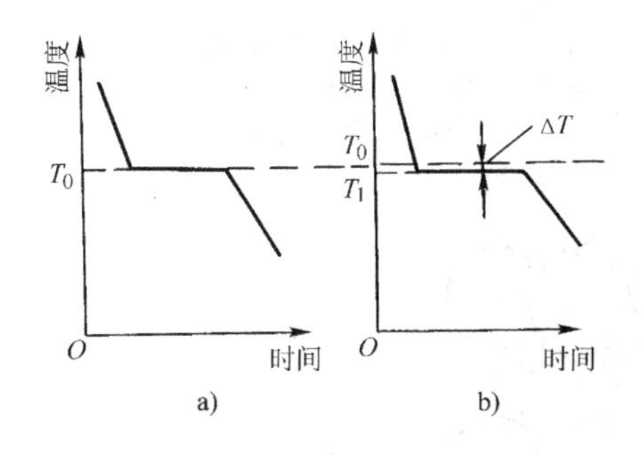

图 1-5　纯金属的冷却曲线

a）极其缓慢冷却时　b）实际冷却时

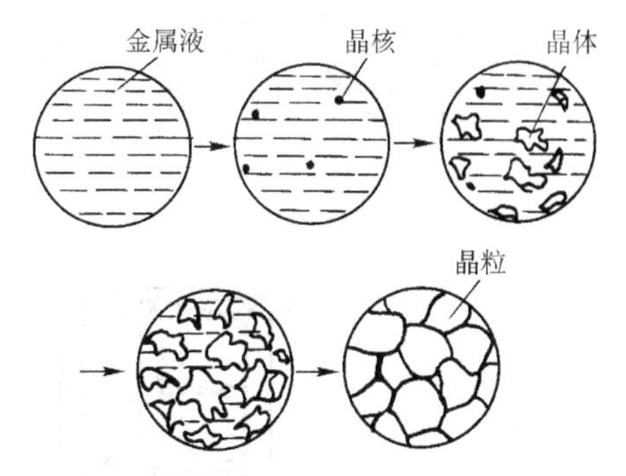

图 1-6　金属的结晶过程

液态中金属原子作不规则运动，随着温度的降低，原子活动能力减弱。当到达结晶温度时，某些原子按一定规律排列聚集，形成结晶核心，称为晶核。晶核向液体中温度低的方向发展长大，如同树枝的生长，先生长出主干再形成分枝，最后液体耗尽，成为树枝状的晶体。晶核长大后成为晶体的颗粒，简称晶粒。金属的结晶过程如图 1-6 所示。

结晶时冷却速度愈快，过冷度愈大，晶核的数量愈多，晶粒愈细小，金属的力学性能也愈好。当冷却速度超过一定值时，由于液体中的原子扩散能力降低且形成晶核的推动能量降低，形核率 N 和晶核的成长率 G 逐步降低。冷却速度快到一定程度时，可能导致不能形成晶核，得到非晶体金属。形核率、成长率与过冷度的关系曲线如图 1-7 所示。

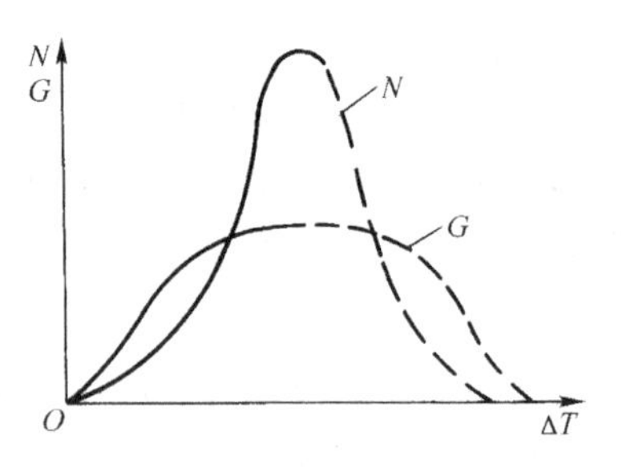

图 1-7　形核率(N)、成长率(G)与过冷度(ΔT)的关系

2. 晶体中的原子排列

（1）晶格与晶胞　金属结晶后原子的排列是有规律的，为了便于描述晶体中原子的排列规律，把每一个原子的核心视为一个几何点，按一定的规律把这些几何点用直线连接起来，形成空间格子，把这种假想的格子称为晶格。晶格所包含的原子数量相当多，不便于研究分析，将能够代表原子排列规律的最小单元体划分出来，这种最小的单元体称为晶胞，如图 1-8所示。通过分析晶胞的结构可以了解金属的原子排列规律，判断分析金属的某些性能。

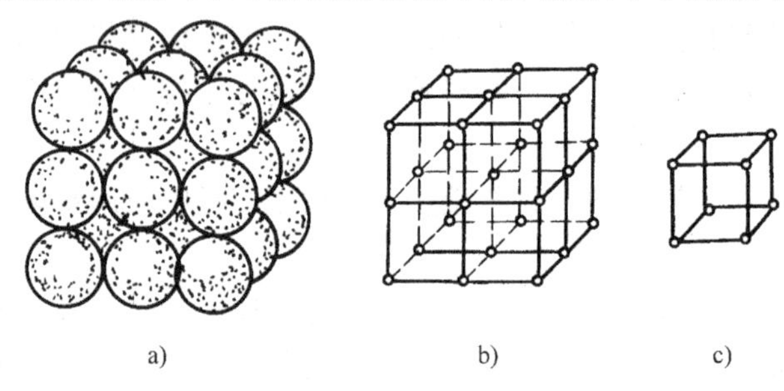

a)　b)　c)

图 1-8　晶格与晶胞

a）简单的晶体排列模型　b）晶格　c）晶胞

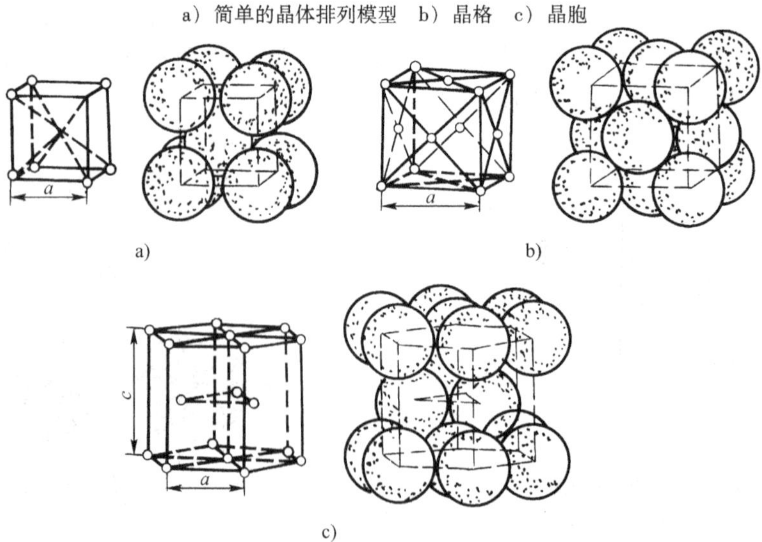

a)　b)

c)

图 1-9　典型的晶胞

a）体心立方晶胞　b）面心立方晶胞　c）密排六方晶胞

金属有许多晶胞类型，常见的晶体类型有体心立方晶胞、面心立方晶胞和密排六方晶胞。体心立方晶胞的原子排列如图 1-9a 所示，属于这种晶胞类型的金属有 Cr、Mo、W 和 α-Fe 等。面心立方晶胞的原子排列如图 1-9b 所示，属于这种晶胞类型的金属有 Al、Cu、Ni 和 γ-Fe 等。密排六方晶胞的原子排列如图 1-9c 所示，属于这种晶胞的金属有 Mg、Zn、Ti 和石墨等。材料的晶胞类型不同，性能也不相同。

（2）同素异构转变　一些固体材料在不同的温度范围有不同的晶胞类型，材料在固态下改变晶胞类型的过程称为同素异构转变。纯铁的同素异构转变如图 1-10 所示，δ-Fe 和 α-Fe 均为体心立方晶胞，但是两者的立方体棱边长度不同，δ-Fe 的棱边长度大于 α-Fe 立方体的棱边长度。具有同素异构转变的材料有 Fe、Co、Ti 等。

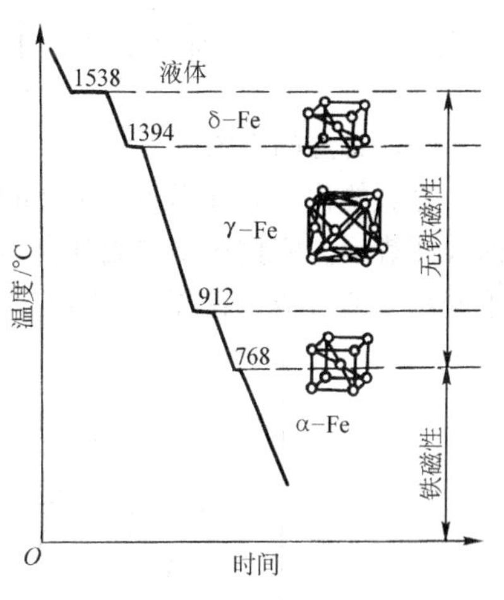

图 1-10　纯铁的同素异构转变

二、合金的基本显微组织结构

固态的合金有固溶体、化合物和机械混合物三种基本显微组织结构类型，它们既可以各自单独存在于固态合金中，也可以共同存在于固态合金中。

1. 固溶体

一些合金的组元在固态时有相互溶解的能力，如碳原子可以溶解到铁的晶格中。这种溶质原子溶入溶剂中而保持溶剂晶格类型的晶体称为固溶体。根据溶质原子所占据的位置，可分为置换固溶体和间隙固溶体，如图 1-11 所示。由于固溶体中溶质原子的半径和溶剂原子的半径不同，使溶剂晶格产生畸变，导致材料的变形抗力、硬度和强度增加的现象，称为固溶强化现象。碳与 α-Fe 形成的固体溶体称为铁素体，以符号 F 表示。

2. 金属化合物

许多合金中含有金属化合物，如钢中的渗碳体（Fe_3C）。在一般情况下，金属化合物的硬度较高，脆性较大。当金属化合物细小而均匀地分布在合金中时，可以提高合金的强度、硬度和耐磨性，但其塑性和韧性要降低。如果合金中金属化合物过多，合金的脆性会明显增加。因而，不能过分通过增加金属化合物数量来提高合金的性能。

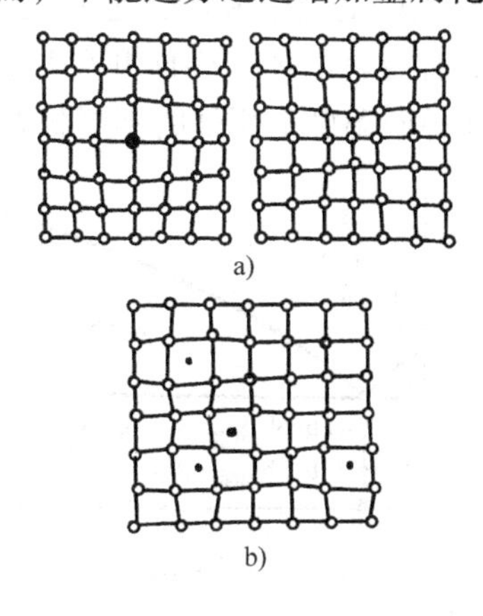

图 1-11　固溶体类型
a）置换固溶体　b）间隙固溶体

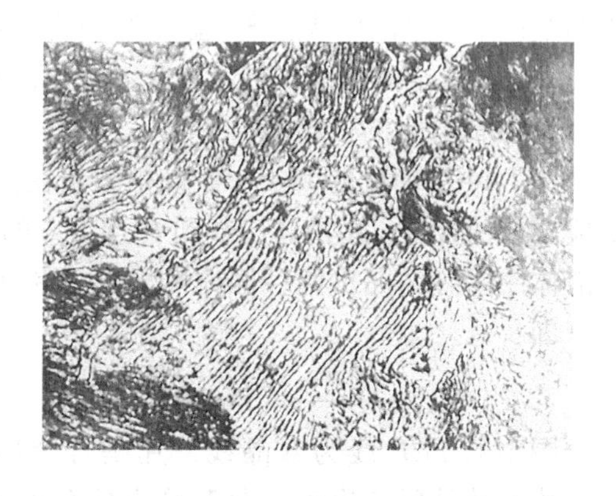

图 1-12　珠光体组织结构

3. 机械混合物

如果合金中的不同显微组织结构呈机械混合形态，称为机械混合物。图 1-12 示出了 w_C 为 0.77% 钢的组织结构。它是由铁素体和渗碳体片层相间的机械混合物组成，称为珠光体，以符号 P 表示。珠光体比铁素体的强度和硬度高，塑性比铁素体差。

第三节　铁碳合金相图和常用钢铁材料

一、合金的相图

合金的化学成分不同，所处的温度不同，微观结构和性能也不同，其变化规律可以通过曲线图表示。将描述不同成分合金在不同温度下的不同微观结构的曲线图称为合金的相图。不同系列的合金，有各自不同的相图。

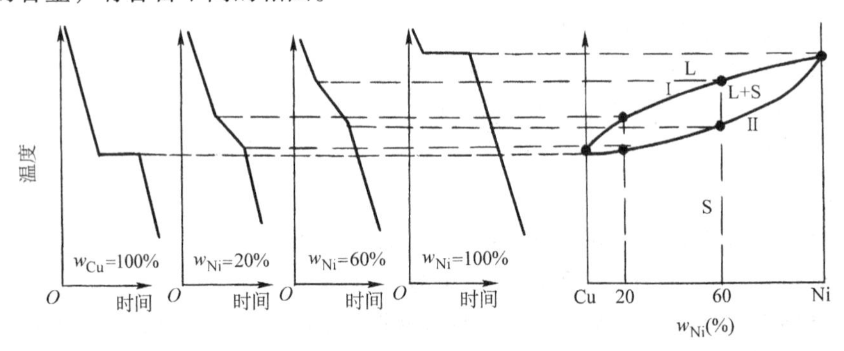

图 1-13　Cu-Ni 合金的冷却曲线和相图

1. 合金相图的建立

通过 Cu-Ni 合金相图的获得过程，能够了解合金相图的建立方法。为了获得 Cu-Ni 合金相图，先将铜与镍按不同配比配制成一系列的 Cu-Ni 合金，分别加热到液体状态，然后以极端缓慢的冷却速度（近于平衡）冷却下来，作出不同配比合金的各自冷却曲线，如图 1-13 所示。把该系列合金冷却曲线中的相同意义点，即开始凝固点和终了凝固点，记入成分-温度坐标中，将相同意义点连接起来，得到 Cu-Ni 合金的相图。图中的 I 线为液相线，Ⅱ线为固相线。不管何种配比的 Cu-Ni 合金，温度处于图中液相线以上均呈液体状态 L，温度处于固相线以下均呈固体状态 S，温度处于液、固相线之间的合金呈液体和固体共存状态 L + S。通过 Cu-Ni 合金的相图，可以了解不同比例 Cu-Ni 合金在不同温度下所处的不同状态。

2. 共晶合金的概念

图 1-14 为简化的 Pb-Sb 合金相图。在图中 *C* 点对应成分的合金，由液体冷却到 *C* 点对应的温度时，从液体中同时结晶出两种固体的合金，称为共晶反应。即：

$$L_{252℃} \xrightarrow{13\%\,Sb} (Pb_{固} + Sb_{固})_{共晶}$$

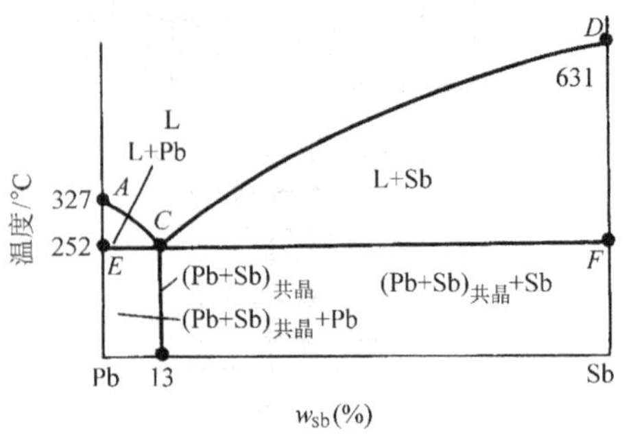

图 1-14　简化的 Pb-Sb 合金相图

图中的 *ECF* 线为共晶线，凡是合金冷却到该线，均有共晶反应出现。大于 *C* 点成分的 Pb-Sb 合金冷却到液相线以下，首先结晶出 Sb 固体，冷却到

ECF 线时剩余液体满足共晶条件，产生共晶反应，同样会有共晶组织结构出现。小于 *C* 点成分的 Pb-Sb 合金冷却到液相线以下，先结晶出 Pb 固体，冷却到 *ECF* 线时剩余液体也会出现共晶组织。

二、Fe-FeC$_3$ 合金相图

1. 铁碳合金中的基本组织结构

固态下的铁碳合金可以是固溶体、金属化合物或机械混合物。常见的组织结构如下：

（1）铁素体　碳溶解于 α-Fe 中形成的固溶体称为铁素体。铁素体在室温下的溶碳能力很小，随温度的升高溶碳能力有所增加，727℃时溶碳量最大（$w_C = 0.0218\%$）。铁素体的力学性能接近纯铁，强度、硬度很低，塑性和韧性很好。因而含有较多铁素体的铁碳合金（如低碳钢），易于进行冲压等塑性变形加工。

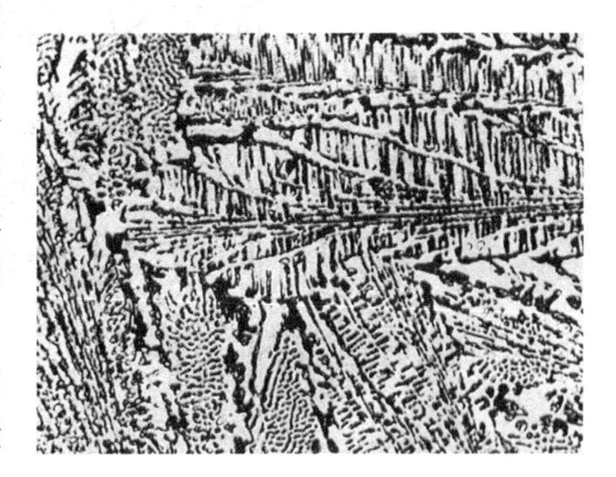

图 1-15　低温莱氏体显微组织结构

（2）奥氏体　奥氏体是碳溶解在 γ-Fe 中形成的固溶体，以符号 A 表示。奥氏体在 1148℃时其溶碳量最大（$w_C = 2.11\%$）。在单纯的铁碳合金中，奥氏体存在于 727℃以上。奥氏体的硬度不高，塑性很好。因此通常把钢加热到奥氏体状态进行锻造。

（3）渗碳体　渗碳体是铁和碳形成的金属化合物 Fe_3C。渗碳体的 w_C 为 6.69%，其硬度高，脆性大，塑性很差。因此，铁碳合金中的渗碳体数量过多将导致材料力学性能变坏。一定量的渗碳体若呈细小而弥散的形态分布在基体上，则可以提高材料的强度和硬度。

（4）珠光体　珠光体是铁素体和渗碳体两相组织的机械混合物，w_C 为 0.77%。常见的珠光体形态是铁素体与渗碳体片层相间分布的，片层愈细密，强度愈高。

（5）莱氏体　莱氏体有高温莱氏体和低温莱氏体两种。高温莱氏体是由奥氏体和渗碳体组成的机械混合物，用符号 Ld 表示。低温莱氏体是由珠光体和渗碳体组成的机械混合物，用符号 L′d 表示。莱氏体中的渗碳体较多，脆性大，硬度高，塑性很差，显微组织如图 1-15 所示。

铁素体、珠光体、渗碳体和莱氏体是铁碳合金相图中室温下的基本组织结构。它们的含碳量不同，性能也各不相同。其力学性能见表 1-2。

表 1-2　铁碳合金室温下基本组织结构及其性能

名称	符号	σ_b/MPa	HBW	δ(%)	a_K/J·cm^{-2}
铁素体	F	200	80	50	200
珠光体	P	750	180	20～50	30～40
莱氏体	L′d	—	>700	—	—
渗碳体	Fe_3C	30	800	≈0	≈0

2. 铁碳合金相图分析

当铁碳合金中 w_C 达到 6.69% 时形成单一的渗碳体。渗碳体的力学性能很差，因此铁碳合金相图中最大碳量 w_C 达 6.69% 已满足对铁碳合金研究的需要，所以通常所指的“铁碳合金相图”实际上是 $Fe\text{-}Fe_3C$ 相图。铁碳合金相图如图 1-16 所示，相图中各点、线、区的意

义如下：

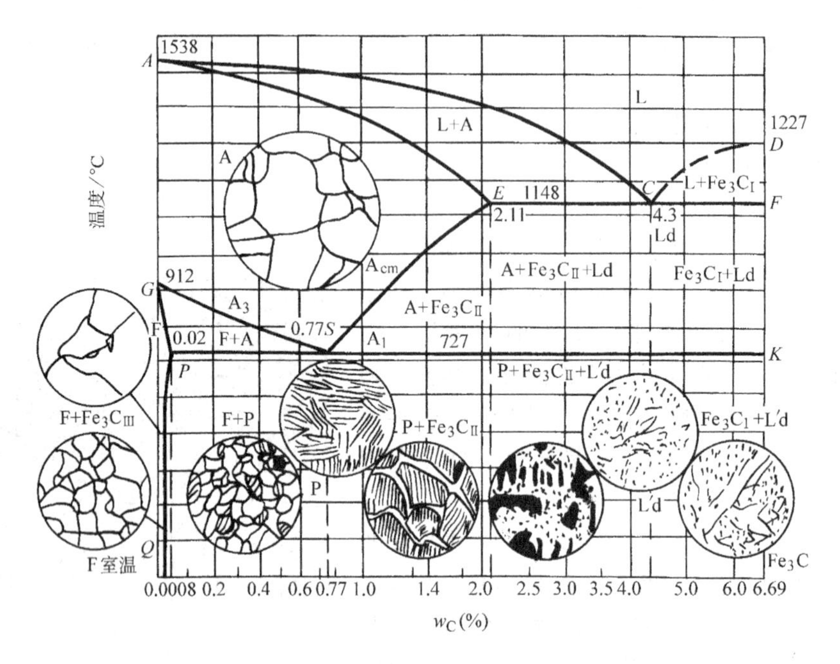

图 1-16 铁碳合金状态图

ACD 线：为液相线，该线以上的合金为液态，合金冷却至该线以下便开始结晶。

AECF 线：为固相线，该线以下合金为固态。加热时温度达到该线后合金开始熔化。

C 点：为共晶点，产生共晶反应。从液体中同时结晶出渗碳体和奥氏体两种固体的机械混合物，即高温莱氏体。

S 点：为共析点，产生共析反应。从奥氏体中同时析出铁素体和渗碳体两种固体的机械混合物，即珠光体。

ACE 区：为液体与固体共存区，该区内出现的固体为奥氏体。在该区内，合金的温度愈接近固相线，奥氏体所占比例愈大。

CDF 区：为液体与固体共存区，该区内出现的固体为渗碳体。在该区内，合金温度愈低，渗碳体所占比例愈大。

ECF 线：为共晶线，w_C 大于 2.11% 的铁碳合金当冷却到该线时，液态合金的成分达到共晶反应时的成分，发生共晶反应。因此，*ECF* 线对应成分的合金，均有共晶组织高温莱氏体存在。

GS 线：为铁素体开始析出线。奥氏体冷却到该线后，开始析出铁素体。当冷至 *PSK* 时，奥氏体停止单独析出铁素体。

ES 线：为奥氏体对碳的溶解度曲线，奥氏体冷却到该线后，开始析出渗碳体。当冷至 *PSK* 线时，奥氏体停止单独析出渗碳体。该条件下析出的渗碳体称为二次渗碳体，由于是缓慢冷却条件下的析出，呈网状分布于基体上，对材料的力学性能带来不利影响。

PSK 线：为共析线，当冷却到该线对应温度时，奥氏体中的 w_C 达到 0.77%，产生共析反应，转变为珠光体。对于共晶反应时生产的莱氏体冷却至 *PSK* 线时，内部的奥氏体要产生共析转变为成珠光体，这时的莱氏体为低温莱氏体。

PQ 线：为铁素体析出渗碳体开始线。当铁素体冷却到该线后将析出渗碳体。

铁碳合金状态图中，$w_C<2.11\%$ 的铁碳合金称为碳钢；$w_C>2.11\%$ 的铁碳合金称为白口铸铁。根据组织结构不同，碳钢和白口铸铁又可各自进一步分为三种，见表1-3。

表1-3　碳钢和白口铸铁分类

碳　　钢		白口铸铁	
种类	w_C（%）	种类	w_C（%）
亚共析钢	<0.77	亚共晶白口铁	<4.3
共析钢	0.77	共晶白口铁	4.3
过共析钢	>0.77	过共晶白口铁	>4.3

三、常用钢铁材料

钢的种类繁多，按化学成分可分为碳素钢和合金钢两大类；按用途可分为结构钢、工具钢和特殊性能钢三类；按质量可分为普通钢、优质钢和高级优质钢三类。由于磷和硫是钢中的有害元素，因此要规定钢中的磷、硫含量。普通碳素钢规定 $w_P\leqslant0.045\%$，$w_S\leqslant0.05\%$；优质碳素钢 $w_P\leqslant0.035\%$，$w_S\leqslant0.035\%$；高级优质碳素钢 $w_P\leqslant0.03\%$，$w_S\leqslant0.020\%$。

钢的综合分类及牌号举例如下：

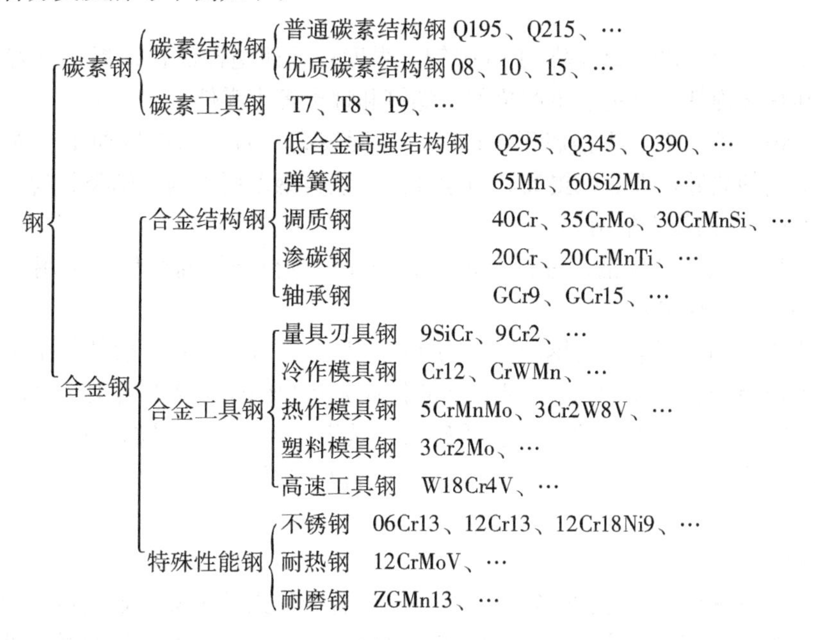

1. 碳素钢

碳素钢一般 w_C 在1.5%以下，其中还含有少量的硅、锰、硫、磷等杂质。w_C 小于0.30%时为低碳钢；w_C 在0.30%~0.60%之间为中碳钢；w_C 大于0.60%为高碳钢。碳含量对钢的组织结构和力学性能有极大影响，含碳量愈高，渗碳体愈多，硬度愈高，塑性愈差。硅、锰、磷、硫等杂质对钢的组织结构和力学性能有一定影响，其中磷和硫是有害杂质。磷可以提高钢的硬度，但在低温时脆性显著增加，称为冷脆现象；而硫容易使钢在高温轧制时破裂，称为热脆现象。

（1）普通碳素结构钢　普通碳素结构钢的塑性和韧性较好，但机械强度不高，常见牌号见表1-4。

表 1-4　普通碳素结构钢（GB/T 700—2006）

牌号	Q195	Q215	Q235				Q255	Q275
质量等级	—	A、B	A	B	C	D	A、B	—
w_C(%)	≤0.12	≤0.15	≤0.22	≤0.20	≤0.17	≤0.17	0.18～0.28	0.28～0.38
用途举例	薄板、焊接钢管、铁丝、钉子等		薄板、中板、钢筋、带钢、钢管、焊接件、铆钉、小轴、螺栓、连杆等				拉杆、连杆、键、轴、销钉、要求较高强度的某些零件等	

普通碳素结构钢牌号的符号意义如下：

Q——钢的屈服点，汉语拼音第一个字母；

A、B、C、D——质量等级。

如 Q235—A，即表示屈服点值为 235MPa 的 A 级普通碳素结构钢（试样厚度≤16mm 时为 235MPa，若厚度增加，其值相应减小）。

（2）优质碳素结构钢　优质碳素结构钢的牌号用二位数字表示，该二位数字是以平均万分数表示的碳的质量分数。如 45 钢，表示平均碳的质量分数为 0.45% 的优质碳素结构钢。

其中 08、10、15、20、25 钢属于低碳钢，强度较低而塑性优良，焊接性好。该类钢多用于冲压件和焊接构件，可用于生产垫圈、螺钉和螺母等小零件。

30、35、40、45、50、55 钢属于中碳钢，强度较高，韧性和机械加工性能较好。应用时经常采用适当的热处理方法以提高其力学性能。该类钢多用于制造轴类、齿轮、丝杠、连杆等零件，其中 45 钢最为常用。

60、65、70 钢属于高碳钢，进行合理的热处理可以得到较高弹性，可用于制造一般弹性零件，如弹簧、弹性垫片等。

（3）碳素工具钢　碳素工具钢的牌号为 T7、T8、…、T13，牌号后的数字是以平均千分数表示的碳的质量分数。如 T8 表示碳的质量分数为 0.8% 的碳素工具钢。含硫、磷的质量分数小于 0.03% 的碳素工具钢为高级优质碳素工具钢，在牌号末尾加字母“A”，如 T10A。碳素工具钢由于含碳量高，经淬火热处理后可获得很高的硬度，经常用于制造木工刃具和某些形状简单和尺寸较小的工模具。

2. 合金钢

为了提高钢的性能，在炼钢时特意加入一定量合金元素的钢称为合金钢。合金钢比碳素钢具有较高的强度、韧性，或者具有某些特殊性能。一般情况下，需要通过热处理才能更好地发挥合金元素在钢中的作用。

（1）合金结构钢　常见合金结构钢牌号的编排方法如下：

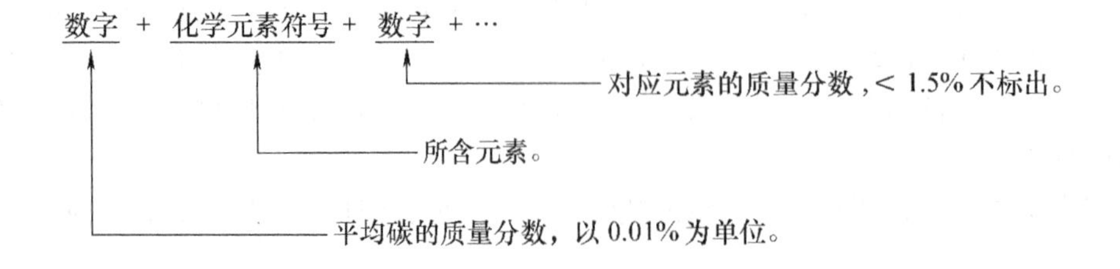

如 60Si2Mn 钢，平均碳的质量分数为 0.60%，平均硅的质量分数为 2%，平均锰的质量分数 < 1.5%。常用合金结构钢的牌号有 Q345、20CrMnTi、35CrMo、40Cr、50CrVA、60Si2Mn、GCr15 等。其中 GCr15 为结构钢类中的轴承钢，牌号表示方法较为特殊，G 代表滚动轴承钢，平均碳的质量分数为 1.0%，平均铬的质量分数为 1.5%。

合金结构钢主要用于制造重要的工程构件，如轴、齿轮、桥架等。

（2）合金工具钢　合金工具钢牌号的表示方法与合金结构钢相似，不同之处在于当钢中平均碳的质量分数大于或等于 1% 时不标注出；小于 1% 时在牌号前用一位数字标注出含碳千分量。如 9SiCr 钢，平均碳的质量分数为 0.9%，平均硅的质量分数和锰的质量分数平均值均小于 1.5%。高速工具钢和某些冷作模具钢，即使其平均碳的质量分数小于 1% 也不予标注出。例如高速工具钢 W18Cr4V，钨的质量分数为 18%，铬的质量分数为 4%，钒的质量分数小于 1.5%；而碳的质量分数为 0.7% ~0.8%，在牌号中不标出。

常用合金工具钢的牌号有 9SiCr、Cr12、CrWMn、5CrMnMo、3Cr2W8V、W18Cr4V 等，主要用于刀具、模具、量具的制造。

（3）特殊性能合金钢　该类合金钢主要包括不锈钢、耐热钢、耐磨钢等具有特殊物理、化学性能的钢，用于制造有特殊性能要求的金属构件。

3. 铸铁

铸铁是指碳的质量分数大于 2.11%，不能锻造或不能塑性变形的铁碳合金。铸铁除了含碳外，还含有锰、硅、磷、硫等杂质。根据碳在铸铁中存在形态的不同，可分为白口铸铁、灰铸铁、球墨铸铁和可锻铸铁。

（1）白口铸铁　白口铸铁中的碳主要以化合物（如 Fe_3C）形态存在，断口呈银白色，脆而硬，难于进行切削加工，很少直接使用。有时利用其硬度高、耐磨性好的特点，用来制造犁铧、轧辊等耐磨件。

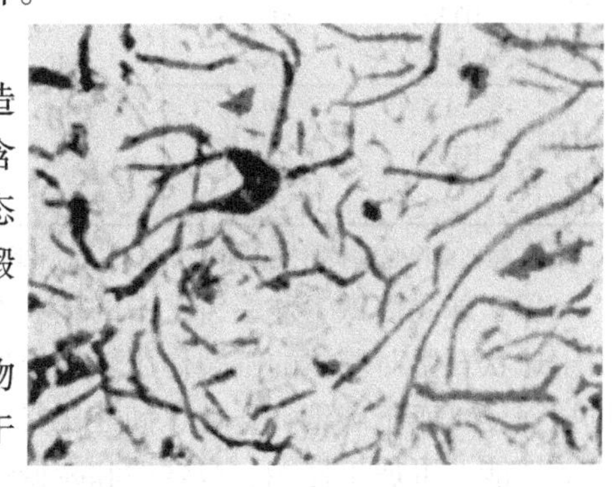

图 1-17　灰铸铁显微组织结构

（2）灰铸铁　灰铸铁中的碳大部分以片状石墨形态存在，断面呈暗灰色，显微组织结构如图 1-17 所示。灰铸铁的抗拉强度较低，塑性和韧性很差；但抗压、耐磨和减振性能好，缺口敏感性小，并有优良的铸造工艺性能和可加工性能。灰铸铁在机械制造中占有重要地位，应用十分广泛。灰铸铁的牌号、性能和用途见表 1-5。另外，通过向灰铸铁铁液中冲入孕育剂，可使石墨细小、分散，减轻片状石墨对金属基体的割裂作用，提高力学性能。该种铸铁称为孕育铸铁，牌号为 HT250 ~ HT350。

表 1-5　灰铸铁的牌号、性能和用途

类别	牌号	铸件壁厚/mm	抗拉强度/MPa	硬度 HBW	用途举例
普通灰铸铁	HT100	2.5 ~ 10	130	110 ~ 167	负荷很小的不重要件，如重锤、防护罩、盖板等
		10 ~ 20	100	93 ~ 140	
		20 ~ 30	90	87 ~ 131	
		30 ~ 50	80	82 ~ 122	

（续）

类别	牌号	铸件壁厚/mm	抗拉强度/MPa	硬度HBW	用途举例
普通灰铸铁	HT150	2.5～10	175	136～205	承受中等负荷件，如机座、支架、箱体、带轮、法兰、轴承座、泵体、阀体、缝纫机零件
		10～20	145	119～179	
		20～30	130	110～167	
		30～50	120	105～157	
	HT200	2.5～10	220	156～236	承受中等负荷的重要零件，如气缸、齿轮、齿条、机床床身、飞轮、底架、衬套、中等压力阀的阀体
		10～20	195	148～222	
		20～30	170	134～200	
		30～50	160	129～192	
孕育铸铁	HT250	4～10	270	174～262	机体、阀体、液压缸、齿轮箱、床身、凸轮、衬套等
		10～20	240	164～247	
		20～30	220	157～236	
		30～50	200	159～225	
	HT300	10～26	290	182～272	齿轮、凸轮、剪床、压力机、重型机床床身、液压件等
		20～30	250	168～251	
		30～50	230	161～241	
	HT350	10～20	340	199～298	
		20～30	290	182～272	
		30～50	260	171～257	

注：铸件壁厚是指铸件工作时主要负荷处的平均厚度。

（3）球墨铸铁 球墨铸铁中的碳大部分以球状石墨形态存在，显微组织如图1-18所示。由于球状石墨对基体的割裂作用较其他形态的石墨大为减小，因而显著提高了力学性能，其抗拉强度不亚于碳钢，塑性、韧性比其他铸铁好。另外，还有许多胜过钢的优点，如良好的铸造性能、可加工性能、减摩性和减振性等。因此，在某些条件下可以代替钢材制造形状复杂而承载较大的构件，如曲轴等。球墨铸铁的牌号、性能和作用见表1-6。

表1-6 球墨铸铁的牌号、性能和用途

牌号	σ_b/MPa	$\sigma_{0.2}$/MPa	δ（%）	a_K/J·cm^{-2}	硬度HBW	基体	用途举例
QT400-18	400	250	18	60	≤179	F	汽车、拖拉机、底盘零件
QT450-10	450	310	10	30	≤207	F	阀体、阀盖
QT500-7	500	350	7	—	147～241	F+P	全损耗系统用油齿轮泵
QT600-3	600	420	3	—	229～302	P	柴油机和汽油机曲轴
QT700-2	700	490	2	—	229～302	P	缸体、缸套
QT800-2	800	560	2	—	241～321	P	普通齿轮
QT1200-1	1200	840	1	30	HRC 38	$B_{下}$①	汽车、拖拉机传动齿轮

① $B_{下}$ 为下贝氏体显微组织。

（4）可锻铸铁 可锻铸铁是预先浇注成白口铸铁，再经长时间石墨化退火完成的。石墨化退火后，白口铸铁中的渗碳体分解出团絮状石墨。由于团絮状石墨对基体的割裂作用比片状石墨小，使铸铁的韧性和塑性得到提高。可锻铸铁经常用于生产形状小而复杂，并且要求韧性较高的小型薄壁构件，如管接头等。但因生产周期长、成本高，使应用受到一定限制。可锻铸铁的显微组织如图1-19所示，牌号、性能和应用见表1-7。

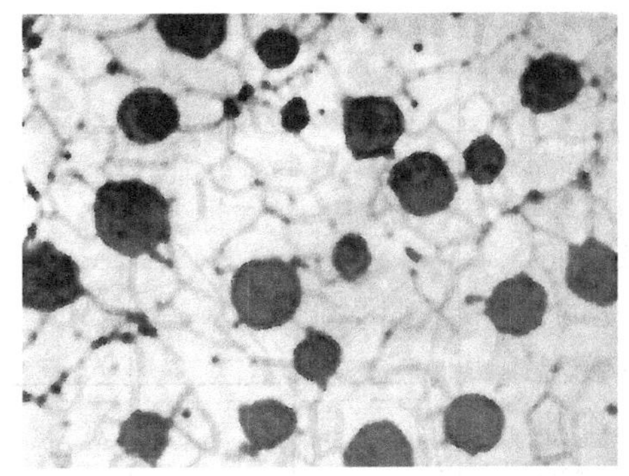

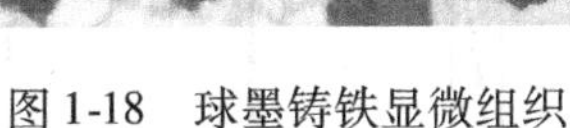

图 1-18　球墨铸铁显微组织

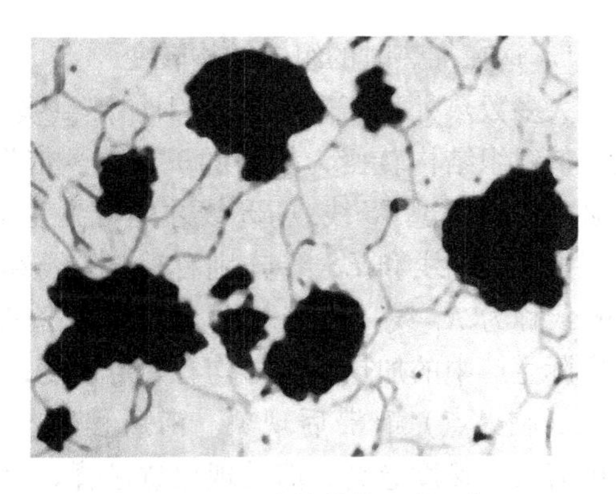

图 1-19　可锻铸铁的显微组织

表 1-7　可锻铸铁的牌号、性能和用途

类别	牌号	抗拉强度 /MPa	δ (%)	硬度 HBW	用途举例
黑心可锻铸铁	KTH300-06	300	6	≤150	水暖管件(如三通、弯头、阀门)、机床扳手、汽车、拖拉机转向机构和后桥、农机件、线路金属用具
	KTH330-08	330	8	≤150	
	KTH350-10	350	10	≤150	
	KTH370-12	370	12	≤150	
珠光体可锻铸铁	KTZ450-06	450	6	150 ~ 200	曲轴、凸轮轴、连杆、齿轮、万向接头、棘轮、扳手、线路金属用具
	KTZ550-04	550	4	180 ~ 250	
	KTZ650-02	650	2	210 ~ 260	
	KTZ700-02	700	2	240 ~ 240	

注:试样直径为 ϕ12mm 或 ϕ15mm。

灰铸铁、球墨铸铁和可锻铸铁的力学性能除了与石墨形态有关外，还与其金属基体的组织结构有关，有关内容将在后面相应章节中讨论。

第四节　钢的热处理

一、钢的热处理理论基础

在固态下将钢加热到一定温度，进行必要的保温，以适当的冷却速度冷至室温，改变钢的组织结构和性能的工艺方法称为钢的热处理。

热处理的目的在于不改变材料的形状和尺寸，只通过改变材料内部的组织结构来得到所需要的性能。不同的热处理工艺可以分别提高材料的硬度和强度，或者增加材料的塑性、降低硬度等。热处理工艺是提高零件寿命的重要途径，其工艺方法主要有如下几种：

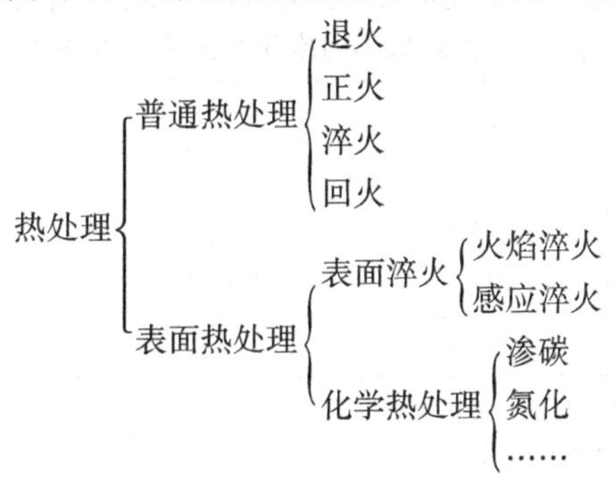

1. 钢在加热时的组织结构转变

大多数热处理工艺都要将钢加热到奥氏体温度区域，使组织结构转变为均匀的奥氏体。依据铁碳相图，钢必须加热超过 *GS* 线或 *ES* 线才能得到完全的奥氏体。习惯上将 *GS* 线和 *ES* 线分别称为 A_3 线和 A_{cm} 线。将 *PSK* 线称为 A_1 线。铁碳相图是在平衡条件下建立的，而实际生产中的加热与冷却均有一定速度，组织转变温度点（临界点）有滞后现象。滞后程度与加热和冷却速度有关，速度愈高，滞后现象愈显著。为了表示这种滞后现象，加热时分别用 Ac_1、Ac_3、Ac_{cm}线，冷却时则用 Ar_1、Ar_3、Ar_{cm}与 A_1、A_3、A_{cm}线相对应，如图 1-20 所示。

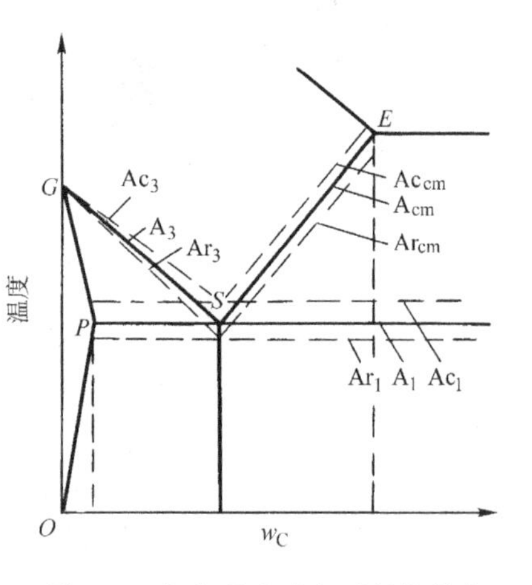

图 1-20 钢加热和冷却时的临界点

共析钢加热到 Ac_1 时，发生珠光体向奥氏体的转变，转变过程如图 1-21 所示。这种转变除了有形核和长大两个过程外，还要有奥氏体内部成分的均匀化过程。固态下的组织转变和成分均匀化需要一定的时间才能完成，所以一般热处理工艺中需要有适当的保温时间。奥氏体晶粒形成后，随着温度的升高，晶粒会逐渐长大。粗大的奥氏体晶粒会引起室温下组织结构的粗大，对力学性能带来不利影响。同样，奥氏体保温时间的过长也会出现晶粒粗大现象。亚共析钢加热到 Ac_1 线后，开始发生铁素体溶入奥氏体的转变，当温度超过 Ac_3线后形成单一奥氏体。过共析钢加热至 Ac_1 线以上，随温度的升高二次渗碳体逐步溶入奥氏体中，超过 Ac_{cm} 线后形成单一奥氏体。亚共析钢和过共析钢的加热温度过高，或保温时间过长，均会产生奥氏体的晶粒粗大。

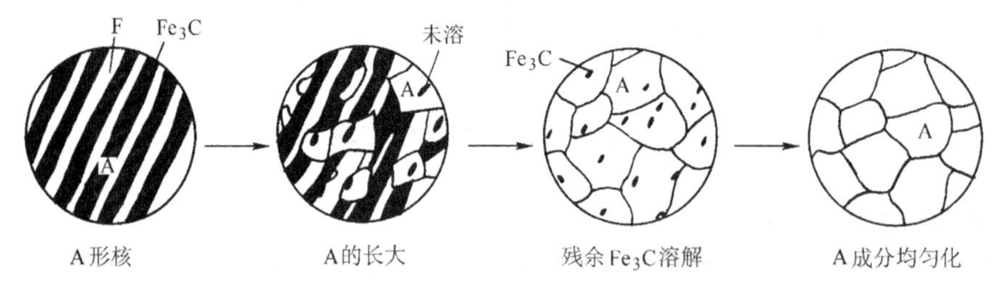

图 1-21 共析钢中奥氏体的形成过程

2. 钢在冷却时的组织结构转变

将钢加热到奥氏体状态后，冷却速度不同，组织转变产物就不同，其材料的力学性能也不相同。共析钢由奥氏体状态以不同速度冷至室温时的组织结构见表 1-8。

表 1-8 共析钢不同冷却方式的组织结构

冷却方式	炉内冷却	空气冷却	吹风冷却	250～500℃ 液体中冷却	室温下的水中冷却
组织结构	粗片珠光体 （珠光体）	细片珠光体 （索氏体）	极细珠光体 （托氏体）	贝氏体①	马氏体②
硬度 HRC	20～25	25～30	35～37	40～55	60～65

① 贝氏体属于含过量碳的铁素体与微小渗碳体的混合物。

② 马氏体为碳在 α-Fe 中的过饱和固溶体。

二、钢的基本热处理方法

1. 退火和正火

（1）退火　退火是将钢加热到一定温度，保温一定时间，随后在炉中缓慢冷却，以获得近于平衡组织结构的一种热处理方法。退火可以降低钢的硬度，以利于切削加工；细化钢中的粗大晶粒，改善组织和性能；增加钢的塑性和韧性；消除内应力；为淬火作好组织准备。退火有完全退火、球化退火和去应力退火等。完全退火最为常见，主要用于亚共析钢的铸件、锻件和焊件。它是将工件加热到 Ac_3线以上 30～50℃，保温一定的时间，使组织完全转变为均匀的奥氏体，然后缓慢冷却，获得铁素体和珠光体。完全退火可以使铸、锻、焊件中的粗大晶粒细化；改善钢铁中的不均匀组织；降低钢铁的硬度，利于切削加工；消除钢铁中的内应力。球化退火与完全退火的作用有所不同，主要用于过共析钢，是将工件加热到 Ac_1以上 10～20℃，在冷却中碳化物球状化，这里不作详述。另外，铸铁件也经常采用完全退火，主要是为了消除应力、均匀组织和降低硬度等。

（2）正火　正火是将钢加热到 Ac_3线（亚共析钢）、Ac_1线（共析钢）、Ac_{cm}线（过共析钢）以上 30～50℃，保温一定的时间后，出炉在空气中冷却的工艺方法。

正火的作用与退火有许多相似之处，但正火的冷却速度较快，所得到的组织结构较细，如共析钢正火后可以获得索氏体组织，即细密的珠光体组织。

正火后钢的硬度和强度较退火略高，这对低、中碳钢的可加工性能有利，但消除内应力不如退火彻底。如果过共析钢中的渗碳体以网状分布在晶界上，影响钢的正常性能时，采用正火可以使渗碳体消除网状的分布。正火的冷却过程不占用设备，因而生产上经常用正火来代替退火。正火常用于普通构件，如螺钉、不重要的轴类等工件的最终热处理。对于较重要的构件，大多利用正火作为预备热处理。

退火和正火的加热范围如图 1-22 所示。

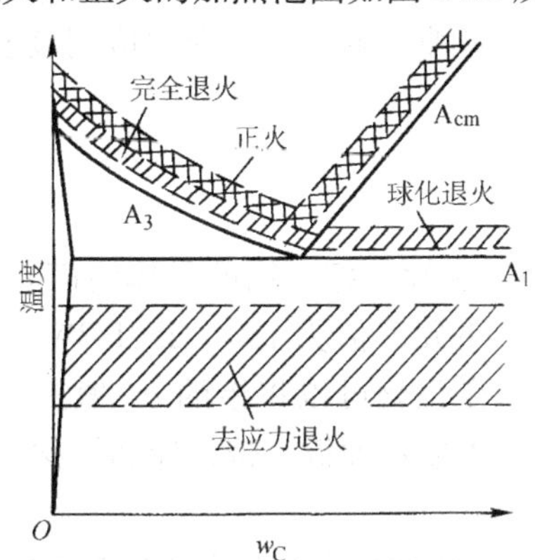

图 1-22　退火和正火的加热温度范围

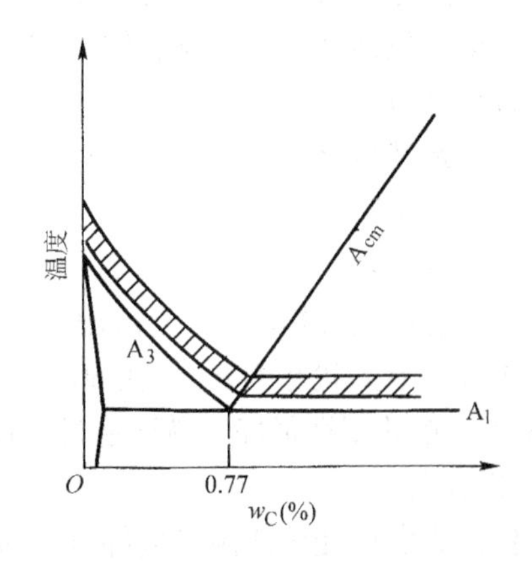

图 1-23　淬火的加热温度范围

2. 淬火和回火

（1）淬火　淬火是将钢加热到 Ac_3（亚共析钢）、Ac_1（共析钢和过共析钢）线以上 30～50℃，保温后在水或油中迅速冷却的热处理方法。一般情况下，淬火热处理可使奥氏体转变为碳在 α-Fe 中的过饱和固溶体，即马氏体组织。马氏体可以达到很高的硬度。因而，淬火热处理可以提高材料的硬度、强度和使用寿命。各种工具、模具和许多重要件都需要通过淬火来提高其力学性能。淬火的加热温度范围如图 1-23 所示。

（2）回火　回火是将淬火后的钢重新加热至 Ac_1 线以下的某一温度，保温后在空气中冷却的一种热处理方法。淬火马氏体是一种不稳定的组织结构，并且淬火后工件的内应力和脆性较大。为了稳定组织，减少内应力，降低脆性和调整淬火工件的硬度，淬火后必须进行回火。

根据回火温度的不同，分为低温回火、中温回火和高温回火，它们各自对淬火工件的力学性能有不同的影响。

1）低温回火。低温回火加热温度在 150～200℃。淬火钢经低温回火后，钢的淬火脆性降低，能够保持高硬度和耐磨性。各种工具、刃具和冷冲模具等，常在淬火后进行低温回火。

2）中温回火。中温回火的加热温度在 350～500℃。这时可以大大减轻淬火后的内应力，降低脆性，提高弹性和屈服强度，但工件硬度有所降低。中温回火适于各种弹性零件、锻模等。

3）高温回火。高温回火加热温度在 500～650℃。淬火钢经高温回火后得到回火索氏体。淬火后的应力基本消除，材料可以获得强度、硬度、塑性、韧性都较好的综合力学性能。高温回火适用于受力较复杂而要求综合力学性能都较高的零件，如轴类等。淬火后再进行高温回火称为调质热处理。

第五节　常用有色金属及其合金

有色金属是指除了钢和铁以外的非铁金属。有色金属有许多特别的性质，例如有的导电性良好，有的耐腐蚀能力强，有的质量很轻，有的十分耐高温。因此，有色金属在化工、电子、航空和能源等领域具有重要的作用。

有色金属包括金、银、铜、铝、镁、钼、钛、镍等多种，本节主要介绍应用较多的铝、铜及其合金材料。

一、铝及其合金

1. 工业纯铝

铝的密度约为 2.72g/cm³，熔点为 660℃，导电和导热性良好。铝的晶体为面心立方晶胞结构，没有同素异构转变。铝的硬度很低，退火状态下硬度值为 150～250HBW。铝的抗拉强度不高，退火状态下 σ_b 值在 80～100MPa。通过形变强化可以将铝的 σ_b 值提高到 150～250MPa。铝的塑性很好，易于通过塑性成形的方法加工成各种板、带、棒和线材。

2. 铝合金

纯铝的力学性能无法满足大部分机械构件的要求，需要通过合金化和热处理来改善其力学性能。常见的铝合金有 Al-Mg 合金、Al-Si 合金和 Al-Cu 合金等，其 σ_b 值可以达到 450～900MPa。按照铝合金成形的方式，可以分为变形铝合金和铸造铝合金。

（1）变形铝合金　变形铝合金是指通过塑性成形方法，例如轧制、拉拔、挤压等，获得各种型材或构件的铝合金材料。变形铝合金有退火状态和时效状态，不同状态的铝合金力学性能也不同。

主要的塑性成形铝合金有 Al-Mg 合金、Al-Si 合金、Al-Cu 合金、Al-Mn 合金等。常见变形铝合金的牌号和用途见表 1-9。

表1-9 常见工业纯铝和变形铝合金的牌号与用途

组别	牌号(旧牌号)	化学成分 w(%)	材料状态	力学性能	用 途
工业纯铝	1A99 (LG5)	Al≥99.99	退火	σ_b≥50MPa; δ≥30%	各种管、线、板和型材
	1070A (L1)	Al≥99.97 (杂质无特殊控制)	退火	σ_b≥40MPa; δ≥24%	各种管、线、板和型材
铝铜合金	2A01 (LY1)	Si: 0.5; Cu: 2.2~3.0; Mn: 0.2; Mg: 0.2~0.5; Fe: 0.5; Ti: 0.15	自然时效	σ_b≥300MPa; δ≥24%	要求质量轻且小于100℃的中等强度载荷构件和型材
	2A14 (LD10)	Si: 0.5; Cu: 3.8~40; Mn: 0.3~0.9; Mg: 1.2~1.8; Fe: 0.7; Ti: 0.15	人工时效	σ_b≥360MPa; $\sigma_{0.2}$≥180MPa; δ≥15%	要求质量轻且承载较重负荷的锻件和型材
铝镁合金	5A05 (LF5)	Si: 0.5; Cu: 0.1; Mn: 0.3~0.6; Mg: 4.8~5.5; Fe: 0.5	退火	σ_b≥280MPa; δ≥15%	要求质量轻，如铆钉、油箱等承载中等负荷的构件和型材
	5B05 (LF10)	Si: 0.4; Cu: 0.2; Mn: 0.2~0.6; Mg: 4.7~5.7; Fe: 0.4; Ti: 0.15	退火	σ_b≥280MPa; δ≥15%	要求重质轻，铆钉、油箱、管路等承载中等负荷的构件和型材

(2) 铸造铝合金 常见的铸造用铝合金有Al-Si合金、Al-Mg合金、Al-Mn合金等。铝合金的熔化温度低，并且大多数铸造铝合金有共晶反应。共晶成分的合金铸造流动性好，有利于铸件的成形。所以大部分的铸造铝合金采用共晶成分或接近共晶成分。常见铸造铝合金的牌号和用途见表1-10。

表1-10 常见铸造铝合金的牌号和用途

组别	牌号(代号)	化学成分 w(%)	材料状态	力学性能	用 途
铝硅合金	ZAlSi12 (ZL102)	Si: 10~13;	砂型铸造；变质处理	σ_b≥143MPa; δ≥4%	形状复杂零件、仪器壳体、仪表构件等
	ZAlSi9Mg (ZL104)	Si: 8~10.5; Mg: 0.17~0.30; Mn: 0.2~0.3	金属型铸造；人工时效	σ_b≥192MPa; δ≥1.5%	形状复杂零件、摩托车发动机壳体、仪表构件等
铝铜合金	ZAlCu4 (ZL203)	Cu: 4.0~5.0	金属型铸造；自然时效	σ_b≥200MPa; δ≥3%	中等载荷的构件

（续）

组别	牌号(代号)	化学成分 w(%)	材料状态	力学性能	用　途
铝镁合金	ZAlMg10 (ZL301)	Mg：9.5～11.5	砂型铸造；自然时效	$\sigma_b \geq 280$MPa； $\delta \geq 9\%$	耐大气和海水腐蚀的形状简单构件
	ZAlMg5Si1 (ZL303)	Si：0.8～1.3； Mg：4.5～5.5； Mn：0.1～0.4	金属型铸造	$\sigma_b \geq 140$MPa； $\delta \geq 1\%$	耐大气和海水腐蚀的形状简单构件

3. 铝合金的热处理强化理论

能够通过热处理强化的铝合金有多种，现以 Al-Mg 合金为例进行介绍。

图 1-24 为 Al-Mg 合金的相图，观察图的左下部分，图中的 α 相对 Mg 的溶解度是随温度变化的，温度愈高溶解度愈大，在 450℃达到最大值（图中 P 点）。对于铝合金来说，单一 α 相的塑性很好，但如果把小于 P 点成分的 Al-Mg 合金加热到单一的 α 相区，在平衡条件下或较慢的冷却速度下冷却到室温，则合金会沿着 PQ 线析出硬而脆的 β 相。此时的 β 相聚集程度较高，引起相结构的分布不均匀，致使铝合金的强度较低。若快速冷却到室温，例如采用水冷，可抑制 β 相的析出，在室温下会出现单一的 α 相。这时铝合金的强度增加不多，但塑性提高较大。若将这种状况的单一 α 相铝合金放置 200～300h，α 相中能够析出细小和弥散分布的 β 相，使铝合金的强度明显增加。将这种随时间延长而产生硬度变化的现象称为时效硬化现象。室温下的这种时效硬化现象称为铝合金的自然时效硬化，自然时效需要的时间较长。工业上为了提高产生时效硬化现象的速度，通常将铝合金加热到 100～200℃，这样可以使时效硬化现象缩短到数个小时，称为铝合金的人工时效硬化。时效硬化可以使 Al-Mg 合金的 σ_b 值由原来的 300MPa 提高到 480MPa 左右。不同 Mg 含量的 Al－Mg 合金，时效硬化后的力学性能也不相同。图 1-25 所示为 Mg 含量对 Al-Mg 合金力学性能的影响。

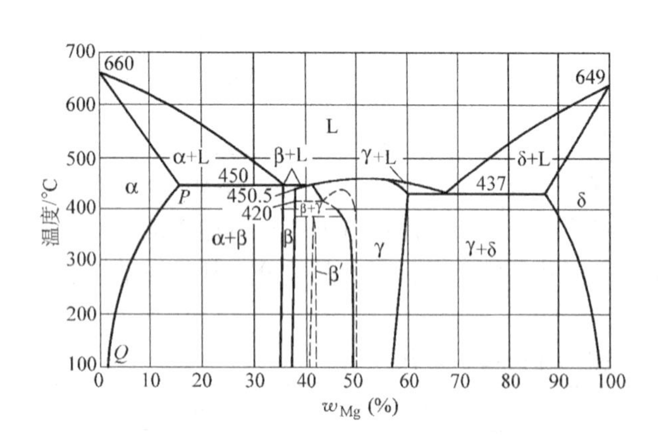

图 1-24 Al-Mg 合金相图

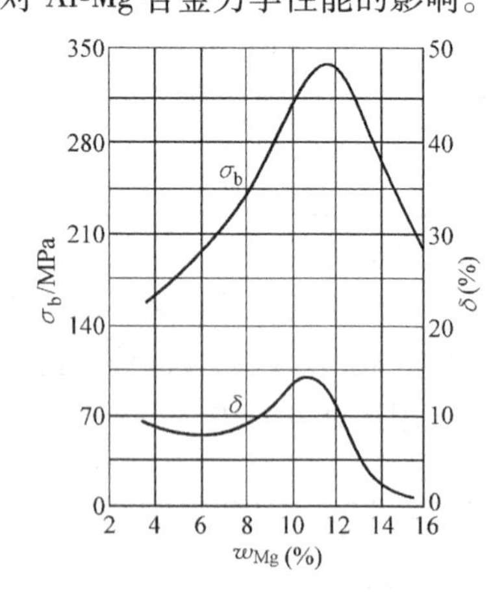

图 1-25 Mg 含量对 Al-Mg 合金力学性能的影响

二、铜及其合金

1. 工业纯铜

纯铜材料的颜色呈紫红色，工业上称之为紫铜。纯铜的密度为 8.96g/cm³，晶体结构为面心立方晶胞，没有同素异构转变。纯铜有优良的导电性和导热性，有较好的耐蚀性。纯铜的硬度很低，退火状态下硬度在45HBW左右，但纯铜的塑性指标很好，伸长率在50%左右。相对于钢铁材料，纯铜的抗拉强度不高，σ_b值在230MPa左右。利用材料的形变强化现象，对纯铜进行一定量的塑性变形加工后，其硬度可提高到180～200HBW，σ_b值可以达到430MPa左右。

工业纯铜中经常含有铅、硫、磷、氧等杂质元素。这些杂质元素的存在降低了纯铜的强度、塑性和导电性及熔点。工业上一般将纯铜中的杂质元素含量限制在其质量的0.5%以内，以免明显影响材料的性能。

纯铜一般加工成板材、棒材、管材进行应用。

纯铜的常见牌号有T1、T2、T3，其中“T”为铜的汉语拼音字头，数字序号愈大则杂质含量愈高。另外还有TU0、TU1、TU2以及TP1、TP2等牌号，其中“U”为“无氧”的英文字头，“P”为含有化学元素磷，同样也是数字序数愈大杂质含量愈多。

2. 铜合金

铜合金中除了含有铜元素以外，还可以含有锌、镍、锡、铝、铁等元素，含有锌的铜-锌合金称为黄铜，含有镍的铜-镍合金称为白铜。除了黄铜和白铜以外，其余的铜合金统称为青铜。按照铜合金的成形方式，又可以分为塑性加工铜合金和铸造铜合金。

（1）塑性加工铜合金　塑性加工铜合金最常见的为塑性加工黄铜和塑性加工青铜。

1）塑性加工黄铜。常用塑性加工黄铜的牌号和用途见表1-11。

表1-11　常用塑性加工黄铜的牌号和用途

组别	代号	化学成分 w（%）	用　途
普通黄铜	H96	Zn：3.0～5.0； Ni：0.5； Fe：0.1	导电构件、电线和散热器等
	H85	Zn：14.0～26.0； Ni：0.2	各种冷却用管路等
铅黄铜	HPb63-3	Pb：2.4～3.0； Ni：0.5； Fe：0.1	一般机械构件，如汽车零件等
	HPb62-0.8	Pb：0.5～1.2； Zn：36.0～41.0； Fe：0.2； Ni：0.5	一般仪器零件，如钟表齿轮等
铝黄铜	HAl67-2.5	Al：2.0～3.0； Ni：0.5； Fe：0.6； Pb：0.5； Zn：31～34	海洋环境下的耐腐蚀构件
	HAl59-3-2	Al：2.5～3.5； Ni：2.0～3.0； Fe：0.1； Pb：0.1； Zn：37.0～40.0	要求强度较高的船舶构件和电动机构件

黄铜的相图，即 Cu-Zn 合金相图，如图 1-26 所示。由相图可以看出，当 $w_{Zn}<39\%$ 时，室温下的组织结构为单一的 α 相结构，称为单相黄铜。具有单一 α 相结构的黄铜塑性较好。当 $w_{Zn}=39\%\sim45\%$ 时，室温下的组织结构为 α + β′相结构，称为双相黄铜。由于 β′相结构脆而硬，使黄铜的塑性变差，但一定含量的 β′相结构可以适当提高黄铜的强度。当 $w_{Zn}>45\%$ 时，微观组织为单一的 β′相结构，此时黄铜的塑性严重变差。有关锌含量对铸造黄铜力学性能的影响如图 1-27 所示。

另外由 Cu-Zn 合金相图可以看出，β′相结构在 453 ~470℃时会转变成为 β 相结构。由于 β 相结构的塑性较好，这就意味着对 β′相结构的黄铜可以在加热后进行轧制等塑性变形加工。

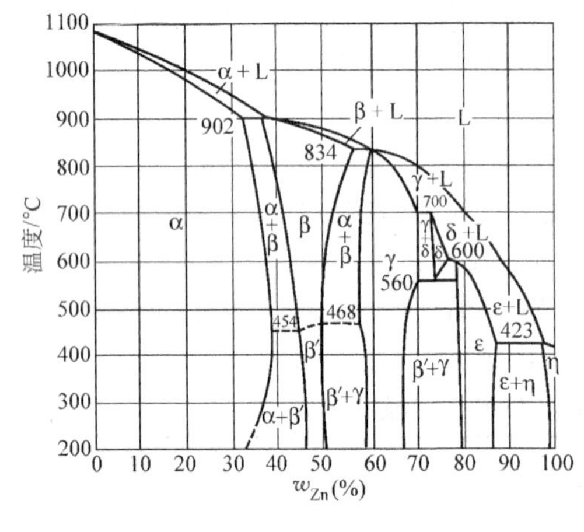

图 1-26 Cu-Zn 合金相图

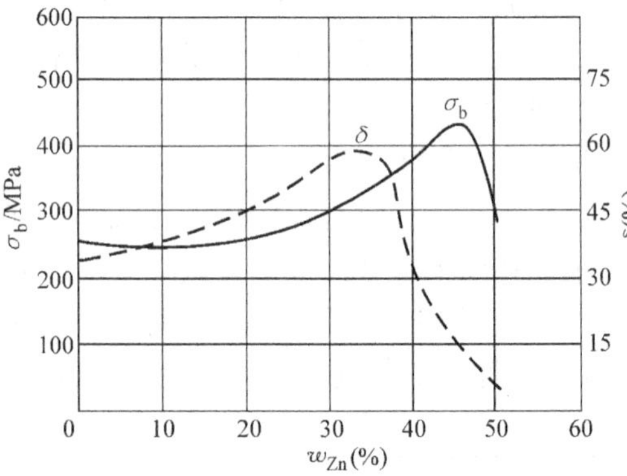

图 1-27 锌含量对铸造黄铜力学性能的影响

2）塑性加工青铜。青铜分为锡青铜、铁青铜、铝青铜等多种，其中锡青铜应用最多。锡青铜中含锡量的不同，其力学性能也不同。由于锡原子的溶入形成固溶体并产生固溶强化，当 $w_{Sn}<20\%$ 时，其强度随含锡量的增加而提高。当 $w_{Sn}>20\%$ 时，由于出现硬而脆的 δ 相结构而应用较少。

锡青铜有较好的减摩性和低温韧性，比黄铜和纯铜更耐水蒸气和海水的腐蚀。适当添加磷元素后可以提高其弹性极限和耐疲劳强度。常见的塑性加工青铜的牌号和用途见表 1-12。

（2）铸造铜合金　铸造用的铜合金种类既有黄铜又有青铜，常用的铸造铜合金牌号和用途见表 1-13。

黄铜的铸造性能很好，有良好的液体流动性，铸件的致密性高。多用于蜗轮、螺旋桨、轴瓦等铸造件。

表 1-12　常见塑性加工青铜的牌号和用途

组别	代号	化学成分 w（%）	用　途
锡青铜	QSn4-3	Sn：3.5 ~4.5； Zn：2.7 ~3.3； Ni：0.2	弹性构件，耐磨耐腐蚀构件
	QSn4-4-4	Sn：3.0 ~5.0； Pb：1.5 ~3.5； Ni：0.2	轴套等耐磨构件

（续）

组别	代号	化学成分 w（%）	用　　途
铝青铜	QA15	Al：4.0～6.0； Mn：0.5； Zn：0.5； Ni：0.5； Fe：0.5	弹性构件，如弹簧等
	QA19-4	Al：0.8～10.0； Fe：2.0～4.0； Zn：1.0； Mn：0.5； Ni：0.5	电器构件或海洋环境下的构件
硅青铜	QSi1-3	Si：0.6～1.1； Ni：2.4～3.4； Mn：0.1～0.4	耐磨机械构件等
	QSi3-1	Si：2.7～3.5； Mn：1.0～1.5； Zn：0.5	蜗轮、蜗杆等耐磨或耐腐蚀件

青铜的铸造性能不如黄铜，铸件的致密性也不如黄铜。青铜铸件中易出现分散细小的孔洞。但青铜的减摩性和耐蚀性优于黄铜，特别是海洋环境下的构件应用，要比黄铜更耐腐蚀。

表 1-13　常用的铸造铜合金牌号和用途

牌号	化学成分 w（%）	材料状态	力学性能	用　　途
ZCuSn5Pb5Zn5	Sn：4.0～6.0； Zn：4.0～6.0； Pb：4.0～6.0	砂型或金属型铸造	$\sigma_b \geqslant 200MPa$； $\delta \geqslant 13\%$	中等或较高负荷的耐磨耐腐蚀构件，如轴瓦、衬套等
ZCuPb20Sn5	Pb：18.0～23.0； Sn：4.0～6.0	砂型或金属型铸造	$\sigma_b \geqslant 150MPa$； $\delta \geqslant 5\%$	高速滑动轴承等构件
ZCuZn38	Zn：37.0～40	砂型铸造	$\sigma_b \geqslant 290MPa$； $\delta \geqslant 30\%$	螺钉、阀门等耐腐蚀构件
ZCuZn40Mn2	Zn：39～52； Mn：1.0～2.0	砂型或金属型铸造	$\sigma_b \geqslant 340MPa$； $\delta \geqslant 20\%$	海洋气候下的各种阀门、管接头等构件
ZCuZn40Pb2	Pb：0.5～2.5； Al：0.2～0.8； Zn：36～43	砂型或金属型铸造	$\sigma_b \geqslant 220MPa$； $\delta \geqslant 15\%$	普通耐腐蚀和耐磨构件，如轴套等

第六节　金属材料的微观检验

金属材料的微观检验是鉴定材料的重要手段。通过微观检验可以确定材料的微观结构，以判断材料的性能或发现材料内部存在的缺陷。材料的微观检验主要借助于金相显微镜和电子显微镜。

一、金相显微镜检验

1. 工作原理

金相显微镜是一种光学显微镜，主要由光源、物镜和目镜等部分组成。金相显微镜的构造如图1-28所示，放大倍数一般为数十倍至数百倍，最大可以达到1600倍左右。将制备好的材料试样放在试样台上，光线投射到试样表面后，由于试样表面微观各部位的高低起伏不一致，对光线的反射强度也不同，因而可以在目镜中观察到试样表面的形貌。有些金相显微镜带有照相功能，可以将目镜中观察到的微观形貌拍成金相照片，供以后分析应用。

2. 金相试样的制备

将金属材料的样品制作成可以观察的金相试样，需要经过多道手续。首先试样的大小必须适中，如果试样较小，应该把试样镶嵌在电木上，或采用金属夹将试样夹持，以便于试样的进一步加工制作。将试样的表面磨平，然后在金相砂纸上进行磨光。磨光时要由粗到细采用多种砂纸。最后还要使用抛光机对试样进行抛光，使试样表面达到镜面的光亮程度。

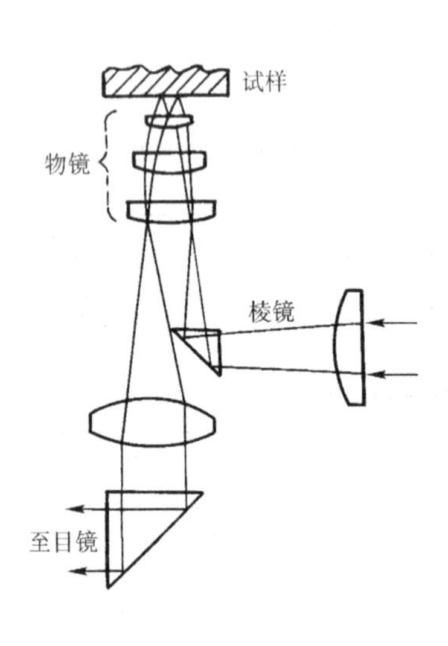

图1-28 光学金相显微镜的工作原理

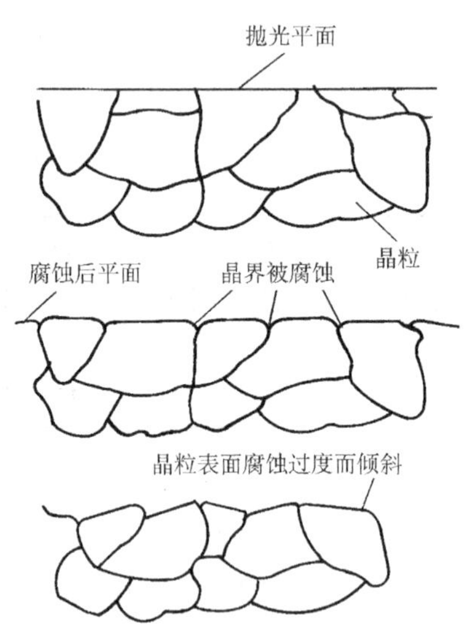

图1-29 金相试样制备过程中表面变化

已经具有镜面光亮的试样一般还不能直接进行显微观察，需要将已抛光的平面进行腐蚀后才可以观察。腐蚀剂有多种，一般条件下采用3%硝酸+酒精作为腐蚀剂。经过数秒钟的腐蚀后，试样表面因组织结构的不同，各微观部位被腐蚀的程度就不同，即试样微观的高低起伏不同，对光的反射程度不同，凸起部分较为明亮，凹下部分较为黑暗。不同的组织结构有不同的微观形貌，这需要有一定的识别组织结构的知识与经验。金相试样制备过程中表面变化如图1-29所示。

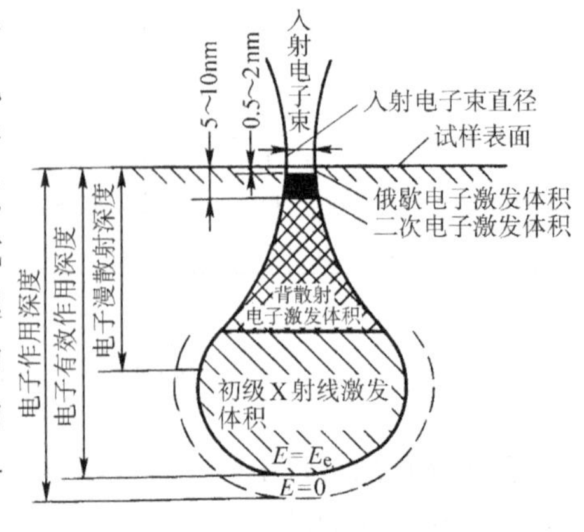

图1-30 电子束与试样相互作用逸出的电子

二、电子显微镜检验

电子显微镜检测，有扫描电子显微镜和透射电子显微镜两个主要类别，其中扫描电子显微镜的原理比较直观，而透射电子显微镜的原理较为复杂。下面通过扫描电子显微镜的工作原理来了解电子显微的工作过程。

1. 扫描电子显微镜的工作原理

（1）电子束与试样的相互作用　将一定强度的电子束射到试样表面以后，试样材料原子中的电子受到激发，有些被激发的电子能够逸出试样表面。从俘获激发出的电子中可以得到试样材料的表面信息。试样受到电子束扫描后所产生的相关效应如图 1-30 所示。

（2）扫描电子显微镜的基本工作原理　扫描电子显微镜主要由电子光学系统、信号采集处理系统和真空系统组成，其工作原理如图 1-31 所示。

1）电子光学系统。电子光学系统是由电子枪、电磁透镜（聚光镜）和扫描线圈构成。电子枪发射出稳定的电子束对试样表面进行扫描。电磁透镜对电子束聚焦，形成数纳米直径的斑点，斑点愈小电子显微镜的分辨率愈高。扫描线圈可以使电子束对试样进行扫描。

2）信号处理系统。信号采集系统可分别接受到各种从试样表面逸出的电子，将其转变成为电信号后送入电子成像系统，在屏幕上显示出样品的形貌等微观图像或其他信息。

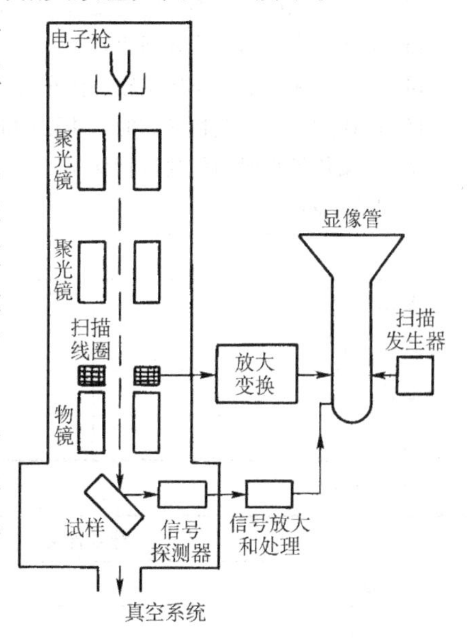

图 1-31　扫描电子显微镜工作原理

2. 试样的制备

被测试的试样必须导电，对于不导电的材料需要进行表面喷镀极薄的金层或碳层，以便于能够使试样导电。由于电子束是在磁场中运动和汇聚的，任何微小的电磁场都会影响电子的轨道。如果试样带有磁性，会引起图像的模糊、分辨率降低等问题。对带有磁性的试样要事先消磁。另外，扫描电子显微镜的工作室和电子束产生系统都是工作在真空条件下，要求试样不能在测试时产生挥发，否则挥发物将污染电子显微镜工作室，影响电子显微镜的寿命和测试结果的准确性。

对于需要进行微观结构观察的试样，制样方法和光学显微试样的制备基本相同。但要求表面更为平整和清洁，试样体积不宜过大，以免不方便放入试样室。观察试样的断面形貌时，不能对试样表面进行磨制加工，以免破坏断面的形貌。对于生物试样，一般要干燥脱水，然后镀层处理才能观察。

复习与思考题

1. 工程材料主要有哪些力学性质？它们的各自代表符号是什么？
2. 布氏硬度与洛氏硬度测试方法的特点有何不同？
3. 金属结晶时，液体的冷却速度如何影响固体金属的强度？
4. 常见的金属晶胞类型有几种？
5. 何谓同素异构转变？所有的金属材料均有同素异构转变吗？
6. 简述铁碳相图中的主要点、线、区的内容。

7. 在极端缓慢冷却条件下，铁碳相图中的奥氏体沿 *ES* 线析出的 Fe_3C_{II} 以何种形态分布？对材料的力学性能有何影响？

8. 简述常见碳素钢和合金结构钢的牌号及牌号的意义。

9. 从微观结构方面分析，不同种类铸铁的根本区别何在？

10. 热处理的工艺方法有几种？各有何作用？

11. 退火和正火两者的特点和用途有什么不同？

12. 亚共析钢的淬火温度为何是 Ac_3 + （30～50℃）？过高或过低有什么不利？

13. 钢在淬火后为什么要回火？

14. 锯条、大弹簧、车床主轴、汽车变速器齿轮的最终热处理有何不同？

15. 简述用T10钢制造锉刀时，主要的制造工艺流程和热处理工序名称。

16. 金属热处理时为何要进行保温？

17. 填下表：

组织名称	w_C（%）	存在温度范围/℃	硬度高低	塑性大小
铁素体				
奥氏体				
渗碳体				
珠光体				

18. 填下表：

钢号	符号含义	力学性能特点	应用举例
Q215			
45			
T10A			

19. 请为下列产品选出适用的金属材料：

汽车齿轮，六角螺栓，车床主轴，活扳手，脸盆，重要的桥梁。

20. 何谓铝合金的时效硬化现象？纯铝有无时效硬化现象？

21. 何谓双相黄铜？

22. 纯铜没有同素异构转变，是否就没有提高其强度的方法？

23. 比较锡青铜与黄铜铸造性能的不同。

第二章　金属的凝固成形

将液态金属浇注到与零件形状和尺寸相适应的铸型型腔中，待其冷却后得到坯料或零件的方法称为液态凝固成形，或称为铸造成形方法。铸造成形方法分为砂型铸造和特种铸造两大类，其中砂型铸造应用较广。

在机械制造中，铸件所占的比例是举足轻重的，这是因为铸造成形方法较其他成形方法相比具有如下优点：

1）铸造成形方法是利用液体的流动性充型，故可以获得形状复杂的机械零件。

2）铸造成形方法（主要是砂型铸造方法）的适应性较强，铸件的大小可以仅为数克重，也可以重达数百吨，且生产批量不受限制。

3）与其他坯料生产方法相比，铸件的原材料来源较广且成本较低。

基于上述优点，液态凝固成形方法获得了广泛的应用。

然而，液态凝固成形方法也存在一些缺点，如铸造工序较为繁杂且生产方法较为落后，铸件尺寸精度不够高和表面质量较低，铸件内部易存在气孔、砂眼、缩孔和缩松及结晶后出现晶粒粗大等现象。随着技术和工艺的不断进步，这些影响产品质量的问题将逐步得到改善。

第一节　金属的凝固特点

金属的凝固除了由液态转变为固态外，还存在一些与铸件质量相关的性能特点，这些性能特点称为合金的铸造性能。合金的铸造性能是指铸造过程中的流动性、收缩性、吸气性等工艺性能。

一、液态金属的流动特点

1. 液态金属的流动性

液态金属具有一定的流动能力，流动能力的大小由流动性来描述。流动性的高低一般用浇注“流动性试样”的方法衡量，主要取决于金属的结晶特点和物理性能。液态金属的流动性愈高，则愈易于充满铸型的型腔，获得健全的铸件；反之，铸件易于出现冷隔或浇不足的缺陷。

2. 流动性的影响因素

影响液态金属流动性的主要因素有合金的成分、浇注温度、铸型条件等。

（1）合金成分的影响　由于共晶成分的合金熔点较低且在恒温下凝固，因此流动性要高于其他成分的合金。由于非共晶成分的合金凝固时在两相区中生长出的大量枝状晶粒会阻碍液体金属的流动，所以合金的结晶温度区间愈大，其流动性则愈差。合金的流动性与成分的关系如图 2-1 所示。

（2）浇注温度和压力的影响　提高浇注温度一方面可使液态金属粘度下降，流动能力提高；另一方面也增加了液态金属的过热度，使得金属以液态存在的时间加长，从而大大提高金属液体的充型能力。但浇注温度过高，容易出现粘砂、缩孔、气孔、晶粒粗大等缺陷。因此，在保证金属液体具有足够充型能力的前提下，应尽量降低浇注温度。提高金属液体浇注时的压力，使液体注入型腔的速度加快，温度降低得少，使液体易于充满铸型。

(3) 铸型条件的影响　改善铸型型腔的结构可以提高金属液体的流动性及充型压力，如提高直浇道高度、改善型腔结构、采用散热慢的铸型材质等，会使金属液流速加快，流动时间延长，从而有利于充型能力的提高。

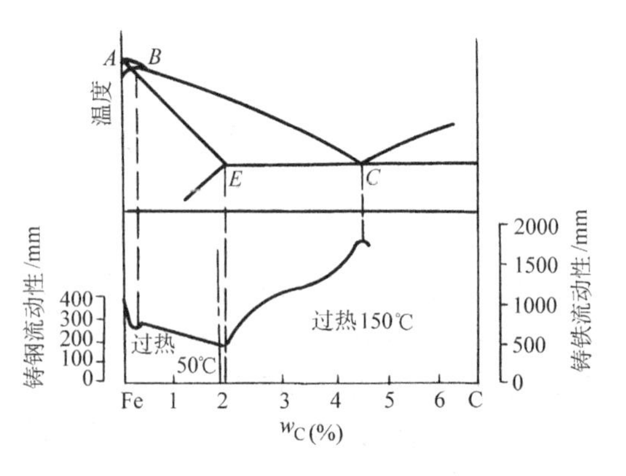

图 2-1　Fe-C 合金的流动性

二、合金的凝固特点

在铸件的凝固过程中其断面上通常存在着固相区、凝固区和液相区。其中凝固区是固液共存区，凝固区的宽窄对铸件的质量影响较大。按照凝固区的宽窄将铸件的凝固分为逐层凝固、中间凝固和体积凝固三种方式。

1. 逐层凝固

纯金属或共晶成分合金在恒温下结晶，凝固过程中铸件截面上的凝固区域宽度很窄，固液界面分明，随着温度的下降，凝固前沿不断推移，逐渐到达铸件中心。该凝固方式称为逐层凝固，如图 2-2a 所示。

2. 中间凝固

金属的结晶范围较窄，或结晶温度区间虽宽但铸件截面温度梯度大时，凝固区域的宽度介于逐层凝固与体积凝固之间，称该凝固方式为中间凝固方式，如图 2-2b 所示。

3. 体积凝固

当合金的结晶温度范围很宽，或因铸件截面温度梯度很小时，液固共存的区域很宽，甚至贯穿整个铸件截面的凝固称为体积凝固方式，或称糊状凝固方式，如图 2-2c 所示。

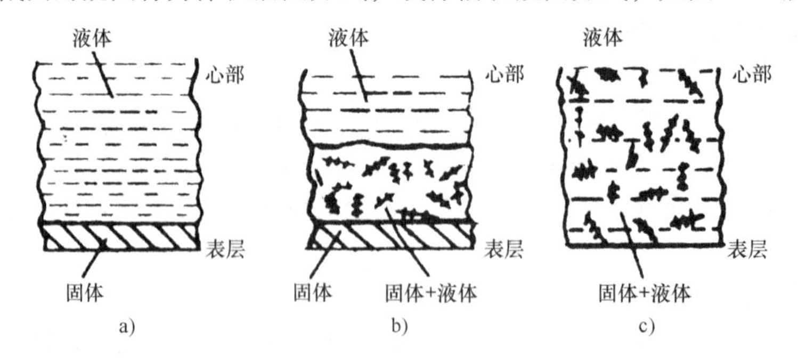

图 2-2　铸件的凝固方式

a）逐层凝固　b）中间凝固　c）体积凝固

铸造合金的结晶温度区间宽窄和铸件截面的温度梯度大小是影响凝固方式的主要因素。结晶温度区间愈小，凝固区域愈窄，合金愈倾向于逐层凝固。当合金的成分一定时，结晶温度区间已定，凝固方式取决于铸件截面的温度梯度。温度梯度愈大，对应的凝固区域愈窄，合金愈趋向于逐层凝固。而温度梯度又受合金性质、铸型的蓄热能力、浇注温度等因素的影响。合金的凝固温度愈低、热导率愈高、结晶潜热愈大，铸型的蓄热能力愈小，则铸件内部温度愈趋均匀，铸件截面的温度梯度愈小。

液态合金的凝固方式直接影响到铸件的质量。逐层凝固时合金的充型能力强，产生冷隔、浇不足、缩松等缺陷的倾向小。体积凝固时合金的充型能力下降，则易产生冷隔、浇不足、缩松等缺陷。中间凝固则介于上述两者之间。

三、合金的收缩特点

1. 合金的收缩

铸件在冷却过程中的收缩是合金的固有物理性质。金属从液态冷却到室温，要经历三个相互联系的收缩阶段。

（1）液态收缩　从浇注温度冷却至凝固开始温度之间的收缩。

（2）凝固收缩　从凝固开始温度冷却到凝固结束温度之间的收缩。

（3）固态收缩　从凝固完毕时的温度冷却到室温之间的收缩。

金属的液态收缩和凝固收缩，表现在合金的体积缩小，使型腔内金属液面下降，它们是铸件产生缩孔和缩松缺陷的根本原因。固态收缩也会引起体积的变化，在铸件各个方向上都表现出线尺寸的减小，对铸件的形状和尺寸精度影响最大，它是铸件产生内应力以至引起变形和产生裂纹的主要原因。

2. 影响收缩的因素

影响铸件收缩的主要因素有化学成分、浇注温度、铸件结构与铸型条件等。

（1）化学成分　不同成分合金的收缩率不同，如碳素钢随含碳量的增加凝固收缩率增加，而固态收缩率有所减少。在灰铸铁中碳、硅含量愈高，硫含量愈低，收缩率愈小。

（2）浇注温度　浇注温度主要影响液态收缩。浇注温度升高，液态收缩增加，则总收缩量相应增大。

（3）铸件结构与铸型条件　铸件的收缩并非自由收缩，而是受阻收缩。其阻力来源于两个方面：一是由于铸件壁厚不均匀，各部分冷却速度不同，收缩的先后不一致，相互制约而产生阻力；二是铸型和型芯对收缩的机械阻力。铸件收缩时受阻愈大，实际收缩率就愈小。因此，在设计和制造模型时，应根据合金种类和铸件的受阻情况，采用合适的收缩率。

3. 收缩对铸件质量的影响及防止措施

（1）铸件的缩孔和缩松及防止措施　铸件在凝固过程中，由于金属液态收缩和凝固收缩造成的体积减小得不到液态的补充，在铸件最后凝固的部位形成了孔洞，容积较大而集中的孔洞称为缩孔，细小而分散的孔洞称为缩松，如图 2-3 所示。缩松又分宏观缩松和显微缩松。宏观缩松是指用肉眼或放大镜可以看出的小孔洞，分布在铸件中心轴线处或缩孔下方；显微缩松是指分布在晶粒之间的微小孔洞。

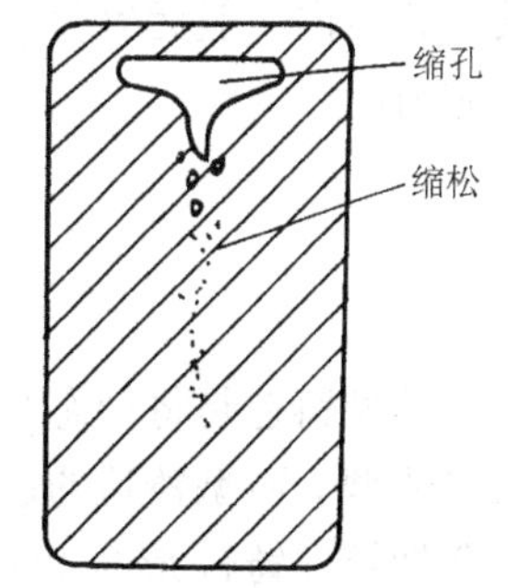

图 2-3　缩孔和缩松的形成

采用顺序凝固的方法可以防止缩孔和缩松缺陷对铸件的影响。所谓顺序凝固，是指造型时在铸件的厚大部位附设冒口的工艺措施，使铸件的凝固顺序由远离冒口的部位先凝固并依次向冒口推进，冒口部位最后凝固的工艺方法，如图 2-4 所示。铸件收缩时所需要的金属液则由冒口提供，缩孔和缩松出现在冒口中。

（2）铸造应力、变形和裂纹及其防止措施

1）铸造应力的形成。铸造应力分为热应力、组织应力和机械应力，其形成原因各不相同。铸件在凝固过程中，由于铸件壁厚不均匀和各部位的散热情况不同，造成各部位的冷却速度不同，使得各部位在同一时刻的收缩量不一致而产生的内应力称为热应力。热应力使铸件的厚壁或心部受拉伸，薄壁或表层受压缩。铸件的壁厚差别愈大，热应力愈大。图2-5为铸件热应力的形成过程。

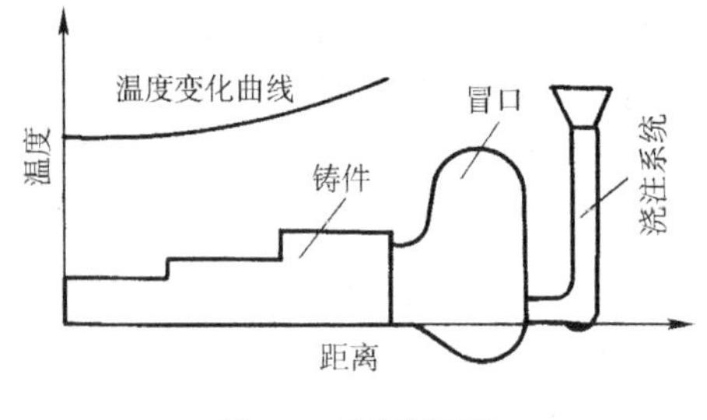

图2-4　顺序凝固

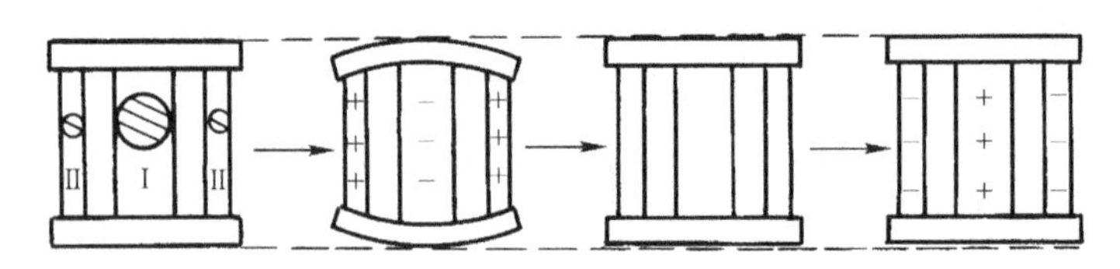

图2-5　热应力的形成过程

组织应力又称相变应力，是由于铸件的各部分冷却速度不同，导致发生组织结构转变的时间不一致，从而产生了相互制约的结果，组织应力既可以有拉应力又可以有压应力。机械应力是合金固态收缩时受到铸型或型芯的机械阻碍作用形成的，铸件落砂之后，随着这些阻碍作用的消除，应力能够自行消除。

2）铸造应力的防止。对于热应力和组织应力的防止通常采用同时凝固的工艺方法。所谓同时凝固，就是设法减少铸件冷却过程中各部位的温差，使各部位收缩一致，如将浇注系统开在薄壁处，在厚壁处安放冷铁等，如图2-6所示，一旦铸件存在较大应力时，可以通过热处理消除。对机械应力的防止，则应通过改进铸件结构和增加型砂的退让性来解决。

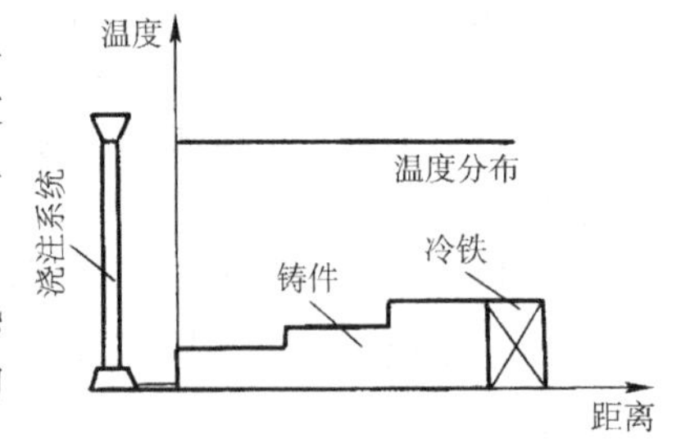

图2-6　同时凝固

3）变形与裂纹及其防止。铸件在应力作用下将会产生变形，当应力超过铸件的强度极限时将导致开裂。根据开裂特点的不同，可能出现热裂纹和冷裂纹两种情况。热裂纹的长度较短，边沿弯曲，断口内有氧化颜色。冷裂纹一般较细且长，断口内一般无氧化颜色或氧化颜色较轻。对于变形和裂纹的防止，根本的措施是减少铸造应力。

第二节　砂型铸造

砂型铸造是将液态金属浇入砂型经冷凝后获得铸件的方法。砂型可用手工制造，也可用机器造型。砂型铸造的造型材料来源广泛，价格低廉，设备简单，操作方便灵活，不受铸造合金种类、铸件形状和尺寸的限制，并适合于各种生产规模。砂型铸件约占全部铸件的80%左右。

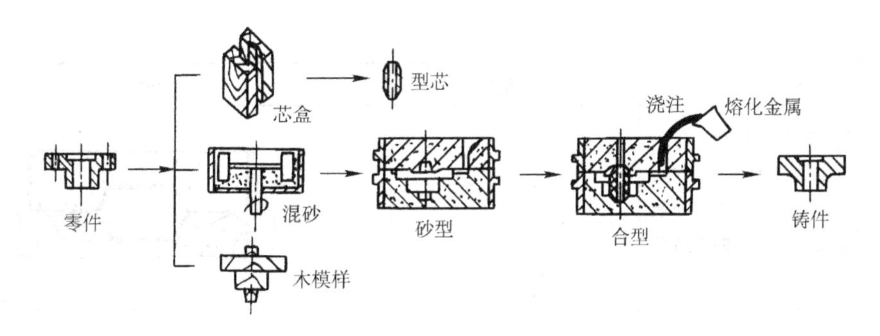

图 2-7　砂型铸造工艺过程

一、砂型铸造的工艺过程

砂型铸造工艺过程如图 2-7 所示。根据零件的形状和尺寸设计并制造出模样和芯盒，配制好型砂和芯砂。然后利用型砂和模样在砂箱中制造砂型，利用芯砂在芯盒中制造砂芯并把砂芯安装到砂型中，合型后获得完整的铸型。将金属液浇入铸型的型腔，冷却凝固后落砂清理即得所需的铸件。

二、砂型铸造的造型方法

1. 手工造型

手工造型的方法很多，按模样特征分为整模造型、分模造型、活块造型、刮板造型、成型底板造型和挖砂造型等。按砂箱特征分为两箱造型、三箱造型、地坑造型、脱箱造型等。

造型方法的选择具有较大灵活性，铸件往往可用多种方法造型。造型时应根据铸件结构特点、形状和尺寸、生产批量及车间具体条件等进行分析比较，以确定最佳方案。表 2-1 为各种手工造型方法的特点和适用范围。

表 2-1　各种手工造型方法

方法	特点	适用范围	简图
整模造型	模样为整体，分型面为平面，型腔大都在下箱，造型工艺简单，铸件不产生错型	适用于铸件的最大截面在一端且为平面的铸件	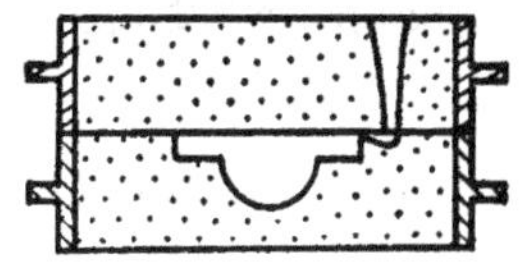
分模造型	模样在最大截面处分开，型腔位于上下两半型内，造型工艺简单，生产中广为应用	适用于铸件的最大截面在中间的铸件	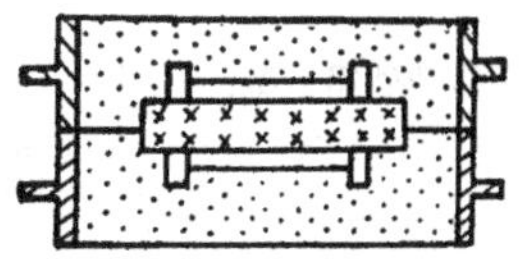
挖砂造型	模样为整体，但其最大截面在中间，造型时用手工挖去阻碍起模的型砂，造型费时，生产效率低	适用于单件，小批生产	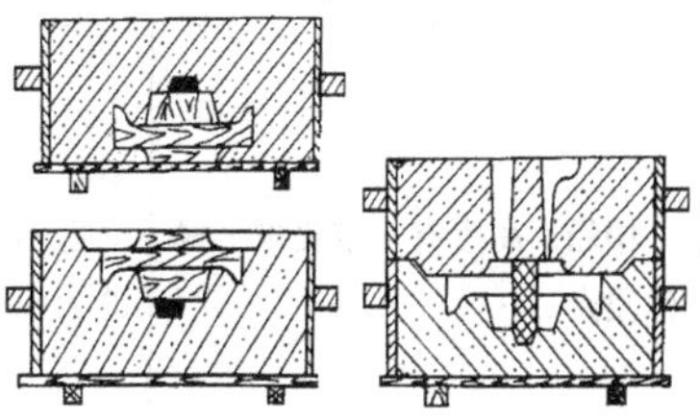

（续）

方法	特点	适用范围	简图
成型底板造型	为克服挖砂造型缺点，在底板上预制出铸件的部分型腔，以便使安放在底板上模样的最大截面与底板平齐，便于造型后起模	适用于成批生产需要挖砂的铸件	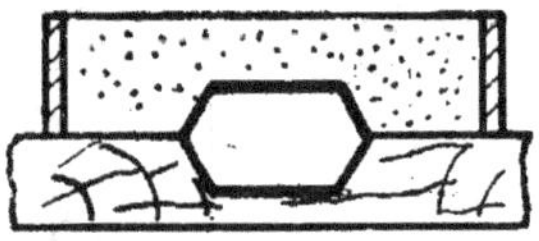
活块造型	铸件上有妨碍起模的凸台、肋条等。制模样时先将其做成活动部分。造型后起模时，先起出模样主体，再从侧面取出活块。造型费时，生产效率低，操作技术水平要求高	适用于单件，小批生产带有凸出部分阻碍起模的铸件	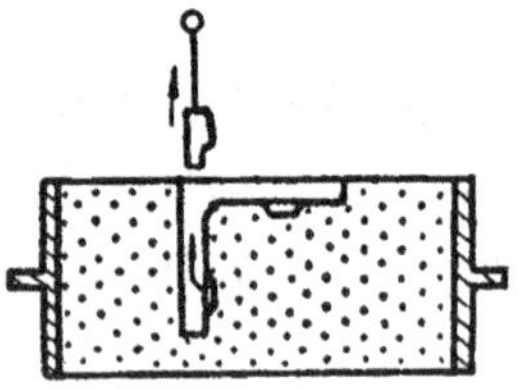
地坑造型	利用车间地面的砂床造铸型的下型，以减少制造砂箱的费用。造型费时，生产效率低，操作技术水平要求高	适用于单件或小批生产的大型铸件	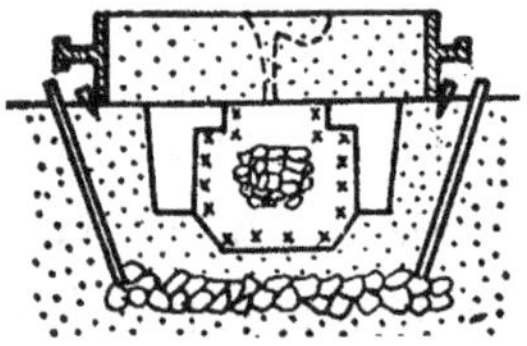
刮板造型	以刮板代替模样以减少制造模样的费用。造型费时，生产效率低，操作技术水平要求高	适用于单件或小批生产回转体或等截面的铸件	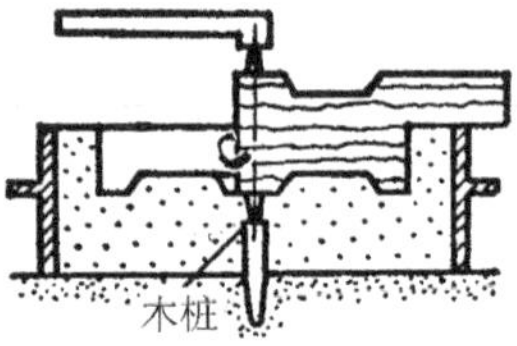 木桩
脱箱造型	利用活动砂箱造型，一箱多用	适用于成批生产的小型铸件	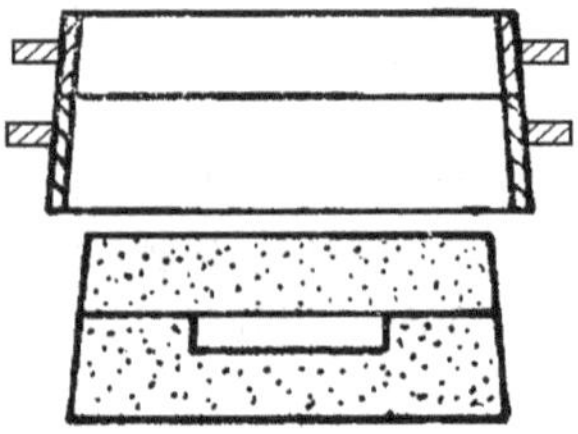
三箱造型	中箱的高度有一定要求，操作复杂	适用于单件、小批生产的大中型铸件	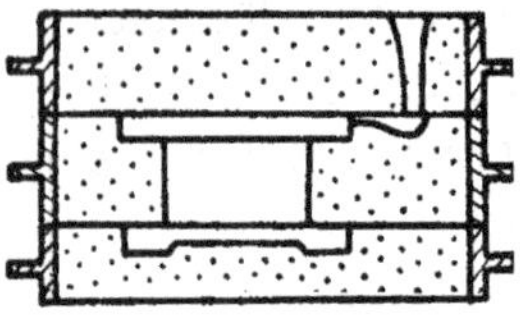

2. 机器造型

机器造型是用机器来完成填砂、紧实和起模等整个造型过程，是机械化铸造的基本造型方法。与手工造型相比，机器造型可提高生产效率和铸型质量，并且可以减轻劳动强度。但造型设备及工装投资较大，生产准备周期长，适于大批生产。其造型方法、特点及应用见表2-2。

表 2-2　机器造型、制芯方法

方法		特点	适用范围	简图
造型	震压式造型	利用震动和撞击力紧实型砂，工作台的震幅较大，噪声较大，生产效率不够高	小型或中小型铸件的大批生产	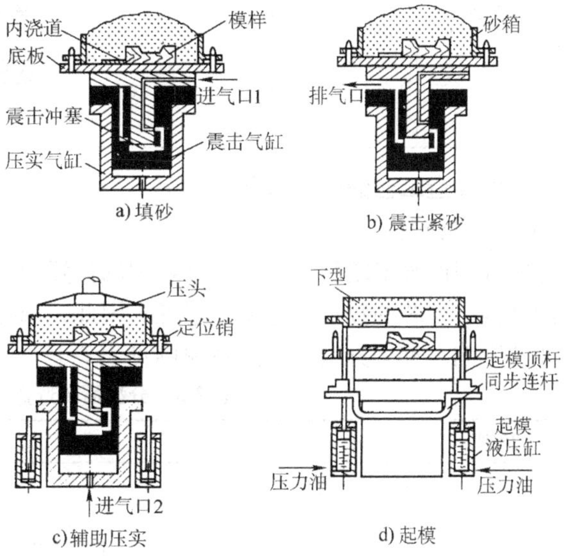 a) 填砂　b) 震击紧砂　c) 辅助压实　d) 起模
	无箱射压造型	无需砂箱，生产效率高	形状简单的小型铸件大批生产	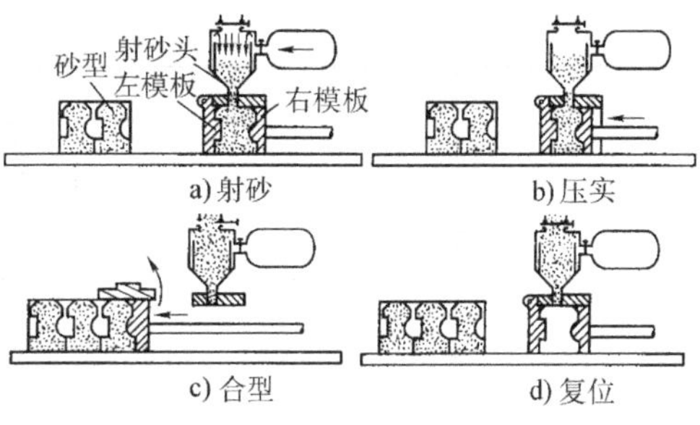 a) 射砂　b) 压实　c) 合型　d) 复位
	抛砂造型	将型砂高速抛入砂箱中，同时完成填砂和紧实	适用于大件的生产	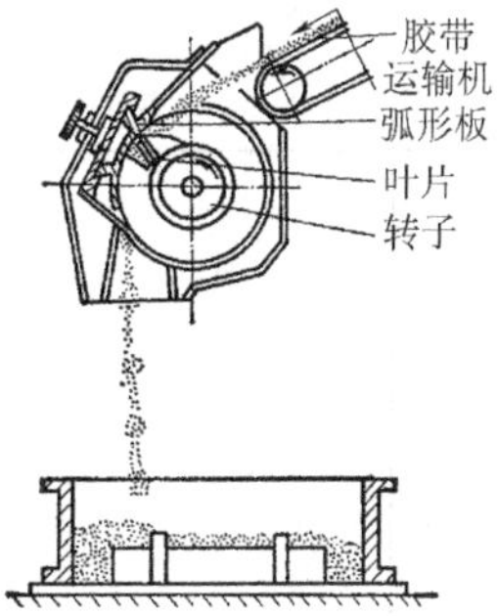

（续）

方法		特点	适用范围	简图
制芯	射砂制芯	利用气流将芯砂射入芯盒内并紧实，生产效率高	高精度优质型芯	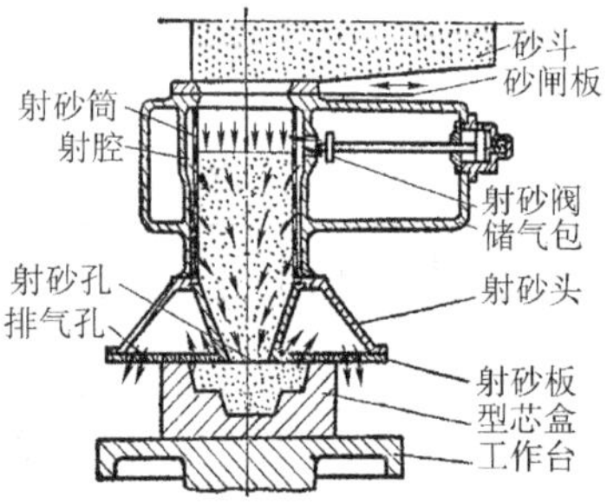 砂斗 砂闸板 射砂筒 射腔 射砂阀 储气包 射砂孔 排气孔 射砂头 射砂板 型芯盒 工作台

三、砂型铸造工艺的制订原则

1. 分型面的选择

铸件的分型面确定之后，铸件在砂箱中的位置便被确定。分型面的位置是否合理，关系到模样的结构、型芯的数量、造型工艺等。因此，选择合理的分型面对铸件的质量和生产成本有重要的影响。有关分型面的选择原则见表2-3。

表2-3　分型面的选择原则

原则	简图
尽量减少分型面	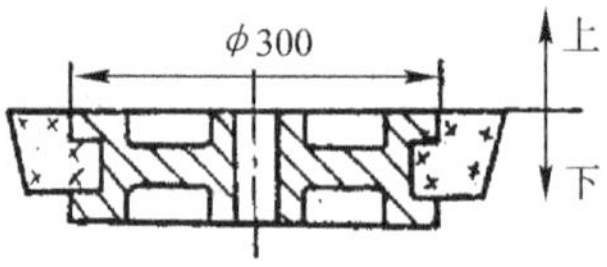 φ300 上 下
尽量减少型芯	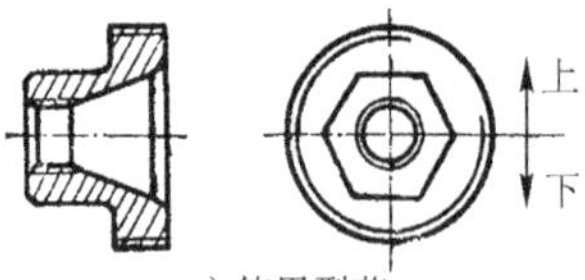 上 下 a) 使用型芯 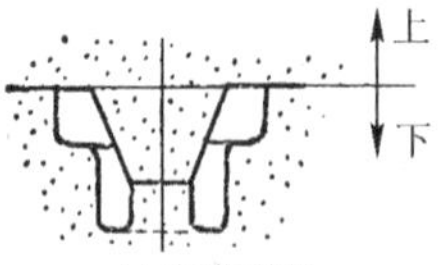 上 下 b) 自带型芯
分型面尽量为平面	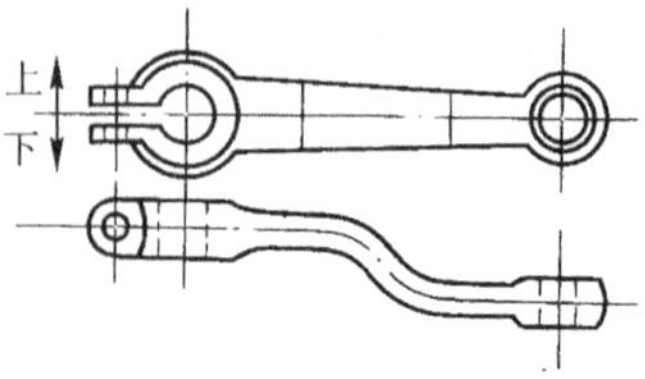 上 下

（续）

原则	简图
尽量位于下型	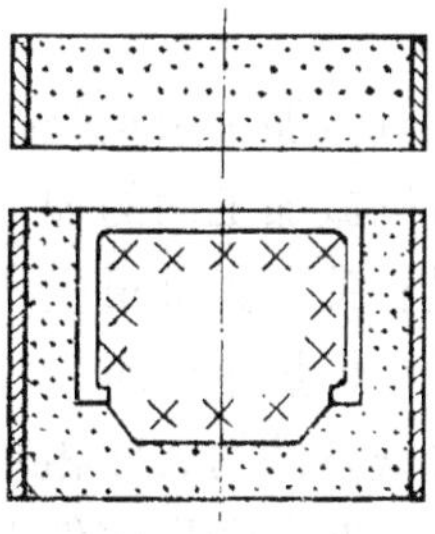

2. 浇注位置的选择

铸件在铸型中的空间位置称为浇注位置。浇注位置的合理与否，同样影响到铸件的质量和生产效率。许多铸件的浇注位置关系到铸件分型面的选取，因此，在应用浇注位置的选取原则时，同时也要考虑到对分型面的影响。有关铸件浇注位置的选择原则见表2-4。

表2-4　铸件浇注位置的选择原则

浇注位置的选择原则	简图
主要加工面或主要受力面应置于下部，以确保质量	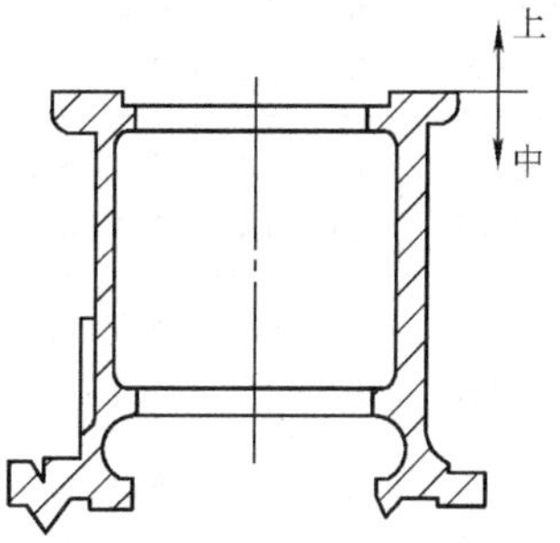 上 中
应有利于铸型的填充和型腔中的气体排除	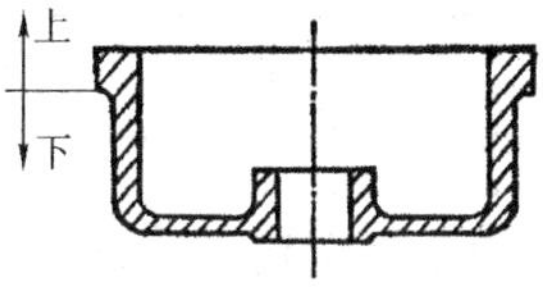 上 下
壁厚不均需要补缩时，宜将厚大部分置于上部或侧面	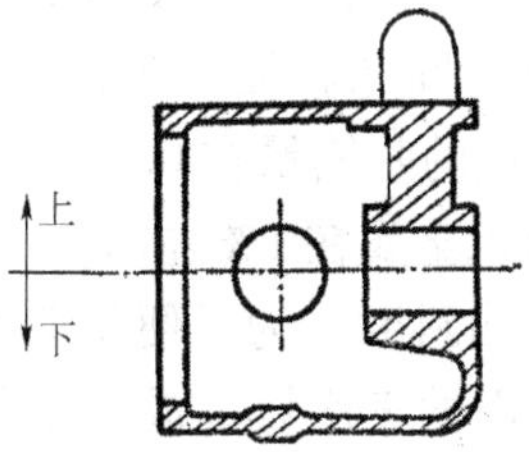 上 下
应将铸件的大平面置于铸型的下部，并使铸型侧斜浇注	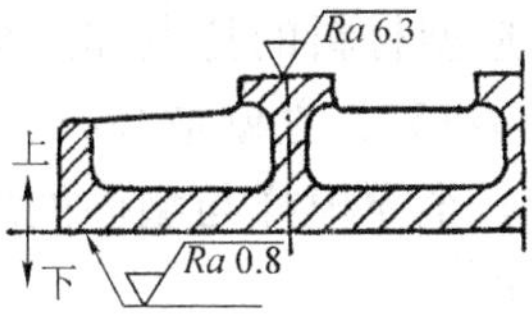 Ra 6.3 上 下 Ra 0.8

3. 工艺参数的选择

确定铸造工艺方案时，需要选机械加工余量、铸造收缩率、起模斜度、型芯等工艺参数。

（1）机械加工余量　机械加工余量是指在切削加工时需要从铸件上切削掉的材料厚度。造型时必须考虑铸件所需机械加工面的加工余量。加工余量的大小与铸件的批量、合金的种类、铸件尺寸和浇注位置有关。大批量生产时，采用机器造型的方法，铸件的精度高，加工余量可以小一些。单件或小批量生产时，一般是手工造型，铸件精度低，应选用较大的加工余量。与铸钢相比，灰铸铁铸件的表面相对光洁，加工余量可略小；铸钢的浇注温度高，表面粗糙，加工余量应略大。有色金属铸件大多采用特种铸造的方法，铸件的表面光洁，加工余量可以小于灰铸铁的铸件。铸件愈大，铸造误差愈大，加工余量应愈大。浇注时位于铸件顶面部位的质量较差，加工余量应较大。铸件机械加工的预留加工余量见表 2-5。

表 2-5　铸件的机械加工余量

铸件最大尺寸/mm	浇注位置	加工表面与基准表面的距离/mm					
		≤50	>51 ~ 120	>121 ~ 260	>260 ~ 500	>501 ~ 800	>801 ~ 1250
≤120	顶面	3.5 ~ 4.5	4.0 ~ 4.5				
	底面、侧面	2.5 ~ 3.5	3.0 ~ 3.5				
>121 ~ 260	顶面	4.0 ~ 5.0	4.5 ~ 5.0	5.0 ~ 5.5			
	底面、侧面	3.0 ~ 4.0	3.5 ~ 4.0	4.0 ~ 4.5			
>260 ~ 500	顶面	4.5 ~ 6.0	5.0 ~ 6.0	6.0 ~ 7.0	6.5 ~ 7.0		
	底面、侧面	3.5 ~ 4.5	4.0 ~ 4.5	4.5 ~ 5.0	5.0 ~ 6.0		
>501 ~ 800	顶面	5.0 ~ 7.0	6.0 ~ 7.0	6.5 ~ 7.0	7.0 ~ 8.0	7.5 ~ 8.0	
	底面、侧面	4.0 ~ 5.0	4.5 ~ 5.0	4.5 ~ 5.0	5.0 ~ 6.0	5.5 ~ 7.0	
>801 ~ 1250	顶面	6.0 ~ 7.0	7.0 ~ 7.5	7.0 ~ 8.0	7.5 ~ 8.0	8.0 ~ 9.0	8.5 ~ 10.0
	底面、侧面	4.0 ~ 5.5	5.0 ~ 5.5	5.5 ~ 6.0	5.5 ~ 6.0	5.5 ~ 7.0	6.5 ~ 7.5

（2）铸造收缩率　为了补偿铸件冷却时的尺寸收缩，通常要增大模样的尺寸。铸件的收缩率与合金的种类、铸件的大小和铸件固态收缩受阻的情况有关。一般情况下，普通灰铸铁的收缩量在 0.7% ~ 1%，铸钢为 1.3% ~ 2.0%，有色金属在 1% 左右。

（3）起模斜度与结构斜度　为了便于造型时的起模，将模样垂直于分型面的表面设计成一定斜度的表面，该斜度称为起模斜度。起模斜度的大小与模样的种类、垂直壁的高度、造型材料的特点和造型方法有关。起模斜度一般为 3° ~ 15°，立壁愈高，斜度愈小，内壁的斜度应大于外壁。金属模样与型砂的摩擦力较小，起模斜度小于木模样。

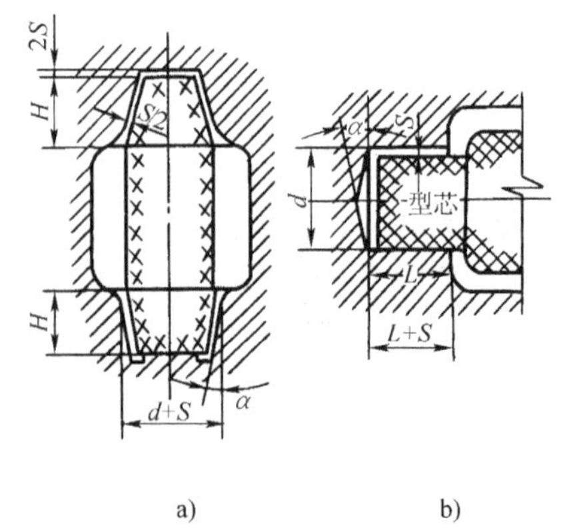

图 2-8　型芯头和型芯座
a）垂直型芯头　b）水平型芯头

为了便于起模，将铸件上垂直于分型面的不需机械加工的表面设计成斜面，该斜面称为结构斜度。

（4）型芯头与型芯座　在铸型中型芯头对型芯起着的定位和排气的作用。型芯头的形状尺寸将影响型芯的安装稳定性。按固定的方法不同，型芯头可分为垂直型芯头和水平型芯头两种，如图2-8中所示。垂直型芯一般设有上、下型芯头。为了便于型芯放置和固定，下型芯头高度比上型芯头大，斜度要小于上芯头，型芯头和型芯座之间要留有一定间隙。对于短而粗的垂直型芯，也可不设计上型芯头。水平型芯的两端一般都有型芯头。若水平型芯只能设计成悬臂状，则采用一端固定的型芯头，长度需适当加大，以防止型芯下垂或被金属液体浮起。

型芯座是为固定型心而设计的，芯头与芯座之间应有1～4mm的间隙，以利于型芯头的安装。

第三节　特种铸造

在液态金属的凝固成形方法中，砂型铸造是最基本的方法。砂型铸造具有成本低、适应性广等优点；但也存在一些难以克服的缺点，如铸件表面粗糙、必须留有较大的切削加工余量、废品率较高、生产率低、劳动条件差等。为了克服上述缺点，实践中发展出一些与砂型铸造不同的铸造方法，这些方法统称为特种铸造。常见的特种铸造有熔模铸造、金属型铸造、压力铸造、低压铸造和离心铸造等。不同的铸造方法适应于不同的材质或不同类型的铸件。

一、熔模铸造

熔模铸造是用蜡料制成蜡模，蜡模上包覆多层耐高温材料后制成型壳，加热将蜡制模样熔出，再经高温对型壳焙烧，形成浇注型腔铸造方法。熔模铸造能够获得较高精度和表面质量的铸件。

1. 基本工艺过程

熔模铸造的基本工艺过程如图2-9所示。主要包括制作蜡模、结壳、脱蜡、焙烧和浇注等过程。

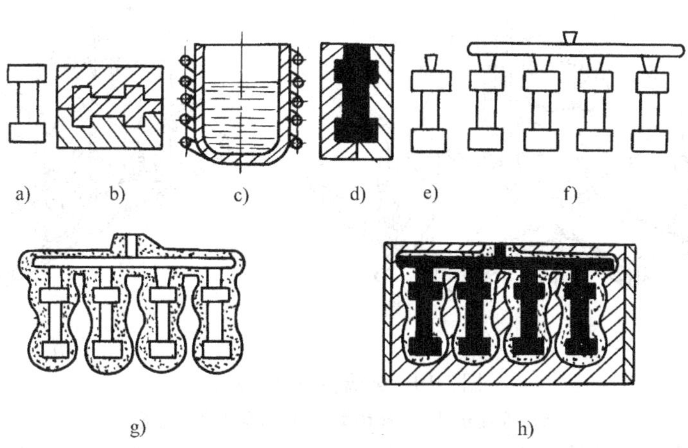

图2-9　熔模铸造工艺过程

a）母模　b）压型　c）熔蜡　d）制造蜡模　e）蜡模　f）蜡模组　g）结壳（已脱蜡）　h）填砂、准备浇注

(1) 制作蜡模　根据零件的尺寸制作出相应的压型，把熔融态的蜡注入压型中，待冷却凝固后取出得到蜡模。为了提高效率，常把多个小的蜡模粘合在一个浇注系统上组成蜡模组，以便能一次浇铸出多个小型铸件。

(2) 结壳　蜡模组表面涂上粘结剂后均匀地挂上硅砂，然后通入硬化剂进行硬化。如此反复进行 6 ~ 8 次，使蜡模组外表形成厚度为 6 ~ 10mm 的坚硬型壳。

(3) 脱蜡　将带有蜡模组的壳型浸入 85 ~ 95℃ 的热水中，使蜡模从型壳中熔出，形成熔模铸造的型腔。

(4) 焙烧和浇注　为了彻底去除型壳中的残蜡和水分，必须经过 800 ~ 950℃ 焙烧。型壳焙烧后通常趁热进行浇注，以改善铸型的充型能力。若型壳的强度不足，可将型壳放入砂箱中，周围用砂子填紧后再进行浇注，以防止型壳在浇注时变形或破裂。

2. 熔模铸造的特点和应用

熔模铸造方法可铸出形状复杂的薄壁铸件，使铸件的机械加工量明显减少，提高了金属的利用率。由于铸型内壁光滑，铸出的铸件表面光洁，并且尺寸精度高。型壳的耐火度高，能够适用于高熔点合金的铸造，并且铸件的批量不受限制。但熔模铸造的工序比较复杂，生产周期长，铸件的尺寸和质量不能过大，一般小于 25kg。大多用于批量生产形状复杂、精度要求高或难以进行切削加工的小型零件，如汽轮机叶片、大模数滚刀等。

二、金属型铸造

金属型铸造的铸型一般由铸铁或钢制作，可以反复使用，减少了造型的工作量。

1. 金属型的结构及铸造工艺

根据铸件的结构特点，金属型可采用多种形式，如整体式、垂直分型式、水平分型式等。图 2-10 为活塞的金属型铸造示意图。图中采用垂直分型（图 2-10a），与组合式型芯（图 2-10b）形成活塞的内腔。铸件凝固冷却后，首先沿水平方向拔出左、右销孔型芯，然后取出中间型芯，再取出左、右侧型芯，最后分开左、右两个半型取出铸件。

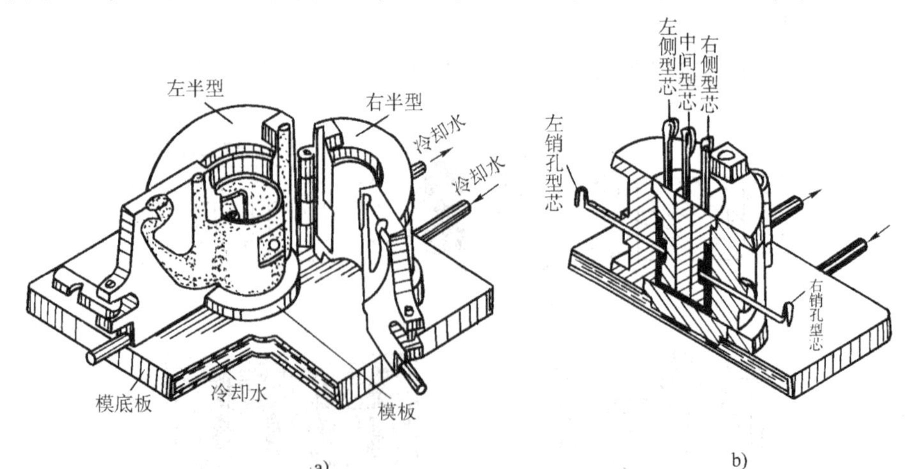

图 2-10　金属型与金属型芯

a) 垂直分型式金属铸型　b) 组合式金属型芯

金属型的导热快，使液体合金的充型能力下降，容易使铸件产生浇不足和冷隔。金属型无退让性和透气性，使铸件容易产生裂纹、气孔等缺陷。另外，在高温金属液体的冲刷下型腔容易损坏，因而需要采取如下工艺措施：

1）浇注前预热金属型，以免金属液体散热过快，造成铸件出现冷隔或浇不足的现象。若多次使用造成铸型温度过高时，应适当冷却。

2）浇注前应在铸型型腔内喷涂耐火涂料，以减缓热冲击强度和增加透气性，延长铸型的寿命。

3）铸型的分型面上应有出通气槽，以利于气体的排出。

4）浇注后要适时分型并及时取出铸件。

2. 金属型铸造的特点及应用

金属型铸造能“一型多铸”，免去了大量的造型工序。金属型的内腔表面光洁，变形微小。因此，铸件精度高，表面质量好。金属型铸造使铸件冷却速度快，凝固后铸件的晶粒细小，机械强度高。

但是金属型的制作成本较高，加工制造周期长，铸造工艺规程要求严格，铸造铸铁件时还容易产生白口组织。因此，金属型铸造主要用于批量大而形状简单的有色合金铸件，如铝活塞、气缸、缸盖、液压泵壳体等。

三、压力铸造

在高压下把液态金属快速充满型腔，并在压力下凝固的方法称为压力铸造。压力铸造的铸型为金属型，在压铸机上完成铸造过程。压铸机分为立式和卧式两种，压力一般在 50～150MPa 之间。

1. 压力铸造的工艺过程

图 2-11 为卧式压铸机工作过程的示意图。铸型合型后定量注入金属液体到压室中，压射冲头将金属液压入铸型，并保持压力。金属凝固后，压射冲头返回，动型移开，顶出机构将铸件顶出。

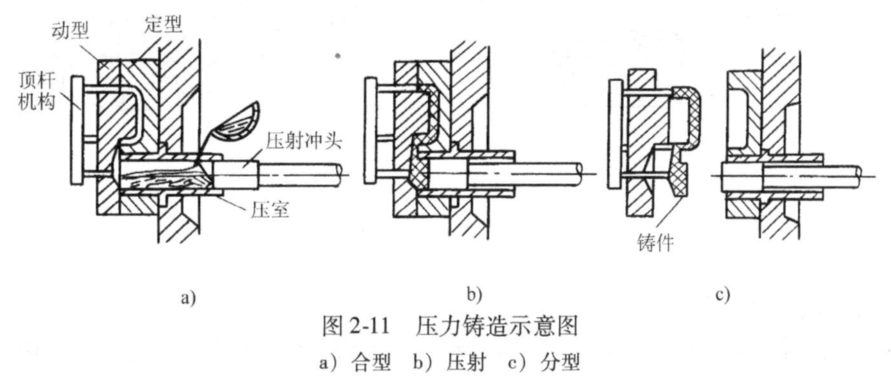

图 2-11　压力铸造示意图

a）合型　b）压射　c）分型

2. 压力铸造的特点及应用

金属液体在高速、高压下注入型腔，充型能力强，可铸出形状复杂、轮廓清晰的薄壁铸件。铸件的尺寸精度高，表面质量好，一般不需机械加工可直接使用。液体在压力下凝固，铸件的组织结构细密，强度高。压力铸造的生产效率高，劳动条件好。

压力铸造方法存在设备投资大、铸型制造成本高、加工周期较长、铸型因工作条件恶劣而易损坏的缺点。因此，压力铸造主要用于大批量生产低熔点合金的中小型铸件，如汽车、拖拉机、航空、仪表、电器等方面的零件。

四、低压铸造

1. 低压铸造的方法

低压铸造是把铸型安放在密封的坩埚上方，坩埚中通以压缩空气，在金属液体表面形成60～150kPa的较低压力，使金属液通过升液管充填铸型的铸造方法，如图2-12所示。

2. 低压铸造的特点及应用

低压铸造的铸型一般采用金属型，铸造压力介于金属型铸造与压力铸造之间，多用于生产有色金属铸件。由于充型压力低，液体进入型腔的速度容易控制，充型较为平稳，对铸型型腔的冲刷作用较小。液体金属在一定的压力下结晶，对铸件有一定补缩作用，故铸件组织致密，强度高。与压力铸造方法相比，低压铸造的设备投资较少。因此，低压铸造广泛用于大批量生产铝合金和镁合金铸件，如发动机的缸体和缸盖、内燃机活塞等。

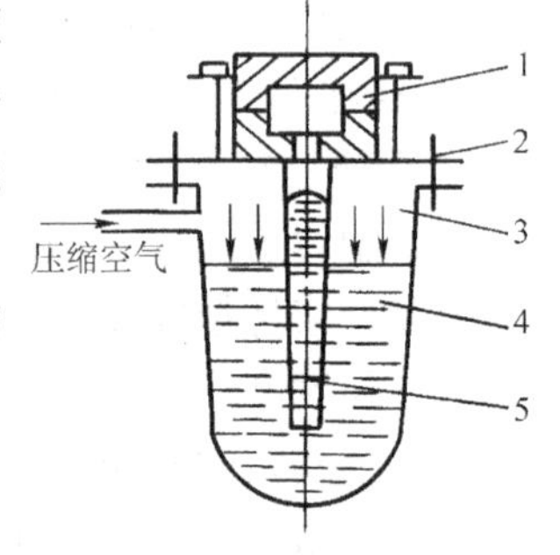

图2-12 低压铸造示意图
1—铸型 2—密封盖 3—坩埚 4—金属液体 5—升液管

五、离心铸造

1. 离心铸造的方法

将液态金属注入高速旋转的特定铸型中，利用离心力使液态金属填充铸型的方法称为离心铸造。离心铸造必须在离心铸造机上进行，工作原理如图2-13所示。按铸型旋转轴线的空间位置不同，离心铸造分为立式和卧式两种。

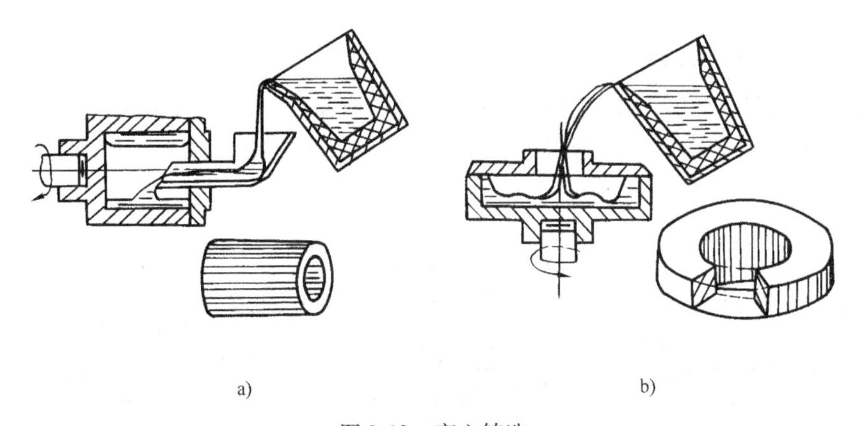

a) b)

图2-13 离心铸造
a）卧式 b）立式

2. 离心铸造的特点及应用

对于空心铸件，离心铸造不需要型芯以及专门的浇注系统和冒口，金属的利用率高。在离心力作用下，金属液体中的气体和夹杂物因密度小而集中在铸件内表面，有利于通过机械加工去除内表面的上述缺陷。结晶时液体金属由外至内顺序凝固，因此，铸件组织结构致密，无缩孔、气孔、夹渣等缺陷。但是铸件内孔尺寸误差大，内表面质量差。由于离心力的作用，偏析大的合金不适于离心铸造。离心铸造方法主要用于空心回转体，如铸铁管、气缸套、活塞环及滑动轴承等。利用离心铸造的特点，可以生产出双金属铸件。

六、铸造方法的选择

铸造方法不同，其特点各不相同。选用哪种铸造方法，必须依据生产的具体特点来确定，既要保证产品的质量，又要考虑成本、设备、原料的情况，需要进行全面分析比较，以选定最适当的铸造方法。表2-6列出了几种常见的铸造方法。

表 2-6 几种铸造方法的比较

内容＼方法	砂型铸造	熔模铸造	金属型铸造	压力铸造	低压铸造	离心铸造
铸件形状或尺寸大小	不限	形状不限，尺寸不宜过大	不宜过大，不宜复杂	不宜过大，不宜厚壁或厚薄悬殊	不宜过大或厚薄悬殊	较适于回转体铸件
允许铸件的最小壁厚或孔径/mm	3	一般为 0.7，孔直径 >1.5	铝合金为 2 ~ 3，铜合金为 3，灰铸铁为 4，铸钢为 5	0.5 ~ 2	2	孔径不宜过小
生产批量	不限制	批量或单件生产	批量	大批量	批量	批量
适用铸件大小	任意	一般 <25kg	以中小铸件为主	一般 <10kg	中、小铸件为主	不限制
铸件尺寸精度	CT14 ~ CT15	CT11 ~ CT14	CT12 ~ CT14	CT11 ~ CT13	CT12 ~ CT14	CT12 ~ CT14（孔径精度低）
适用金属	不限制	不限制	不限制，以有色合金为主	以低熔点合金为主	以有色合金为主	不限制
表面粗糙度 Ra/μm	粗糙	25 ~ 3.2	25 ~ 12.5	6.3 ~ 1.6	12.5 ~ 6.3	25 ~ 6.3（内孔粗糙）
铸件内部质量	晶粒粗、可能有缩孔	晶粒粗	晶粒细	晶粒细，内部多有气孔	晶粒细	晶粒较细
机械加工余量	大	小或不加工	小或不加工	不加工	小或不加工	需一定的加工余量
常规生产率	低、中	低、中	中、高	最高	中、高	中、高
应用举例	机床床身、机架、底座等	汽轮机叶片、复杂刀具等	摩托车发动机部件、水泵叶轮等	汽车化油器、喇叭壳体、电器、仪表零件等	缸盖、机壳、发动机箱体等	铸铁管、套筒、环、辊、叶轮、滑动轴承等

第四节 铸造工艺分析

一、常用铸造合金的特点

在铸造工艺中首先需要确定铸造合金的种类和牌号。合金的成分不同，铸造性能不同，铸造工艺也可能不同。掌握合金的铸造特点，对于合理确定铸造工艺是必不可少的。经常生产的铸造合金有铸铁、铸钢和有色合金三类。其中以铸铁的产量最大。铸铁又分为灰铸铁、球墨铸铁和可锻铸铁等，以灰铸铁的铸造性能最好，成本最低，因而用量较大。

1. 灰铸铁

（1）灰铸铁的性能

1）力学性能。灰铸铁的抗拉强度和弹性模量均比钢低得多，塑性及韧性近于零，属于脆性材料。灰铸铁的力学性能较低是由于铸铁中的石墨所致。因石墨的强度极低，在灰铸铁中呈薄片状，对基体起着割裂作用，减少了承载的有效面积，并且产生应力集中。在拉应力的作用下，形成微观裂纹并促使裂纹较快扩展，出现脆性断裂。灰铸铁的抗压强度受石墨的影响较小，所以它的抗压强度与钢相近，可达600～800MPa。

2）工艺性能。灰铸铁的塑性极差，不能锻造和冲压。焊接时产生裂纹的倾向大，焊接区域常出现白口组织，使焊后难以切削加工，故焊接性较差。但灰铸铁的铸造性能优良，铸件产生缺陷的倾向小。另外，由于灰铸铁的硬度不高，脆性较大，进行切削加工时的切削性能较好。

3）物理性能。灰铸铁具有优良的减振性和减摩性。由于石墨对机械振动起缓冲作用，衰减了振动能量传播，使灰铸铁的减振能力很好。石墨本身也是良好的润滑剂，对摩擦副起着减摩作用。另外，灰铸铁具有低的缺口敏感性，由于石墨的存在使灰铸铁基体形成了大量缺口，因此外来缺口（如键槽、刀痕、锈蚀、夹渣、微裂纹等）对灰铸铁的疲劳强度的影响甚微，故其缺口敏感性低。

（2）影响灰铸铁组织和性能的因素　影响灰铸铁组织和性能的因素主要有两方面：其一是化学成分的影响；其二是凝固时冷却速度的影响。

1）化学成分的影响。碳是铸铁石墨化的元素。所谓铸铁的石墨化，是指铸铁中形成石墨的大小和数量的多少。石墨的数量多而且粗大，则石墨化的程度高。铸铁中的含碳量愈高，析出石墨的量愈多，石墨愈粗大，石墨化的程度就愈高。由于形成石墨时消耗了大量的碳，使基体中的含碳量减少，基体中形成的铁素体量增多，珠光体减少；反之，则珠光体量增多，石墨量少且较为细小。

硅是强烈促进石墨化的元素。随着含硅量的增加，石墨的形成量显著增多。如果铸铁中含硅量过少，即使含碳较高，在常规条件下也难以形成了石墨。因此，在碳和硅共同作用下形成石墨，可将硅对石墨化的影响折算成碳对石墨化的影响，此称为碳当量法。根据硅对石墨化的影响作用，铸铁中的碳当量可简写为w_C（%）$+0.3w_{Si}$（%）。

另外，当锰含量w_{Mn}超过0.6%时将阻碍铸铁的石墨化；而磷则能够促进铸铁的石墨化。

2）冷却速度的影响。铸铁的化学成分一定时，冷却速度不同，组织和性能也随之不同。从图2-14灰铸铁的三角形试样的断口处可以看出，冷却速度很快的试样下部尖端处，呈银白色，属于白口铸铁的组织结构；冷却速度较慢的试样上部呈灰色，属于灰铸铁的组织结构，在接近外表的部位晶粒较细，心部则晶粒较为粗大；在灰口和白口的过渡带，既有石墨存在，也有相当数量的Fe_3C存在，称为麻口铸铁。

（3）灰铸铁的孕育处理　通过向低碳含量的铁液中冲入孕育剂，促使铸铁形成分散细小石墨并且基体晶粒得到细化的方法称为铸铁的孕育处理。经孕育处理的铸铁称为孕育铸铁。孕育剂为含硅量$w_{Si}=75\%$的硅铁，铁液的成分为$w_C=3.0\%$左右，$w_{Si}=1\%\sim2\%$。孕育剂的加入增加了石墨的结晶核心，使石墨细小而均匀分布，铸铁的基体为珠光体。孕育铸铁的强度和硬度均高于普通灰铸铁。

孕育铸铁的另一优点是冷却速度对其组织和性能的影响较小，因此，厚大截面铸件的力学性能较为均匀，如图2-15所示。孕育铸铁适用于静载荷下要求较高强度、高耐磨性或高气密性的铸件，特别是厚大的铸件。

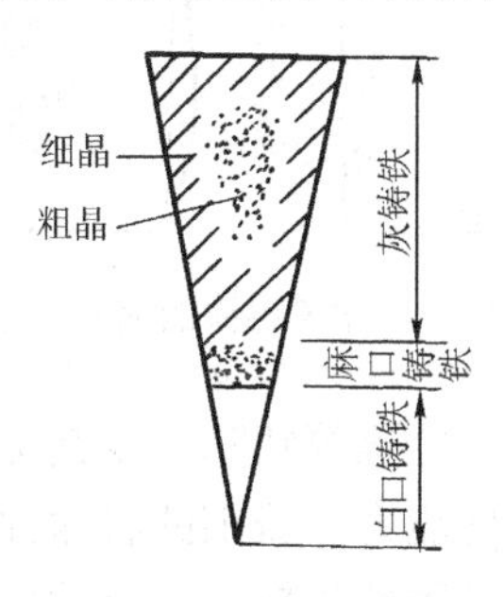

图 2-14　冷却速度对其组织的影响

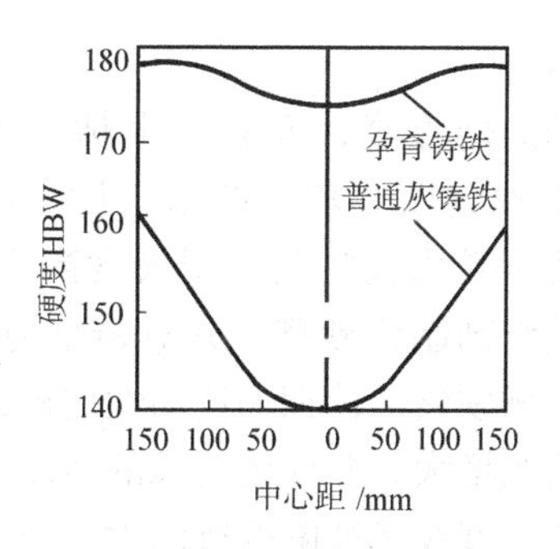

图 2-15　孕育处理对灰铸铁性能的影响

2. 可锻铸铁

可锻铸铁又称玛钢或玛铁，它是由白口铸铁通过长时间的石墨化退火获得的。由于其石墨呈团絮状，大大减轻了对基体的割裂作用，故可锻铸铁的抗拉强度和伸长率得到显著提高。

为保证可锻铸铁的铸态组织为白口组织，其碳、硅含量较灰铸铁要低，因而熔点比灰铸铁高，凝固温度范围也较大，故铁液的流动性差，铸造时必须适当提高铁液的浇注温度，以防止产生冷隔、浇不足等缺陷。由于可锻铸铁结晶时没有石墨结晶引起的体积膨胀，其体积收缩和线收缩都比较大，故形成缩孔和裂纹的倾向较大。在设计铸件时除应考虑合理结构形状外，在铸造工艺上应采取顺序凝固原则，设置冒口和冷铁、适当提高砂型的退让性和耐火度等措施，以防止铸件产生缩孔、缩松、裂纹及粘砂等缺陷。可锻铸铁的退火处理，通常是将浇注合格的白口生坯件清理后装入铁箱并密封好进行的。可锻铸铁的退火处理工艺如图 2-16 所示。

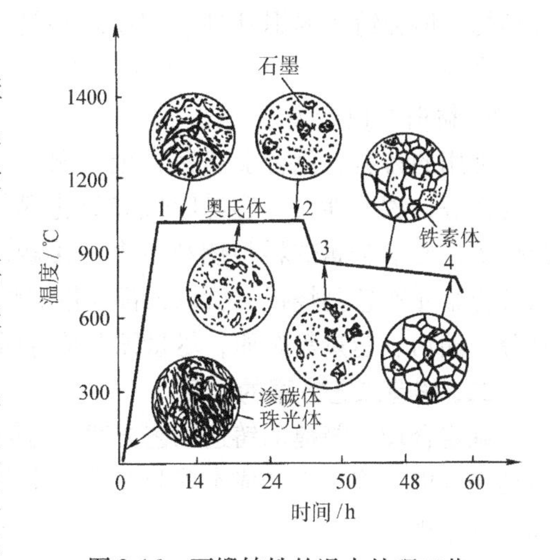

图 2-16　可锻铸铁的退火处理工艺

3. 球墨铸铁

球墨铸铁是指铸铁中的石墨呈球形的铸铁。球墨铸铁中的石墨之所以呈球形是因为铁液经球化剂球化处理后形成的。由于球形石墨对基体的割裂作用大为减弱，所以球墨铸铁具有较高的强度和塑韧性。

球墨铸铁的铸造性能介于灰铸铁与铸钢之间。其流动性与灰铸铁基本相同。但因球化处理时铁液温度有所降低，故易产生浇不足、冷隔等缺陷。为此，必须适当提高铁液的出炉温度，以保证必需的浇注温度。

一般的球化剂为稀土镁合金，其加入量的多少主要依据原铁液中的含硫量确定，其范围一般是所处理的铁液质量的 1.3% ~2.0%。

球墨铸铁的凝固方式是糊状凝固，即体积凝固。由于凝固收缩开始前的石墨形成阶段产生较大的体积膨胀，当铸型刚度小时，铸件的外形尺寸会胀大，从而铸件凝固后将有较大的缩孔和缩松倾向（见图 2-17），应采用增设冒口或提高铸型刚度等工艺措施来防止缩孔、缩松缺陷的产生。

4. 铸钢

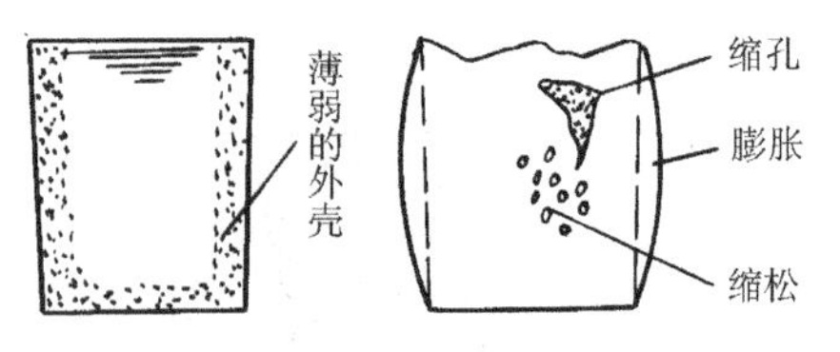

图 2-17 球墨铸铁的缩孔和缩松的形成

铸钢的熔点高，容易产生粘砂等缺陷。因此，铸钢用型砂应该有较高的耐火度、透气性和强度。通常选用颗粒大而均匀、耐火度高的硅砂，采用水玻璃作粘结剂制作砂型，并对铸型通以 CO_2 气体使其快速干燥硬化。铸钢的流动性比铸铁差，易产生浇不足、冷隔等缺陷，故其浇注系统的截面积应适当增大，并保证足够的浇注温度以提高钢液的充型能力。铸钢的收缩性大，产生缩孔、缩松、裂纹等缺陷的倾向大，所以，铸钢件冒口往往设置数量较多、尺寸较大。铸造时采用顺序凝固原则，以防止缩孔和缩松的产生，并通过改善铸件结构、增加铸型的退让性、增设防裂筋、降低钢液硫与磷含量等措施，防止裂纹的产生。铸钢件的冒口如图 2-18 所示。

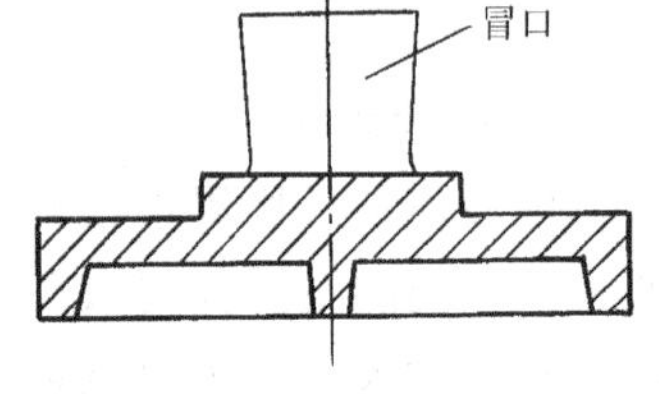

图 2-18 铸钢件的冒口

5. 铸造有色合金

常用的铸造有色合金有铝合金、铜合金等。它们大都具有流动性好、收缩性大、容易吸气和氧化等铸造特点。有色合金的熔炼，要求金属炉料与燃料不直接接触，以免有害杂质混入以及合金元素急剧烧损，所以大都在坩埚炉内熔炼。所用的炉料和工具都要充分预热，去除水分、油污、锈迹等杂质，尽量缩短熔炼时间。不宜在高温下长时间停留，以免氧化。

二、铸造工艺方案的确定

确定合理、简捷的铸造工艺方案，对简化工艺过程、获得优质铸件、提高生产率和改善劳动条件以及降低生产成本等起着重要作用。因此，在进行工艺设计时对铸造工艺方案要予以充分重视。

铸造工艺方案确定的主要内容如下：

1）铸件浇注位置和分型面的选择。

2）对于不能铸出的孔、槽等的确定。

3）机械加工余量的确定。

4）造型方法和制芯方法的选择。

5）铸型中型芯的结构和数量。

6）绘制出铸造工艺图。

1. 铸造工艺图中的工艺符号

为了绘制出通用的铸件工艺图，必须熟悉相关工艺符号。铸造工艺图中的各常见工艺符号见表 2-7。

2. 铸造工艺图的绘制

铸造工艺图是指导模样、芯盒、铸型的制作，确定生产设备，检验铸件的工作等基本技术依据。依照铸造工艺的各项确定原则，绘制的铸造工艺图实例，如图 2-19 所示。

三、铸件的结构工艺性

铸件结构的设计应符合铸造工艺性特点。若铸件结构设计不合理，将会给铸造工艺的实施带来困难，甚至不能铸出。铸件的结构合理性受合金的性质、铸造方法、造型方法和生产批量等方面的影响。表 2-8 示出的三种铸件虽然结构差别不大，但对铸造工艺的影响明显。

表 2-7　铸造工艺符号

名　称	符　号	说　明
分型面	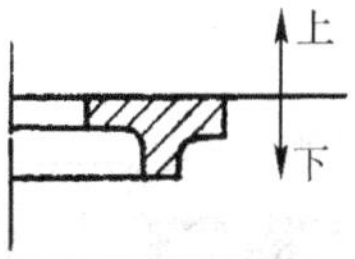 上 下	用红线和箭头表示
机械加工余量	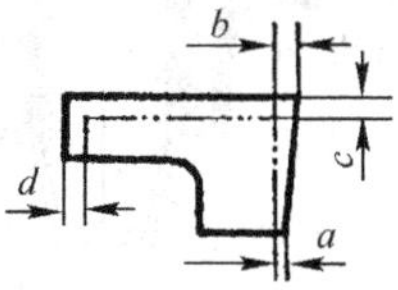 b c d a	用红线划出轮廓并涂色，若有起模斜度时一并划出
不铸出的孔、槽	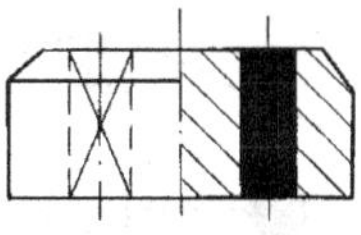	用红“×”表示
型芯	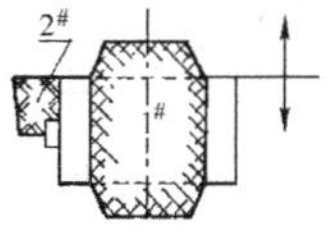 2# 1#	用蓝线划出型芯轮廓，不同型芯用不同剖面线划出并标注序号
活块	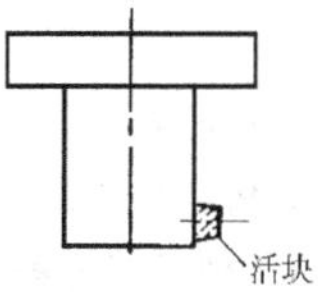 活块	用红线表示，并注明“活块”
型芯撑	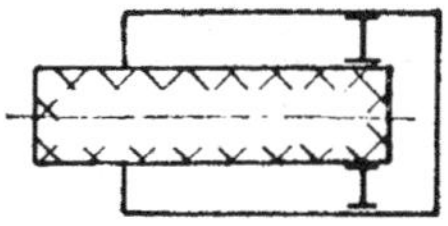	用红线表示
冷铁	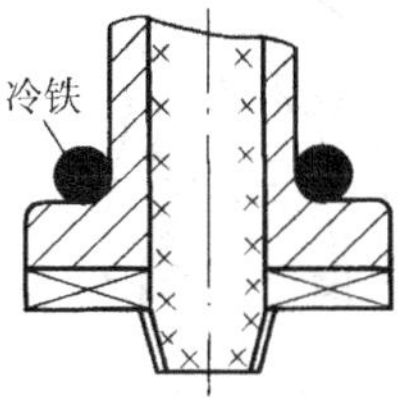 冷铁	用蓝线划出，注明“冷铁”
起模斜度	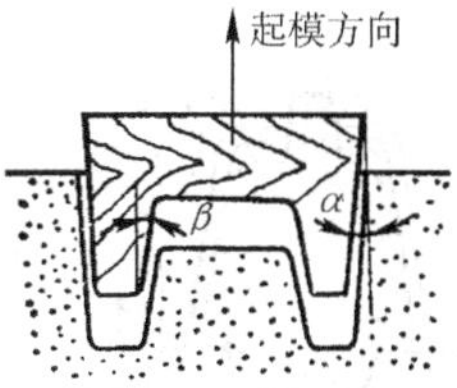 起模方向 β α	用红线表示并注明度数
冒口	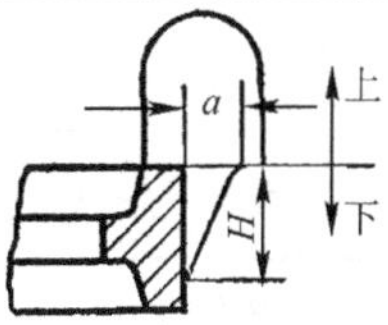 a 上 H 下	用细线表示，注明尺寸

表 2-9 列出了一些典型铸件的结构及改进工艺。

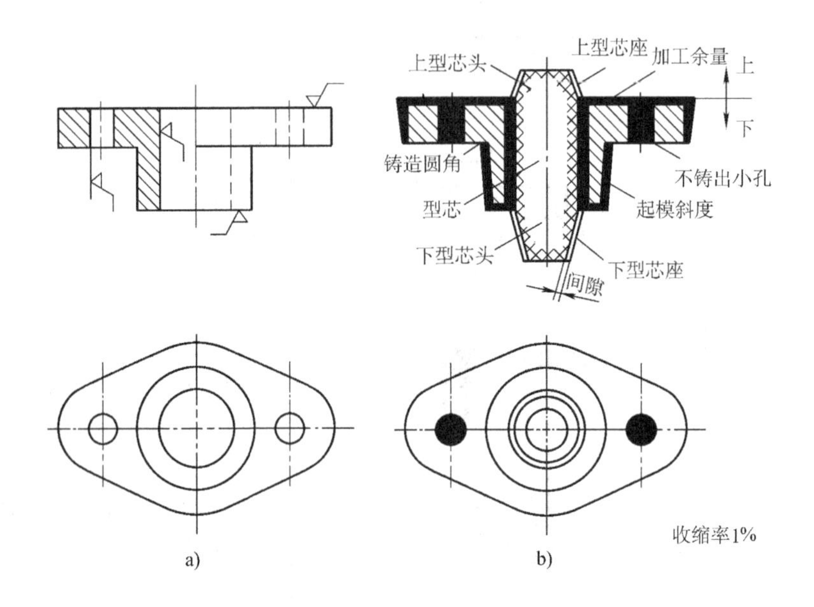

图 2-19 铸造工艺图

a）压盖零件图 b）铸造工艺图

表 2-8 机盖铸件的三种结构方案

比较项目	结构方案		
	Ⅰ	Ⅱ	Ⅲ
结构形状	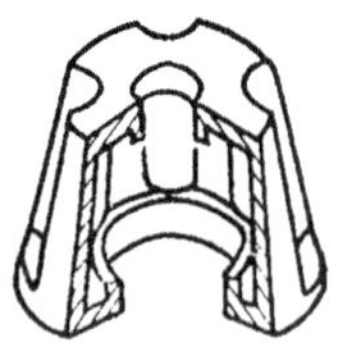	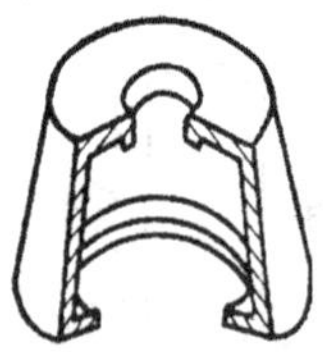	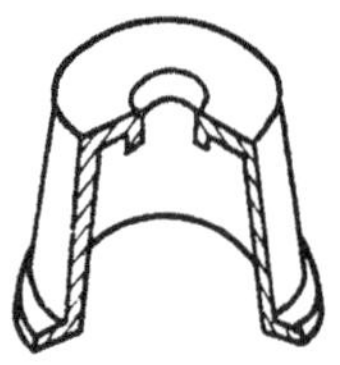
铸造工艺	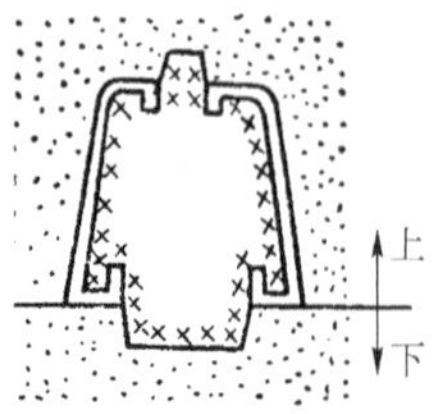	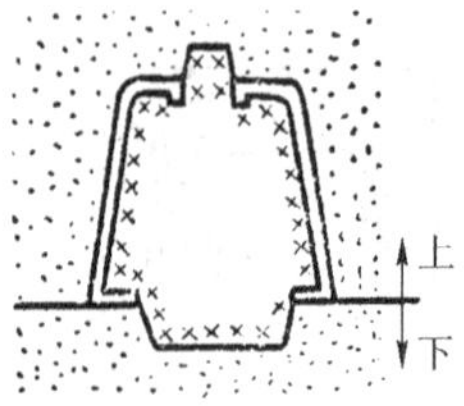	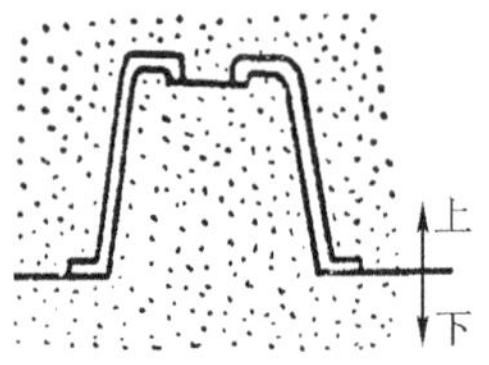
铸件质量/kg	7.0	5.5	5.5
铸件相对成本（%）	100	79.5	69.5

表 2-9　铸件的结构工艺性

内容		名称	结构不合理处	原铸件结构	改进后结构
铸件结构与砂型铸造工艺的关系	便于起模	端盖	应避免侧凹	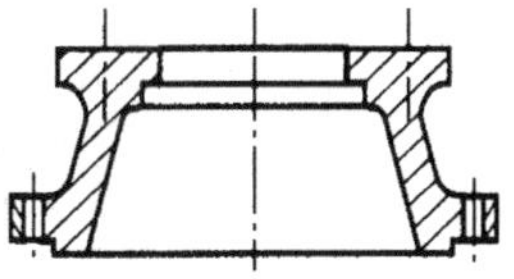	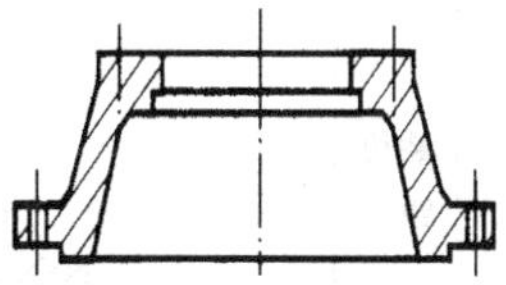
		托架	分型面宜平直	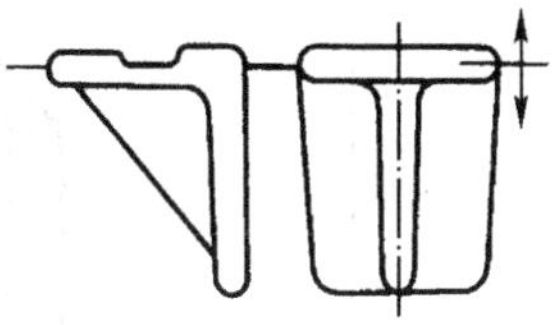	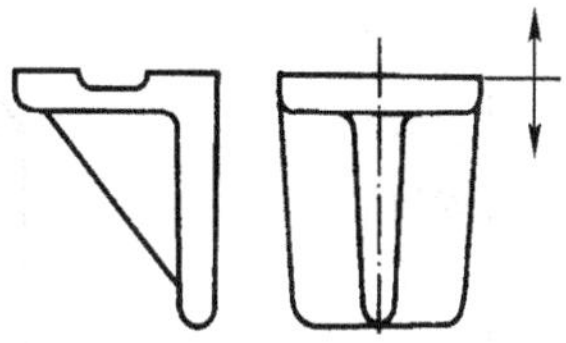
		支架	避免活块	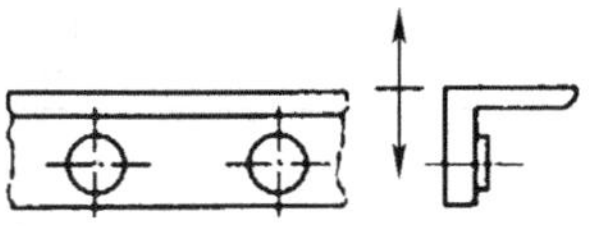	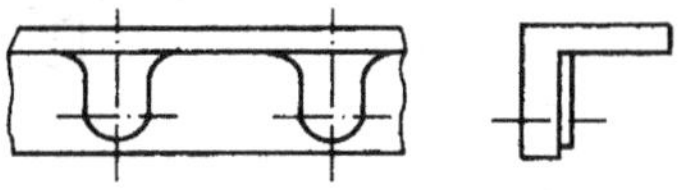
	型芯的应用	悬壁支架	减少型芯	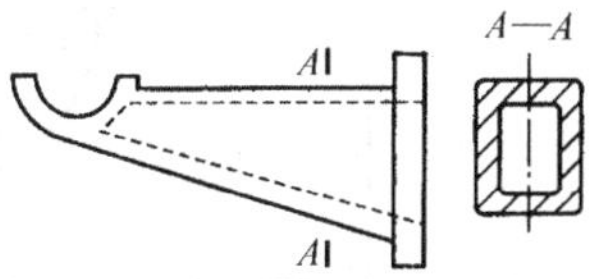 A—A	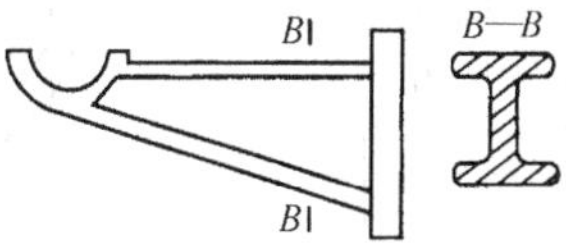 B—B
		轴承架	便于型芯的固定、排气	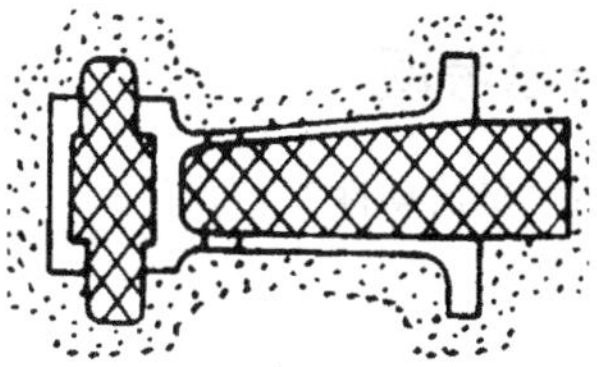	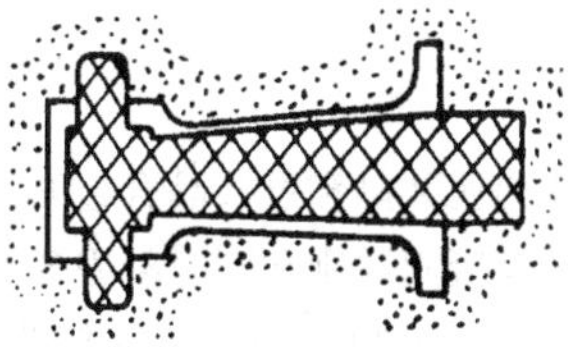
铸件结构与铸件性能的关系	壁厚设计	顶盖	壁厚均匀	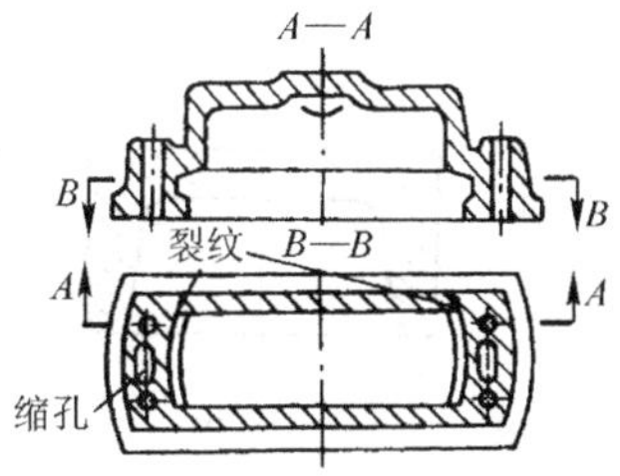 A—A　B—B　裂纹　缩孔	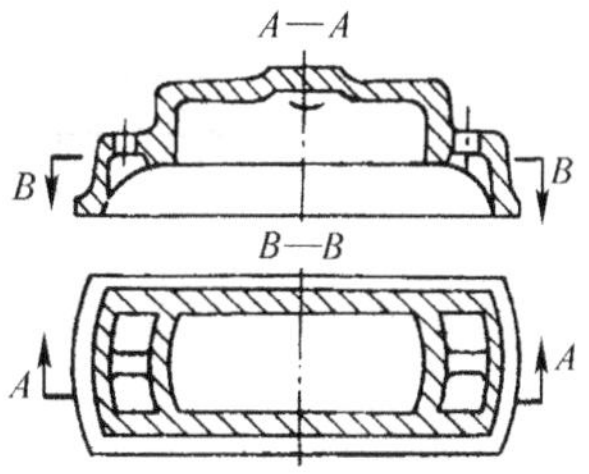 A—A　B—B
	壁的连接		圆角过渡	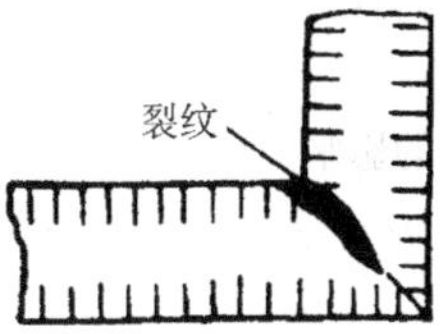 裂纹	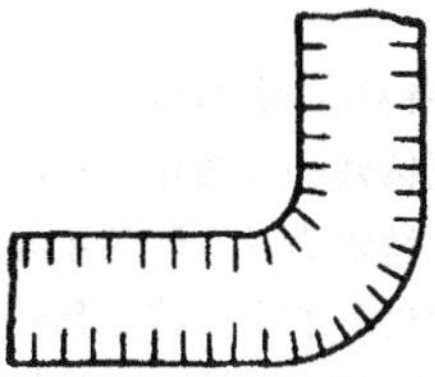

（续）

内容		名称	结构不合理处	原铸件结构	改进后结构
铸件结构与铸件性能的关系	壁的连接		避免锐角		
	防裂筋设计		必要时加防裂筋	裂纹	
	轮辐设计	手轮	减少拉应力		

复习与思考题

1. 为何亚共晶和过共晶合金的流动性不及共晶合金的流动性？
2. 顺序凝固原则和同时凝固各有何特点？
3. 改正图 2-20 中影响铸件起模的结构。

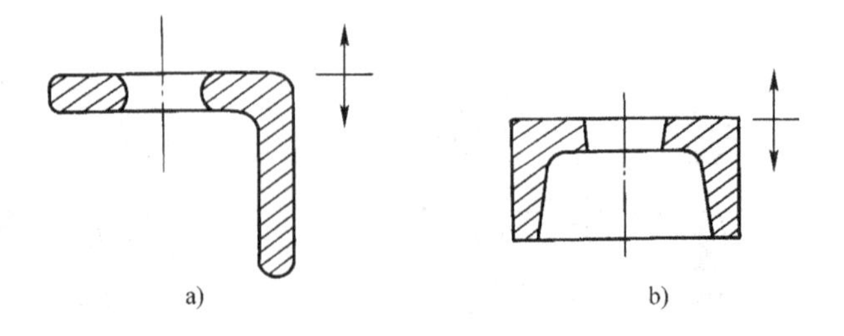

图 2-20　铸件

4. 何谓铸铁的碳当量？
5. 何谓铸铁的石墨化？石墨化程度主要受哪些因素的影响？
6. 影响铸铁力学性能的主要因素有哪些？
7. 孕育处理的主要特点是什么？
8. 简述石墨在灰铸铁中的优、缺点。

9. 填表：

比较项目	砂型铸造	金属型铸造	压力铸造	熔模铸造
适用金属				
铸件精度				
内部质量				
适用批量				

10. 若将 HT150 铸铁材质改为 HT250 铸铁，则应对原化学成分作如何调整？

11. 简述 C、Si、Mn、P 元素对铸铁的组织及性能的影响。

12. 在生产 KTH330－08 时的高温和中温退火中，分别是何种组织发生分解？

13. 解释名词：

浇不足、冷隔、缩松、芯头（及其作用）。

14. 冒口的补缩原理是什么？冷铁是否可以起到补缩作用？其作用与冒口是否相同？

15. 下列铸件大批生产时选何种铸造方法为宜？

汽轮机叶片、摩托车气缸体、车床床身、柴油机缸套。

16. 试分析图 2-21 所示铸件有几种分型方法？若从便于造型和避免下芯角度出发应如何选择分型面？

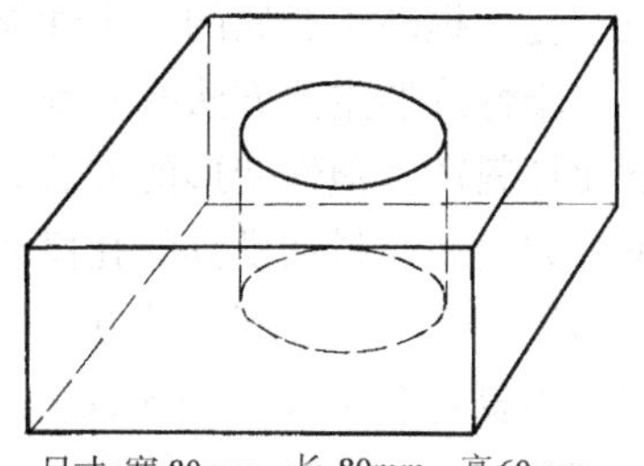

尺寸：宽 80mm　长 80mm　高 60mm
孔径 40mm

图 2-21　铸件

第三章　金属的塑性成形

塑性成形是在外力作用下使金属改变形状和改善性能，获得型材、坯料或零件的加工方法。金属经过塑性变形后，不仅可以获得预定的坯件形状，而且可以使粗大的晶粒破碎，晶粒细化，提高了金属的力学性能。因此，塑性成形方法获得了广泛应用。

塑性成形主要方法有轧制、挤压、拉拔、锻造和板料冲压等。轧制是在旋转轧辊的压力下使坯料产生塑性变形的方法，如图 3-1a 所示。通过轧制可以获得各种截面的型材。挤压是外力迫使坯料从模具的孔口或缝隙中流出，得到所需形状或零件的塑性成形方法。挤压时金属流动方向与凸模运动方向一致的称为正挤压；反之，则称为反挤压；同时兼有正反挤压的称为复合挤压（见图 3-1b）。在拉力下使金属通过小于其截面的模孔，产生塑性变形的方法称为拉拔。坯料经过拉拔后截面减小，长度增加（见图 3-1c）。锻造是利用锻锤的打击力使坯料产生塑性变形的加工方法。将坯料放在上下铁砧之间进行的塑性变形称为自由锻（见图 3-1d）；将坯料放入锻造模膛内进行塑性变形的方法称为模锻（见图 3-1e）。板料冲压是利用冲模，在压力作用下将金属板料进行分离或变形的方法（见图 3-1f）。

金属塑性成形的适用范围非常广泛，是许多型材和重要构件的主要成形方法。但是塑性成形方法与凝固成形相比，所允许的构件复杂程度不及凝固成形。

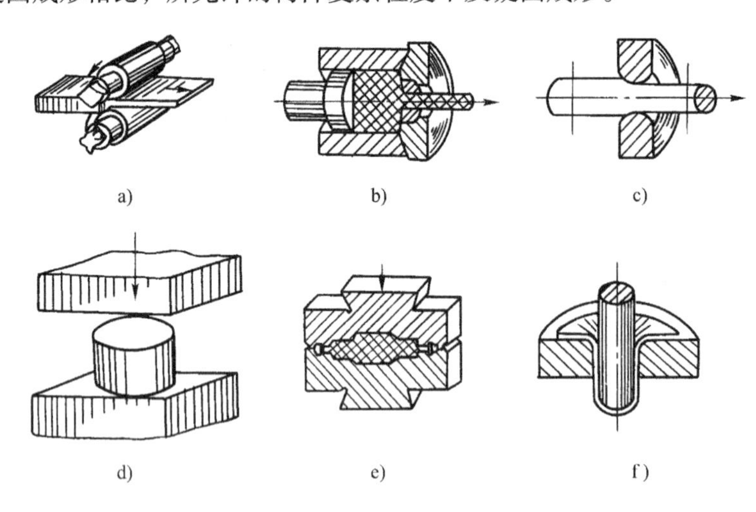

图 3-1　金属塑性成形的各种方法

a）轧制　b）挤压　c）拉拔　d）自由锻　e）模锻　f）冲压

第一节　塑性成形中的材料学理论

塑性成形是利用外力使金属产生变形来实现的。通过塑性变形使金属改变了形状，也使金属组织更为致密，晶粒更为细小，杂质更为均匀，力学性能更高。金属在塑性变形中微观结构的变化，影响到塑性成形件的力学性能、加工工艺和应用。

一、塑性变形的微观机理

金属的变形可分为弹性变形和塑性变形。金属塑性变形时往往伴随着弹性变形，当变形力消失后，弹性变形部分消除，但所产生的塑性变形依然存在。对金属塑性变形的实质，可以由一颗晶粒内部的变形和晶粒之间的变形情况来解释。

单晶体塑性变形时，实质上是一部分晶体相对于另一部分晶体，沿某个原子密排面产生了相对滑动，该现象称为滑移。金属晶体内部的滑移如图 3-2 所示。产生滑移后原子处于新的平衡位置，不再恢复原状，即产生了一个原子间距的塑性变形。对于理想晶体，理论上产生滑移所需要的变形力非常大，但实际金属塑性变形力却远低于理论上的变形力，这与实际金属中存在着大量的位错有关。位错即晶体中原子排列异常的部位，位错周围的原子偏离了正常排列位置，有回到正常排列的趋势，即存在一定的能量。滑移时位错的能量降低了所需要的变形力，使实际塑性变形的力远小于理论值。位错滑移的示意如图 3-3 所示。

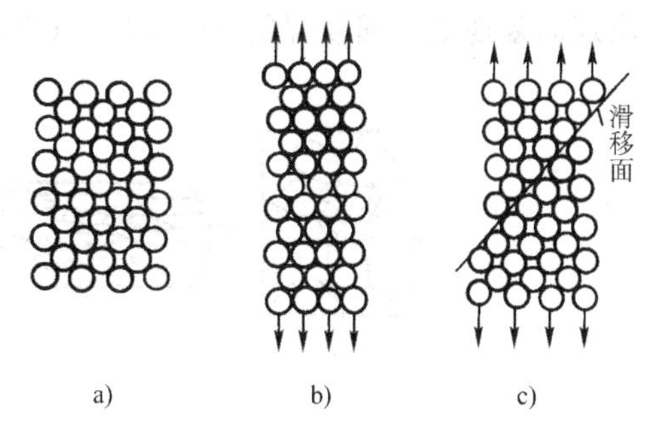

图 3-2　晶体内的塑性变形

a）变形前　b）弹性变形　c）塑性变形

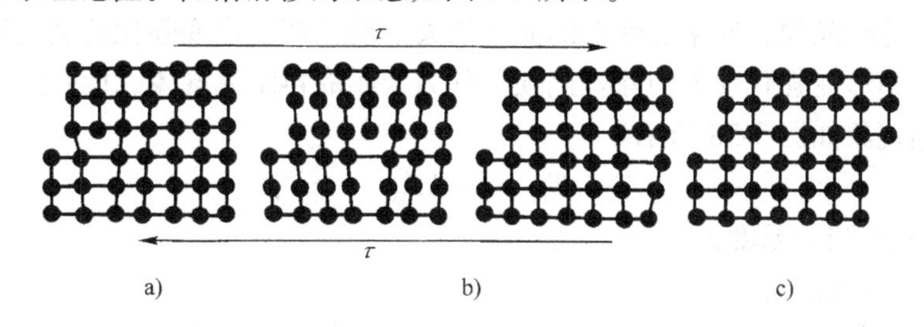

图 3-3　位错运动产生的塑性变形

a）未变形　b）位错运动　c）塑性变形

实际金属为多晶体，多晶体的塑性变形除了每颗晶粒内部产生滑移以外，还伴随有一定晶体间的相互转动。由于晶体之间的晶界有阻碍变形作用，所以变形中是以晶体内部的滑移为主，晶体之间的转动为辅。金属的晶粒愈细，晶界表面愈多，塑性变形的抗力就愈大。细晶粒的金属产生变形时，变形可以分布到较多的晶粒中，使变形比较均匀，减少了应力集中，减缓了裂纹的发展，使金属的塑性和韧性指标提高。

二、塑性变形对力学性能的影响

1．形变强化现象

金属塑性变形时，随塑性变形量的增加，则强度和硬度增加，而塑性和韧性下降，此现象称为形变强化现象。图 3-4 为低碳钢室温下不同塑性变形量对力学性能的影响。

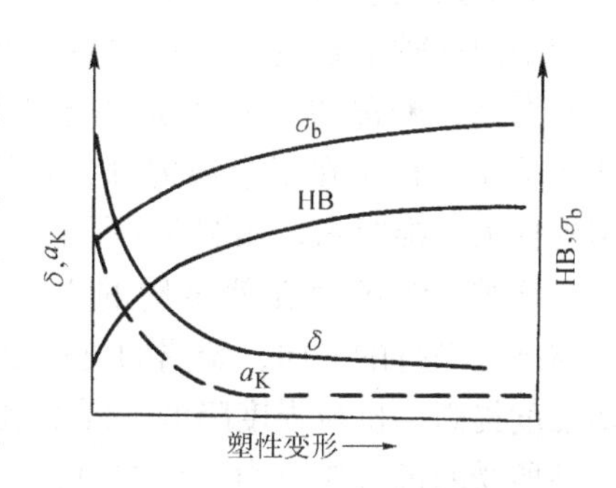

图 3-4　塑性变形对力学性能的影响

形变强化虽然可以提高金属的强度和硬度，但形变强化时出现的碎晶和晶格畸变，增加了进一步的滑移阻力，使金属塑性变形的抗力增高，使进一步的塑性变形困难。

2. 回复和再结晶现象

(1) 回复现象　塑性变形时出现的碎晶和晶格畸变具有不稳定性，有回到正常状态的趋势，但在室温下能量不足够，原子不能回到正常排列。当提高金属的温度，原子活动能量增加后，原子可以回到正常排列，使晶格畸变消除，内应力大为减小，此种现象称为金属的回复现象。一般情况下，将产生形变强化的金属加热到其熔点的 0.25 ~ 0.3 倍温度时，即可出现回复现象。回复现象如图 3-5b、c 所示。

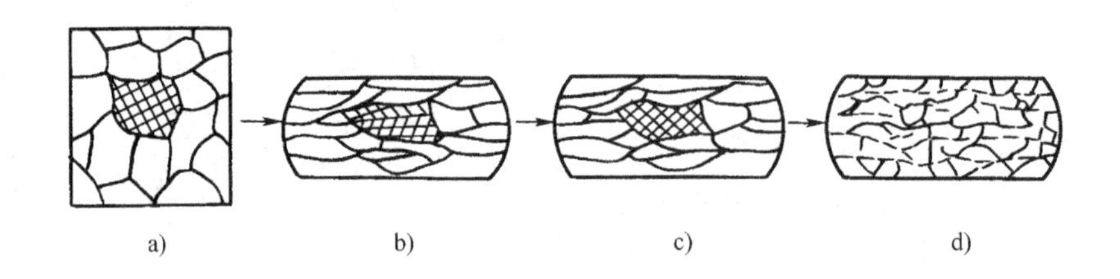

图 3-5　回复与再结晶

a) 变形前　b) 变形后　c) 回复　d) 再结晶

(2) 再结晶现象　对形变强化的金属加热到熔点的 0.4 倍时，开始以某些碎晶或杂质为核心生成新的等轴晶粒，原来已变形的晶粒消失，使已产生形变强化的金属硬度降低、塑性和韧性增加，即形变强化现象消除。此现象称为金属的再结晶现象，此时的温度称为再结晶温度。再结晶现象如图 3-5d 所示。

$$T_{再} = 0.4T_{熔}$$

式中，$T_{再}$ 为金属再结晶温度；

$T_{熔}$ 为金属熔化温度。

利用加热使金属产生再结晶的方法称为再结晶退火热处理。为了加快再结晶的过程，实际再结晶退火的温度高于理论温度 200 ~ 300°C。

在再结晶温度以下进行塑性变形时，随变形量的增加形变强化加剧。把塑性变形后存在形变强化的变形称为冷变形。如果在再结晶温度以上对金属进行塑性变形，所产生的形变强化会随时被再结晶现象所消除，这种塑性变形称为热变形。

3. 纤维组织

金属在塑性变形时，晶界上的杂质随晶粒一起变形，变形后的杂质呈流线状分布。当产生再结晶后新的晶粒以细小的等轴晶出现时，原塑性变形的晶粒消失，但沿原变形晶粒的晶界分布的杂质不能随着再结晶而消失，依然呈流线状存在于金属内部，将流线分布形态的微观结构称为纤维组织，如图 3-6 所示。

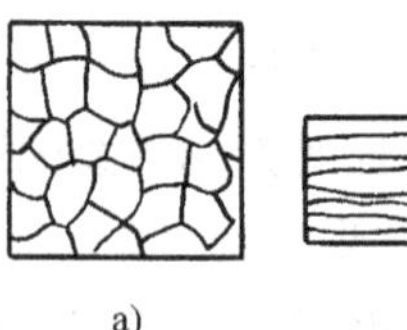

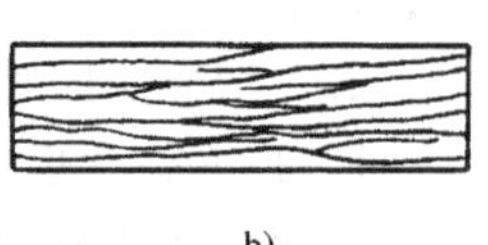

图 3-6　纤维组织结构

a) 变形前　b) 变形后的纤维组织

纤维组织的存在使金属的力学性能呈现各向异性，在与纤维平行的方向，金属的抗拉强度提高，抗剪切强度降低；而在垂直于纤维的方向抗剪切强度提高，抗拉强度降低。纤维组织出现后不易于消除，只能合理的利用。在应用时，使零件所受的最大拉应力方向与纤维方向平行，最大剪应力方向与纤维方向垂直。一般情况下，可以使纤维沿零件的轮廓分布。锻造纤维的合理分布如图 3-7 所示。

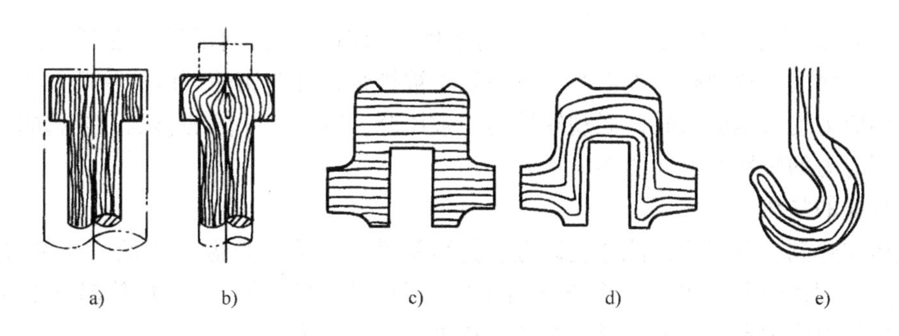

图 3-7　锻造纤维的合理分布

a）断纤维螺栓　b）全纤维螺栓　c）断纤维曲轴　d）全纤维曲轴　e）全纤维吊钩

三、金属的可锻性

1. 可锻性

可锻性指使金属产生塑性变形而不破坏的难易程度。可锻性由金属的塑性高低和变形抗力大小来确定。金属的塑性高、变形抗力小，则可锻性好。

2. 可锻性的影响因素

可锻性受到金属本质和加工条件两方面的影响，具体如下：

（1）金属化学成分的影响　金属的可锻性与化学成分有关。一般情况下，纯金属的塑性高于合金，故纯金属的可锻性优于合金。钢中的碳含量愈低，塑性愈好，变形抗力愈小。一般情况下，低碳钢的可锻性优于中碳钢和高碳钢。

（2）微观结构的影响　金属的微观结构不同，可锻性也不同。固溶体的塑性好，变形抗力小，可锻性好。金属化合物的塑性差、硬度高，可锻性差。合金元素在钢中形成硬度高的化合物，如 Fe_3C 等，使金属的塑性下降，变形抗力增加，可锻性降低。铸铁中的碳化物多，脆性大，可锻性很差。因此，铸铁无法进行塑性变形加工。

（3）塑性变形温度的影响　如果金属的塑性变形温度处于热变形范围时，变形中随即发生再结晶，使形变强化现象及时消除，始终保持较高的塑性。因而金属加热到一定温度时，可锻性明显提高。

（4）塑性变形速度的影响　图 3-8 示出了塑性变形速度与变形抗力的关系。一般条件下变形速度小于图中的 a 点，随变形速度的提高，金属的塑性降低，变形抗力增加，即变形速度愈高金属的可锻性愈差。当变形速度超过图中的 a 点后，塑性变形引起的热效应使金属的温度升高，变形抗力减小，塑性增加，因此塑性变形速度达到一定值后，可锻性随温度的增加而提高。

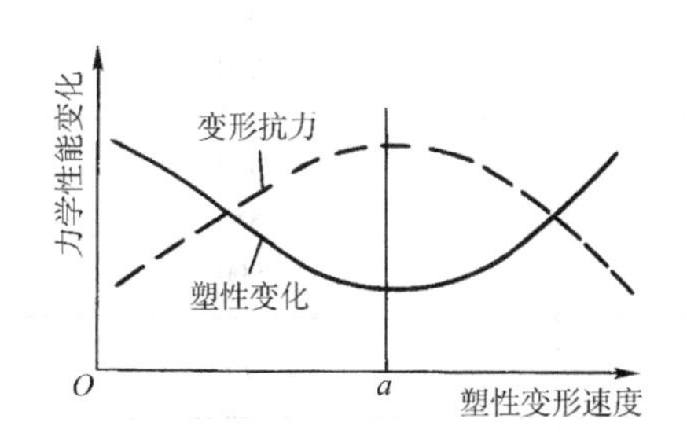

图 3-8　变形速度与力学性能的关系

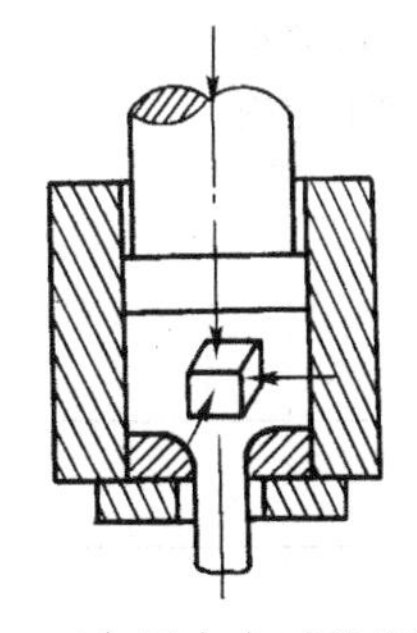

图 3-9　三向压应力时的塑性变形

（5）塑性变形时应力状态的影响　金属塑性变形时，如若内部质点受到的三向应力均为拉应力，金属的微观缺陷，如微观裂纹等易于被扩张，使金属的可锻性降低。当内部质点所受的三向应力均为压应力时，微观缺陷易于被压合，减小了缺陷的影响，金属的可锻性提高。三向压应力的塑性变形如图 3-9 所示。

四、金属的加热

将金属加热到一定温度，能够提高金属的可锻性。如果加热温度过低，金属的塑性差，变形抗力大，塑性变形中出现形变强化后不能立即产生再结晶，因而加热温度低时可锻性差。如果加热温度过高，金属的晶粒会急剧长大，使室温下的力学性能变坏，此现象称为过热。若加热温度比过热温度还高，被加热金属的晶粒边界产生氧化或熔化，使晶粒之间的联系遭到破坏，金属失去了塑性，此现象称为过烧。通过正火热处理细化晶粒可以改善金属的过热缺陷。对于过烧的金属，则无法进行挽救。

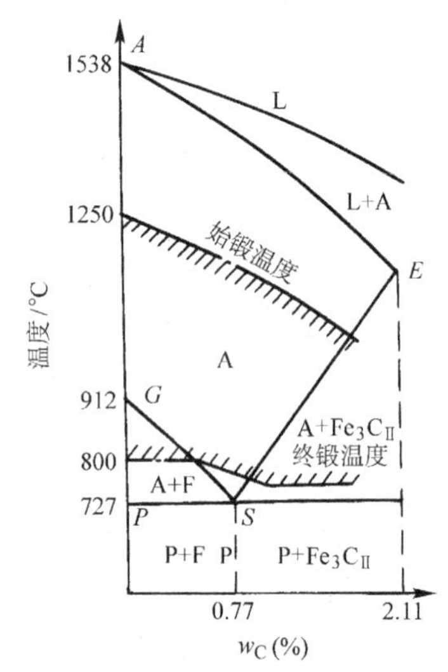

图 3-10　碳钢的加热范围

为了避免加热温度过低使金属的可锻性变差，同时防止加热温度过高出现过热和过烧现象，设置了金属的始锻温度和终锻温度来限制加热温度范围。

终锻温度即停止塑性变形时的温度。终锻温度过低，金属的塑性变差，金属的变形抗力大；终锻温度过高，金属的可锻性还较高时就停止了塑性变形，势必造成加热能源的浪费。始锻温度即开始进行塑性变形的温度。始锻温度过高，易出现过热和过烧的缺陷；始锻温度过低，被加热的金属可以进行塑性变形的温度范围变小，必然要增加金属的加热次数。

一般情况下，对于碳钢的始锻温度控制在熔点以下 200°C 左右，终锻温度控制在 800°C 左右。对于碳钢中的亚共析钢，若终锻温度过高，钢中将析出粗大的铁素体晶粒，影响到力学性能。过共析钢的终锻温度过高，将可能出现网状分布的 Fe_3C，使金属的力学性能变坏。有关碳钢塑性变形的加热范围如图 3-10 所示。一些金属的锻造温度范围见表 3-1。

表 3-1　常用金属的锻造温度

合金种类	始锻温度/°C	终锻温度/°C
w_C =0.3% 以下的碳素钢	1200 ~ 1250	800
w_C =0.3% ~0.5% 的碳素钢	1150 ~ 1200	800
w_C =0.5% ~0.9% 的碳素钢	1100 ~ 1150	800
w_C =0.9% ~1.5% 的碳素钢	1050 ~ 1100	800
合金结构钢	1150 ~ 1200	850
低合金工具钢	1100 ~ 1150	850
高速钢	1100 ~ 1150	900
铝青铜	850	70
硬铝	470	380

第二节　锻 造 技 术

一、金属塑性变形的流动规律

固态金属的塑性变形是依靠质点流动而实现的。流动时质点流向阻力最小的方向，流动中金属的体积不产生变化。根据金属的流动规律，合理利用其流动特点，正确应用锻造工艺，能够达到较为理想的塑性变形效果。

1. 最小阻力定律

金属塑性变形时，内部质点流动到最近周边时变形功最小，最易于发生。例如圆形截面的金属沿直径方向朝边沿流动；矩形截面按四个区域分别向最近的边沿流动。由于矩形截面的上述流动特点，塑性变形时易于成为近圆形或近椭圆形截面。圆形截面坯料质点的各向流动较为均匀。不同截面的质点流动如图 3-11 所示。

柱形坯料沿轴向产生塑性变形时，不同高度部位的塑性变形并不均匀，如图 3-12 所示。由于坯料的两端面分别受到上、下铁砧的摩擦阻力，形成难变形锥区，使坯料端部的金属流动困难，而中间部位的金属受到铁砧的摩擦阻力较小，金属流动较易，因此坯料各部位的塑性变形并不均匀，如图 3-12 所示。

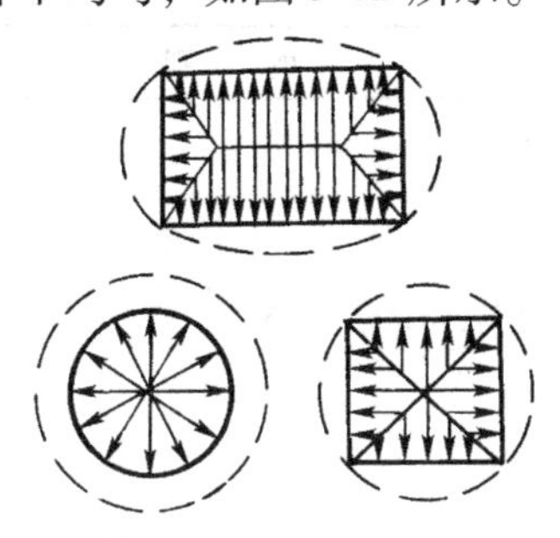

图 3-11　不同截面金属的流动

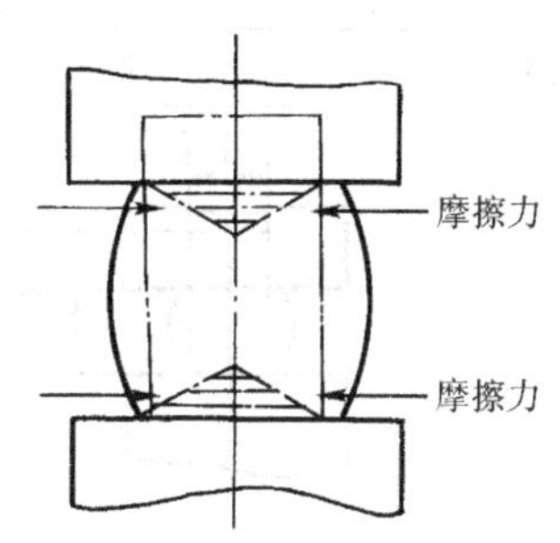

图 3-12　金属镦粗时的变形

2. 体积不变定律

在一般情况下，金属产生塑性变形前后的体积应相等，即体积不变定律

$$V_{前} = V_{后}$$

根据体积不变定律，可以由锻件的尺寸计算出所需原始材料的尺寸。

二、自由锻

金属锻造时在上、下两铁砧之间自由流动的变形称为自由锻。自由锻有手工锻造和机器锻造两种。机器锻造时的打击能量大，能够锻造较大的锻件。在机器锻造中，目前以压缩空气为驱动力的空气锤较为多见。

自由锻的设备较为简单，需要较高的操作技术。自由锻的锻件表面粗糙，尺寸精度差，生产效率低，适用于单件或小批量生产。

1. 自由锻的基本工序

自由锻的工序分为基本工序、辅助工序和精整工序三类。基本工序是使金属塑性变形的主要工序，包括镦粗、拔长、冲孔、切割、扭转、错移等，其中以镦粗、拔长、冲孔最为常用。辅助工序是为方便基本工序的操作所设置的工序，包括压钳口、倒棱、压肩等。精整工序包括锻件整形、精压等，精整工序能够提高锻件表面质量和精确锻件的尺寸。本节仅介绍自由锻的几个基本工序。

（1）镦粗　镦粗是使坯料的横截面积增大、高度降低的工序。在大多数情况下，由于上、下铁砧对坯料两端的摩擦阻力所致，镦粗后坯料呈腰鼓形状，需要进行滚圆等纠正性操作。

（2）拔长　锻造时使坯料的长度增加、截面减小的工序称为拔长。拔长包括平砧上拔长、芯棒拔长。平砧或V形砧上拔长主要用于轴杆类锻件；带芯棒的拔长用于空心件，如套筒等管状锻件。为了使坯料沿轴向伸长和变形均匀，拔长时要不断送进和翻转坯料，每次送进量不宜太多，以避免坯料横向流动增大，影响拔长效率。

（3）冲孔　利用冲头在坯料上冲出通孔或不通孔的工序称为冲孔。大多数锻件上的孔均采用实心冲头双面冲孔的方法冲出。冲孔主要用于锻造空心件，如圆环和套筒等。冲孔前先将坯料镦粗成盘状，以利于孔的冲出。对于厚度较小的坯料，可采用单面冲，直接冲出通孔。

自由锻常用的基本工序见表3-2。

2. 自由锻工艺规程的制订

自由锻工艺规程的制订主要包括绘制锻件图、确定锻造工序、计算坯料尺寸等，同时也要考虑锻造的锻造比、加热范围、锻造设备和辅助工具等。

表3-2　自由锻的常用基本工序

基本工序	简　　图	规　　则
a）镦粗 b）局部镦粗	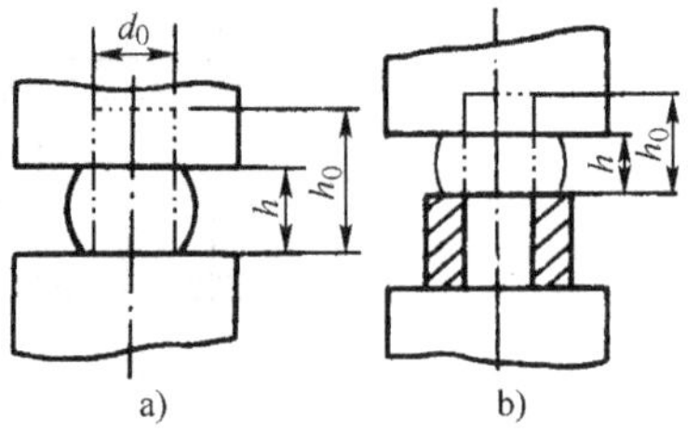 d_0　h　h_0 a)　b)	原始坯料：$d_0/h_0 \leqslant 2.5$
a）拔长 b）带芯轴拔长	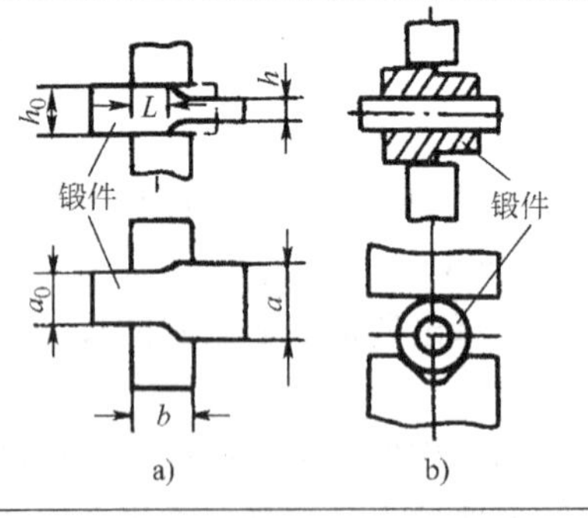 h_0　L　h　锻件　a_0　a　b　锻件 a)　b)	拔长时不断反转坯料 $a/h \leqslant 2.5$，以免反转时弯折
a）单面冲孔 b）双面冲孔	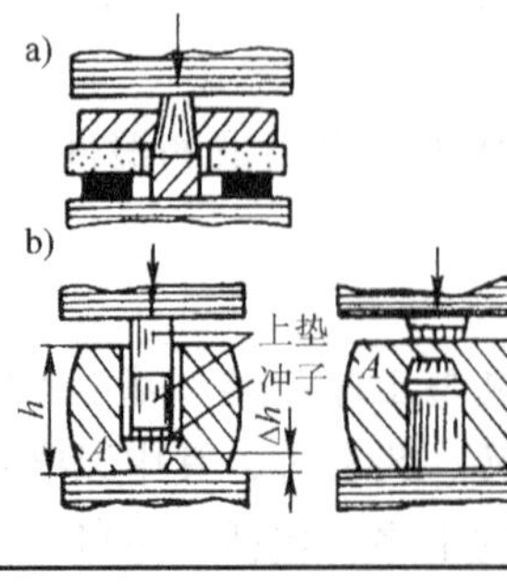 a)　b)　上垫　冲子　h　Δh　A	镦平冲孔： 1）单面冲孔时需预先放置孔垫子； 2）当孔径 $d \leqslant 450$mm 时使用实芯冲头；反之，使用空心冲头 3）孔径 $d \leqslant 25$mm 时冲不出

（1）自由锻件图的绘制 锻件图是根据零件的形状和尺寸，结合锻造工艺特点绘出的。自由锻的锻件图包括锻件的各部尺寸、机械加工余量、简化锻件的余块（敷料）、锻件的公差等内容，依据锻件图锻出合格的锻件。

机械加工余量是为了保证机械加工的进行，对锻件需要机械加工处应留有加工余量。余量的大小与锻件的形状和尺寸有关，锻件愈大，加工余量愈大。

锻件公差是锻件的实际尺寸与理论尺寸之间所允许的偏差值。它与锻件的尺寸大小有关，锻件的尺寸愈大，锻件公差愈大。自由锻锻件的机械加工余量和锻件公差具体数值需查阅有关手册确定。

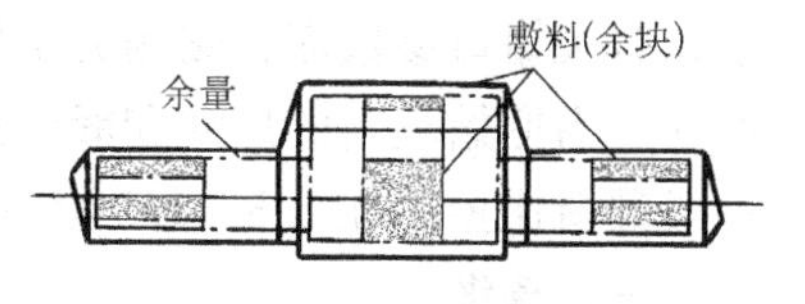

图 3-13 敷料和余量

余块又称敷料，是为了简化锻件的形状而加入的金属部分。零件上较小的凹槽、台阶、凸肩、凸缘和孔等不能锻出时，可采用余块简化锻件，余块最终由机械加工去除。余块和余量如图 3-13 所示。

表 3-3 常见锻件的锻造工序

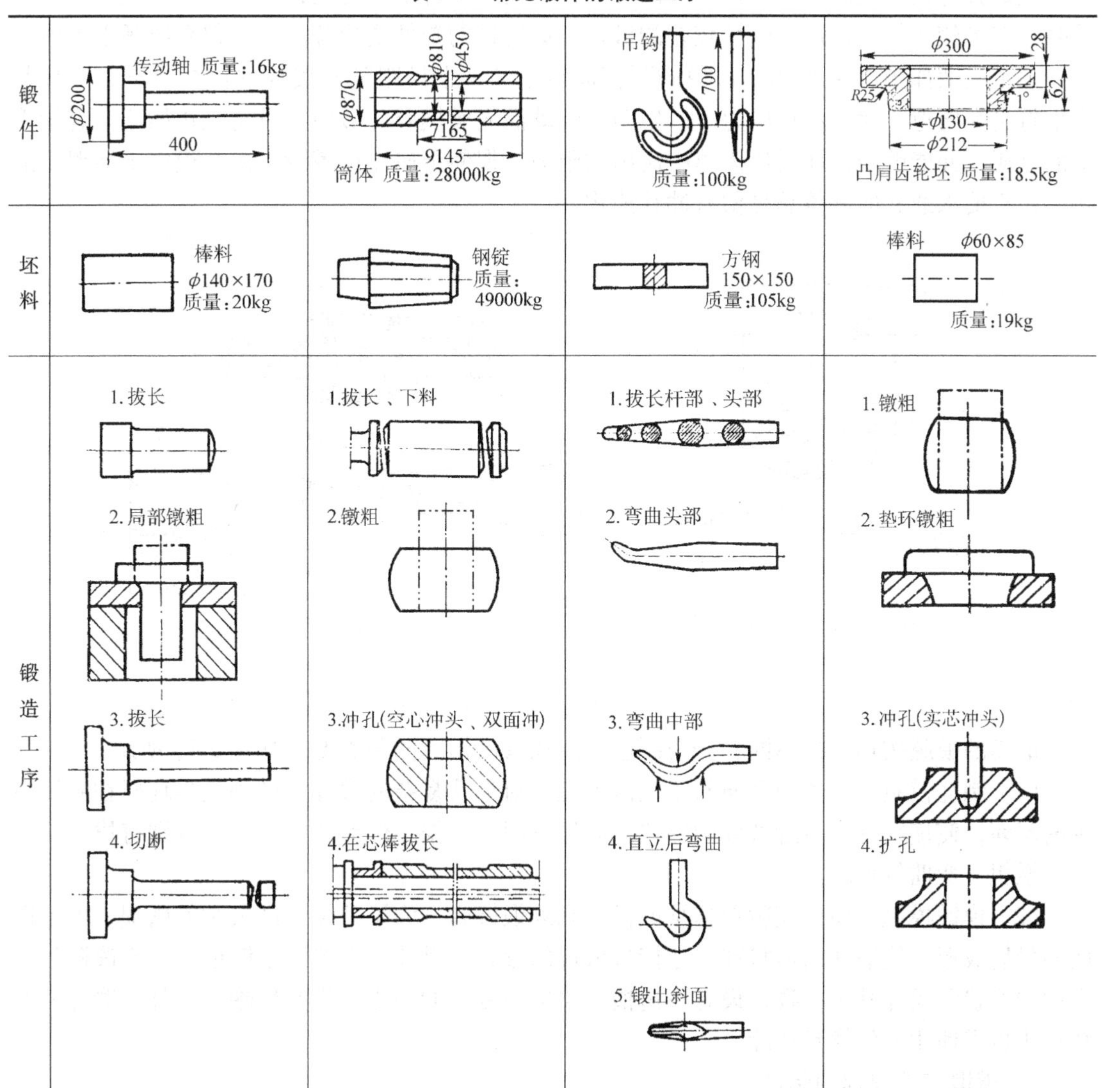

（2）确定锻造工序　锻件形状不同，锻造工序也不相同。盘类件一般需要以镦粗为主的锻造工序；轴类件需要以拔长为主的锻造工序。表 3-3 列出了几种常见形状锻件的锻造工序。

（3）坯料尺寸的计算　根据锻件塑性变形前后的体积不变定律，按照锻件图中锻件的形状和尺寸，可以确定坯料质量的大小。计算锻件质量时还要考虑夹持钳口部分的质量大小，有关钳口参数需查阅相关手册。根据已计算出的锻件质量大小，可以确定出原始坯料的尺寸。由原始坯料的尺寸和锻件尺寸，可以计算出锻件的锻造比。采用轧制的碳钢锻造时，一般锻造比控制在 1.3～1.5 之间。

三、模锻

迫使坯料在一定形状的锻模模膛内产生塑性流动成形的方法称为模锻。模锻的生产效率及允许锻件的复杂程度、尺寸精度、表面质量均高于自由锻。

1. 模锻方法

模锻分为锤上模锻、压力机上模锻等。锤上模锻的打击速度快，应用较多。压力机上模锻时，变形较为缓慢，适于塑性较差的锻件，如铸锭的塑性变形等。本节仅介绍锤上模锻。

锤上模锻如图 3-14 所示，锻模的下模固定不动，上模跟随模锻锤的锤杆运动，对坯料产生打击和压迫，使坯料在压力下产生塑性流动而充满模膛。锻模上设有飞边槽用来容纳多余的金属，并能够增加坯料从模膛中流出的阻力，促使金属充满模膛。由于模锻不能锻出通孔，对于要求通孔的部位总是留有冲孔连皮。

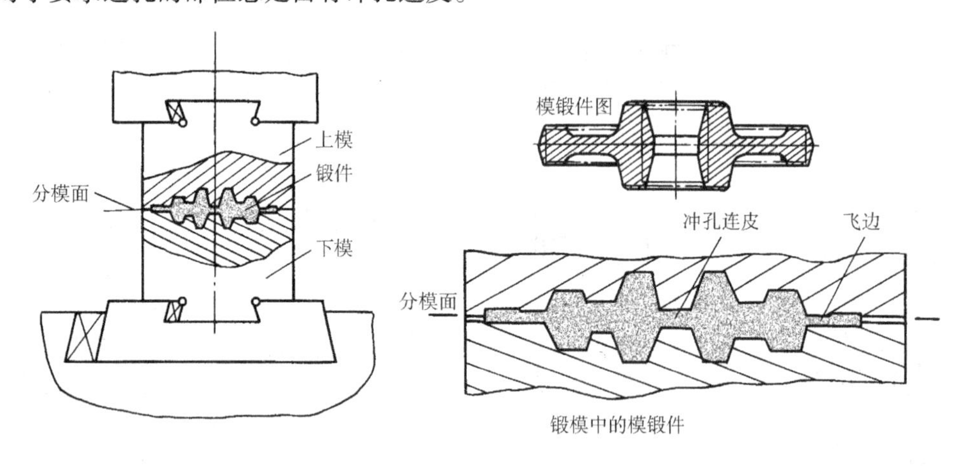

图 3-14　锤上模锻

锻模的模膛按功能的不同，分为制坯模膛和模锻模膛两种类型，如图 3-15 所示。

（1）制坯模膛　为了使金属易于充满模膛，对形状复杂的锻件，应预先将坯料在制坯模膛内制坯，使坯料逐步接近锻件的形状。制坯过程时根据坯件形状的需要，分别有拔长、滚挤、镦粗、弯曲等模膛。

（2）模锻模膛　模锻模膛包括预锻模膛和终锻模膛。为了减少终锻模膛的磨损，保证锻坯的最后成形，使锻坯的形状和尺寸接近锻件的形状和尺寸，设置了预锻模膛。终锻模膛与锻件的形状和尺寸基本一致，设有飞边槽，飞边由专门的切边模将其切除。另外，锻件的冲孔连皮也需使用专门模具切除。

2. 模锻工艺规程的制订

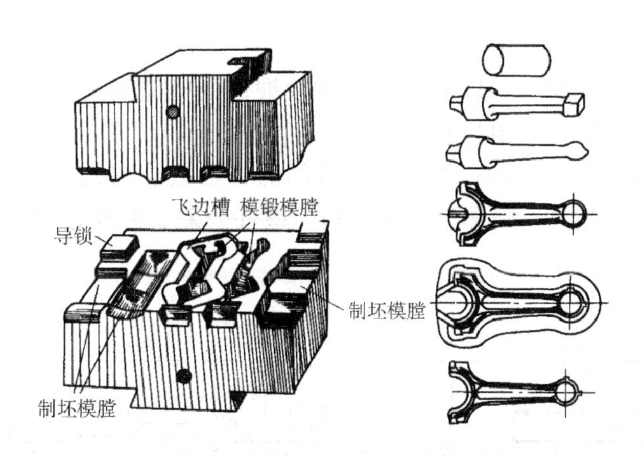

图 3-15　制坯模膛和模锻模膛

模锻工艺规程的制订包括分模面、锻件敷料、机械加工余量、锻件公差的确定，还包括模锻锻件图的绘制。

（1）分模面的选取　分模面是上、下模的分开面。为了锻件能顺利脱模，分模面应选取在锻件的最大水平截面上。选取分模面时应注意：不要使锻件进入锻模太深，以免金属流动困难，坯料不易充满模膛；分模面还应使模膛位于锻模的中心，使上、下模的合模准确，以保证锻件的精度；分模面的选取还应该使模锻件的敷料最少；分模面尽量为平面。分模面的选取如图 3-16 所示。

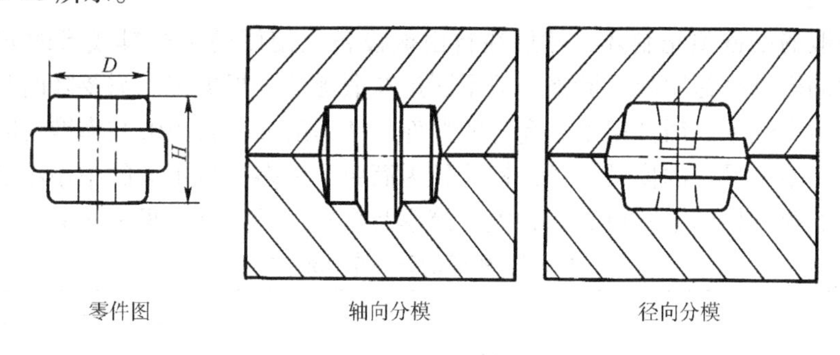

图 3-16　分模面的选取

（2）模锻件加工余量和模锻件公差的确定　需要机械加工的零件各表面，必须留有一定的机械加工余量，大多数模锻件的加工余量为 1 ~ 4mm，锻件尺寸愈大，余量取值愈大。

考虑到模锻时的模膛因磨损、测量误差等引起的锻件尺寸误差，模锻时需要确定锻件的公差，以便将锻件尺寸的误差控制在一定范围内。一般中小型模锻件的公差选取在 0.3 ~ 3mm 范围，模锻件较大时，取大值。

（3）模锻斜度和模锻圆角　为了使模锻件锻后易于从模膛中取出，锻件垂直于分模面的侧面应有一定的斜度，该斜度称为模锻斜度。为了防止模锻件的冷却收缩造成锻件夹持在锻模内的凸出部位，一般内侧斜度要大于外侧斜度 2° ~ 3°。

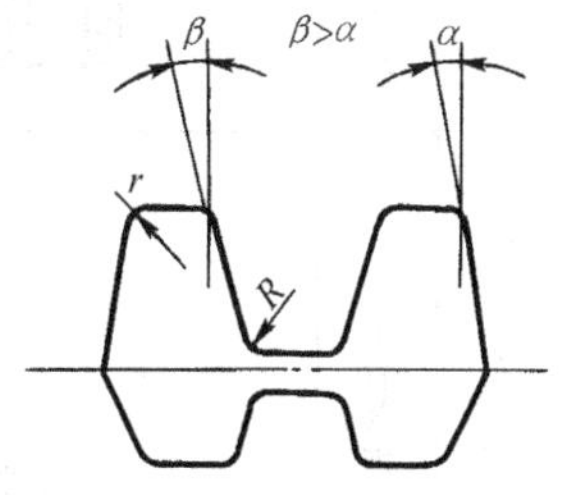

图 3-17　模锻斜度和模锻圆角

为了利于金属在模膛内流动，减少锻模的磨损，必须把锻件转角处均设计为圆角。模锻圆角的设计，也有利于锻模本身的加工制造。一般模锻件的外圆角半径 R 为 1.5 ~ 12mm，内圆角半径 r 为 3

~4mm。

模锻斜度和模锻圆角如图 3-17 所示。有关模锻件的机械加工余量、锻件公差、模锻斜度和圆角的具体数值，需查阅相关手册。

（4）模锻件图的绘制　模锻件图是在零件图的基础上绘制的，内容包括锻件分模面的选取、机械加工余量、敷料、模锻斜度和圆角、锻件公差、冲孔连皮等。图 3-18 为齿轮的模锻件图。

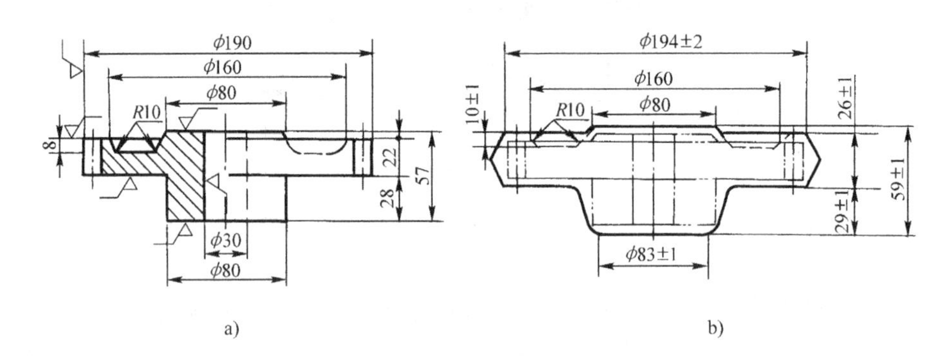

图 3-18　齿轮模锻件图

a）零件图　b）模锻件图

四、胎膜锻

利用自由锻的设备预先制坯，然后在自由锻设备上使用简单模具成形的方法称为胎膜锻。该方法中的模具称为胎膜，胎模一般不固定在锻锤上，根据使用需要随时放置。

胎模锻的生产效率、锻件精度、允许的锻件复杂程度介于自由锻与模锻之间，它的灵活性和适应性强，不需昂贵的模锻设备，模具较为简单。许多批量不大的中小型锻件，广泛采用胎模锻。按胎模结构的不同可分为扣模、筒模及合模三种类型，见表 3-4。

表 3-4　胎膜的三种常见形式

模具形式		简　图	说明
扣模			用于非回转体锻件的成形或制坯
筒模	简单筒模		为圆筒形锻模，主要用于锻造齿轮、法兰盘等回转体盘类锻件
	组合筒模	锻件	形状复杂的回转体锻件，需要组合筒模，以保证从模内取出锻件

（续）

模具形式	简　图	说明
合模	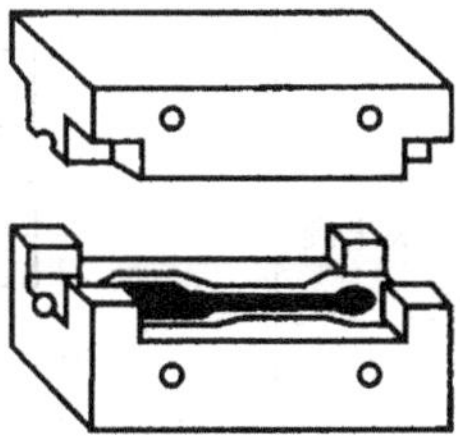	由上模、下模组成，依靠导锁使上模、下模定位，主要用于生产形状较复杂的非回转体锻件，如连杆、叉形锻件等

第三节　锻件的结构工艺性

若锻件结构设计得不合理，有可能给锻造工艺带来困难或无法锻造。从锻造工艺的角度分析锻件结构的合理性，称为锻件的结构工艺性。

一、锻造的基本工艺特点

锻造是利用固态金属的流动性完成塑性成形的，固态金属的流动能力不及液态，所以其制品所允许的复杂程度不如铸件。锻件经过塑性变形后，由于金属的晶粒的细化，使工件的力学性能得到了提高。

锻造方法中的自由锻、模锻和胎膜锻，所适应的锻件复杂程度各不相同。模锻和胎膜锻的模具尺寸限制了锻件的大小，对于大型锻件只能采用自由锻完成。尽管模锻件允许的锻件较为复杂，但是模锻件的形状过于复杂，也会增加锻造困难。

如果锻件太薄，导致锻造时冷却过快和难变形锥区的重合，将会使可锻性变差。

二、自由锻件的结构工艺性

设计自由锻的锻件结构时，必须考虑自由锻的工艺特点。如果结构设计不合理，会给实际锻造带来困难。自由锻的锻件结构工艺性见表3-5。

表3-5　自由锻锻件的结构工艺性

序号	不合理的结构	锻件结构的设计原则	较合理的结构
1	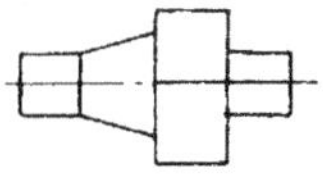	斜面难以锻出，应避免锥面或斜面结构	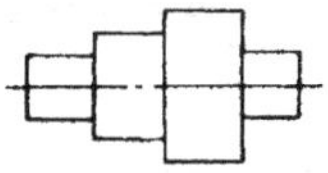
2	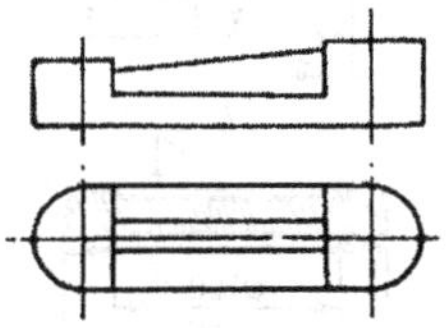	难以锻出带筋的部位。去掉加强筋，适当增加壁厚	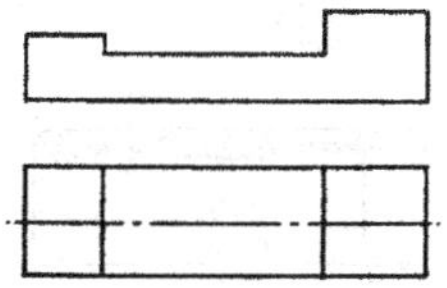

（续）

序号	不合理的结构	锻件结构的设计原则	较合理的结构
3	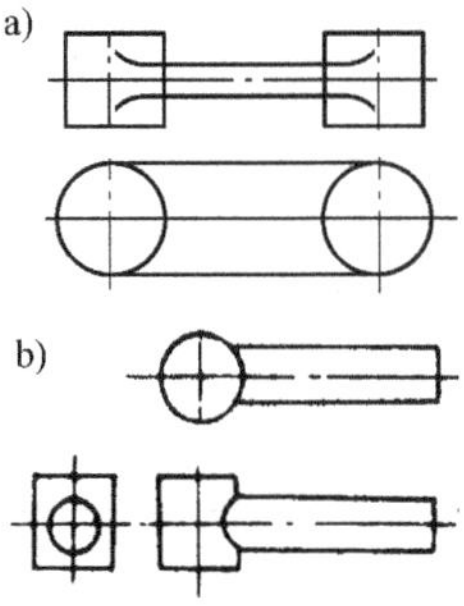 a) b)	无法锻出过渡圆角，也无法锻出圆柱与其他面相交所形成的曲线，可改为圆柱与平面相交	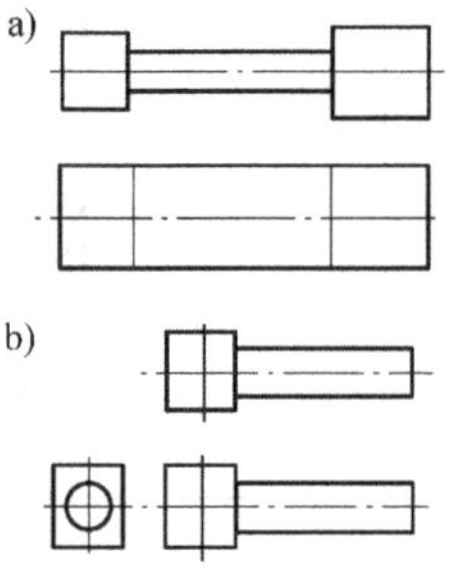 a) b)
4	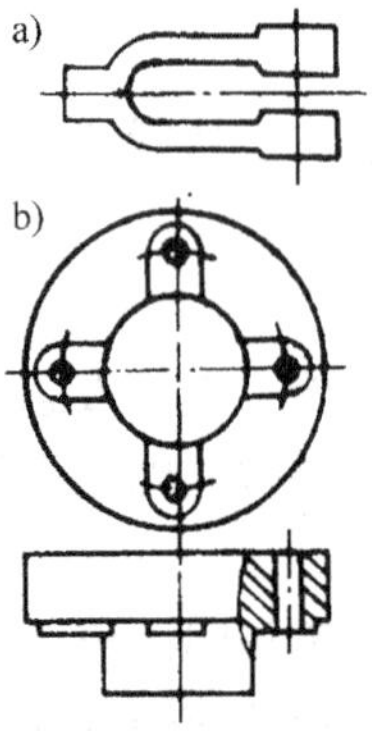 a) b)	a）避免叉形件的内部凸起 b）避免凸台	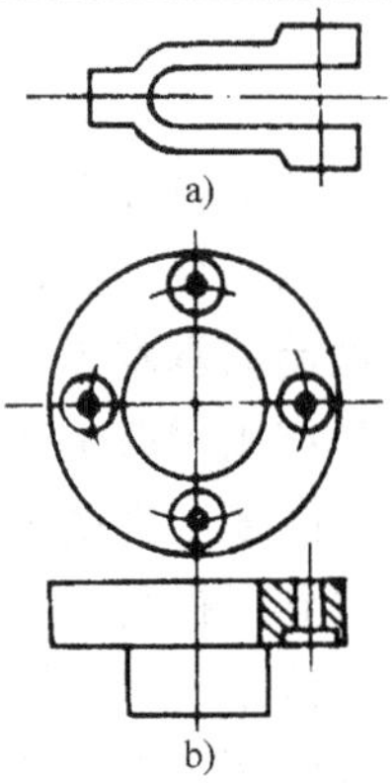 a) b)

三、模锻件的结构工艺性

模锻件的结构除了与使用性能要求有关外，还与模锻时的工艺特点有关。模锻件的结构要利于模锻工艺的实施，并且要有较高的生产效率。模锻件的结构工艺性见表3-6。

表3-6　模锻件的结构工艺性

序号	不利于模锻的结构	锻件结构的设计原则	相对合理的模锻件结构
1	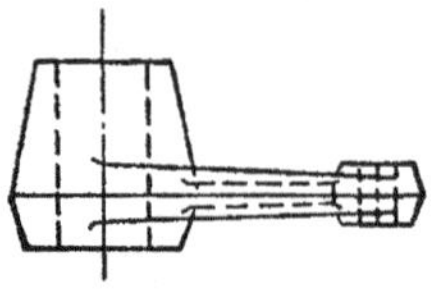	力求结构简单、对称，避免截面相差过于悬殊	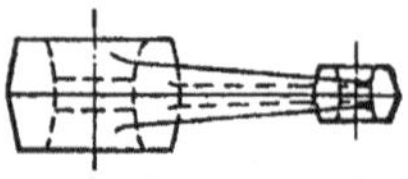
2	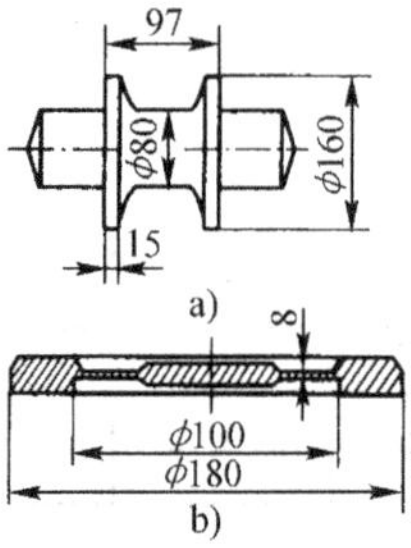 97 ϕ80 ϕ160 15 a) 8 ϕ100 ϕ180 b)	薄壁和高肋结构的冷却较快，易使变形不均匀 过扁的结构，锻造时易造成难变形锥重合，使变形困难	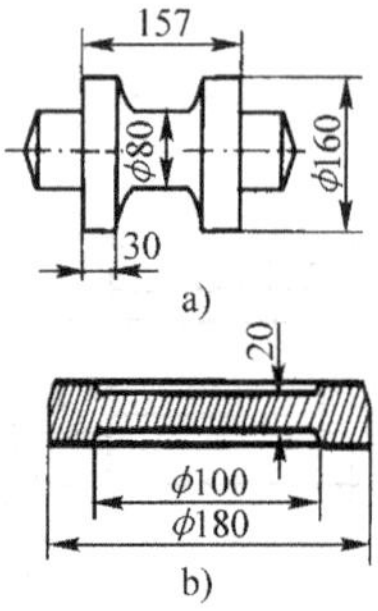 157 ϕ80 ϕ160 30 a) 20 ϕ100 ϕ180 b)

（续）

序号	不利于模锻的结构	锻件结构的设计原则	相对合理的模锻件结构
3	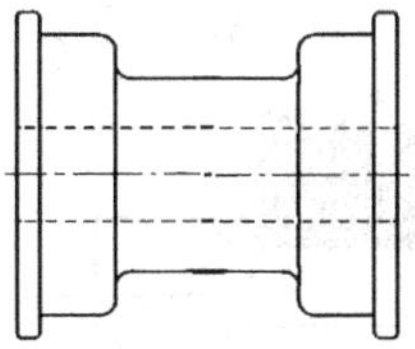	结构复杂的模锻件可以分段模锻，然后再焊接在一起，即锻焊组合	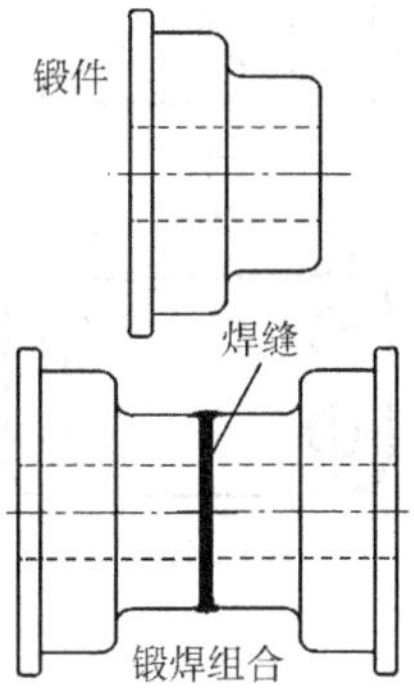 锻件 焊缝 锻焊组合
4		结构能够有合理的分模面，应有锻造圆角和斜度	
5		直径小于20mm的孔一般不锻出	

第四节　板料冲压技术

利用冲模对板料施加冲压力，使其产生分离或变形，得到一定形状和尺寸制品的加工方法称为板料冲压。板料的冲压通常是在室温下进行的，故又称为冷冲压。冷冲压件的表面质量和尺寸精度较高，零件能够获得合理的截面结构，冷变形时又可产生形变强化，使冲压件的强度高，质量轻。冷冲压技术便于操作，易于机械化和自动化生产，在较大批量的生产条件下生产效率高，成本低。板料冲压技术广泛用于汽车、电机、电器、仪表部件的生产。

为了使板料有足够高的塑性，大多采用低碳钢、低碳低合金钢，以及有色金属中的铜、铝及其合金等塑性较高的材料。板料冲压的主要设备为压力机和冲床。根据冲压作用不同，分为板料的分离工序和变形工序等基本工序。

一、板料的分离

板料的分离工序又称为冲裁工序，包括板料的切断、冲孔和落料等。

（1）切断　是将板料沿不封闭边界切下的方法。

（2）落料　是将板料沿封闭轮廓切下，落下的部分为所需部分。

（3）冲孔　是在板料上冲出孔洞，落下部分为废料。落料与冲孔如图3-19所示。

板料冲裁是在凸凹模具之间进行的，冲裁过程中需经过弹性变形阶段、塑性变形阶段和断裂分离阶段。变形与分离的过程如图3-20所示。

板料经过分离后，其尺寸精度不够高并可能带有毛刺，通过修整能够去除毛刺，提高尺寸精度。修整的示意图如图3-21所示。

二、板料的变形

1．弯曲

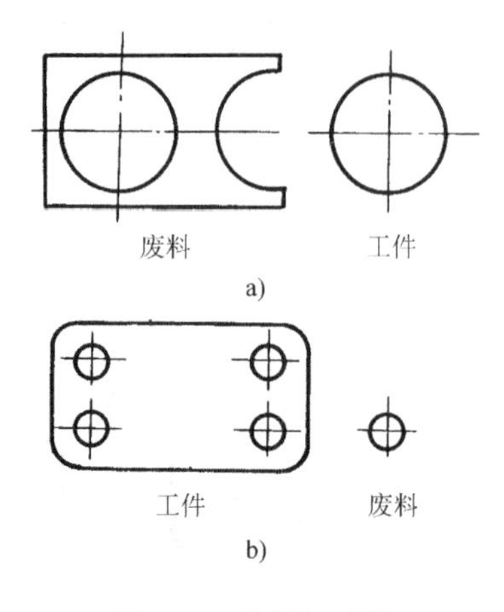

图 3-19 落料与冲孔

a）落料 b）冲孔

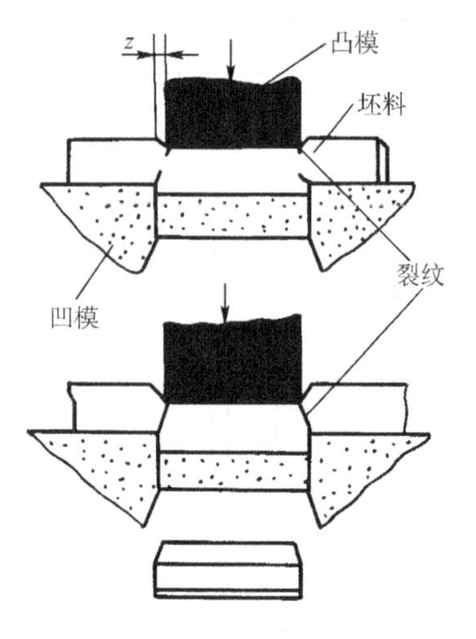

图 3-20 冲裁的变形和分离过程

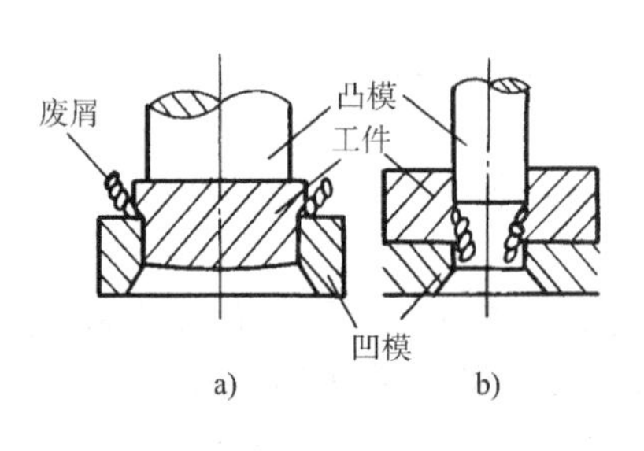

图 3-21 修整

a）修整外圆 b）修整内孔

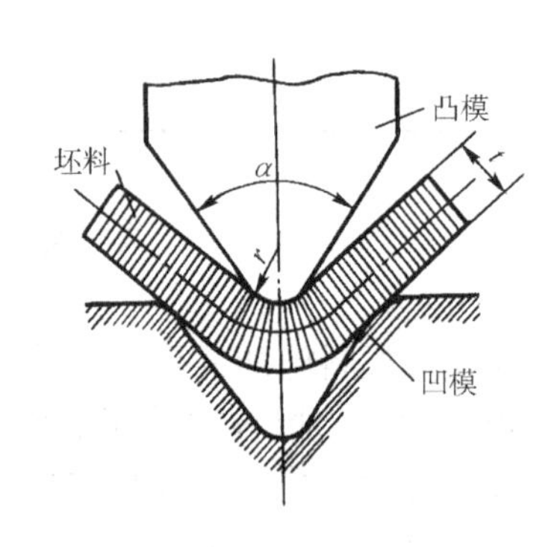

图 3-22 弯曲

弯曲是将平直的坯料或半成品在弯矩作用下弯成一定形状或角度的方法。图 3-22 是板料在模具中弯曲的情况。有些零件需多次弯曲才能达到预定形状，图 3-23 为多次弯曲获得零件的过程。弯曲结束后，由于材料的弹性所致，坯料还将产生一定的回弹，使被弯曲的角度变大，即为材料的回弹现象。为了抵消回弹的影响，可以适当增加变形角度，一般回弹角为 0°～10°。

坯料弯曲时如果弯曲半径过小，弯曲处的外沿塑性变形严重，将会造成材料开裂，因而对弯曲件必须限制弯曲半径。最小弯曲半径与坯料的厚度有关，一般情况下，最小弯曲半径

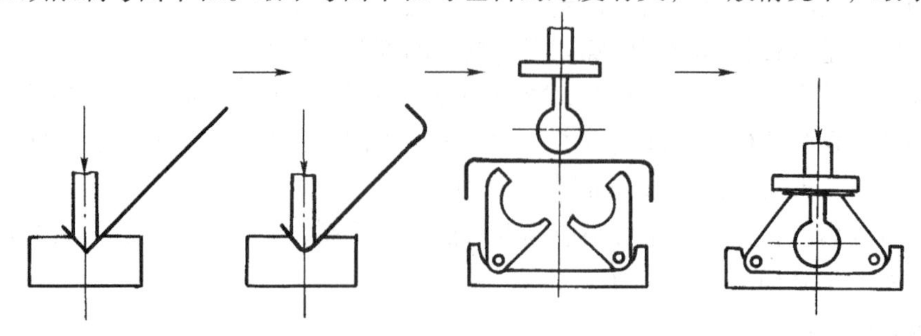

图 3-23 多次弯曲

$r_{min}=(0.25\sim1)t$，其中 t 为板料厚度。如果材料的塑性较大，最小弯曲半径可适当减小。

2. 拉深

利用拉深模具将板料冲压成为一端开口的空心件方法称为拉深，如图 3-24 所示。利用拉深成形的方法，可以获得各种空心薄壁件。

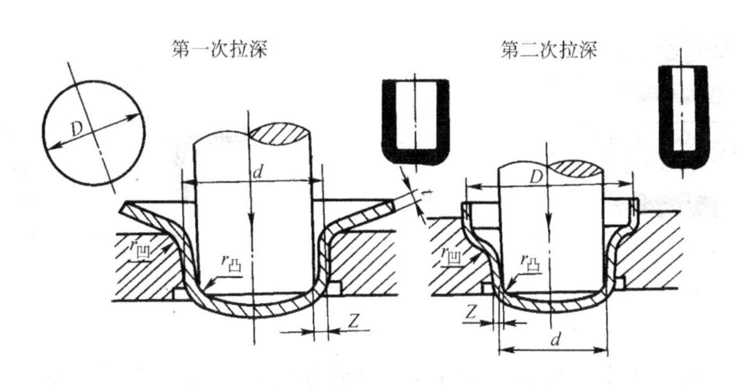

图 3-24　拉深

拉深是在凸模与凹模之间进行的。拉深模的结构与冲裁模不同，凸凹模的工作部分没有锋利的刃口，而是加工成为圆角。凸模与凹模之间的间隙稍大于板料的厚度。为了减小坯料与模具间的摩擦和模具的磨损，拉深时可以使用润滑剂来减少拉深阻力。

对于深度较大的拉深件，要经过多次拉深才能达到最终尺寸。中间每经一次拉深，坯料产生一定的变形量。为了避免一次拉深量过大而产生开裂，需要对每一次的拉深量进行限制。拉伸的变形量由拉深系数控制。对于圆形拉深件，拉深系数 m 为拉深后直径与拉深前直径的比值。拉深系数愈小，坯料的变形量愈大。一般情况下，拉深系数 m 在 $0.5\sim0.8$ 之间，如果材料的塑性好，拉深系数可以取下限。对于多次拉伸，为了减轻形变强化的影响，可以穿插进行再结晶退火来降低材料的硬度。

$$m=\frac{d_1}{d_0}$$

式中，m 为拉深系数；d_1 为拉深后的直径；d_0 为拉深前的直径。

如果拉深工艺不合理，会出现拉深件的边沿褶皱或转角处被拉穿的缺陷。坯料的板厚愈小，愈易于出现褶皱，采取在模具上加压边圈的方法可以有效地防止褶皱出现。对于拉穿现象，必须适当增加模具的凸凹圆角，以减少板料转角处的变形量，同时通过增加拉深次数来解决。褶皱和拉穿如图 3-25 所示。褶皱的防止如图 3-26 所示。

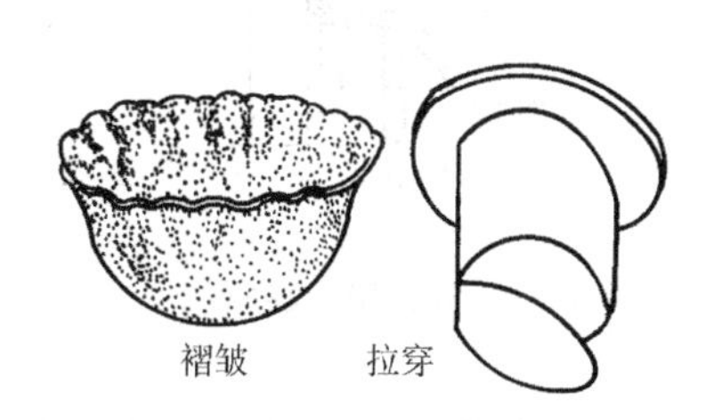

图 3-25　拉深的常见缺陷

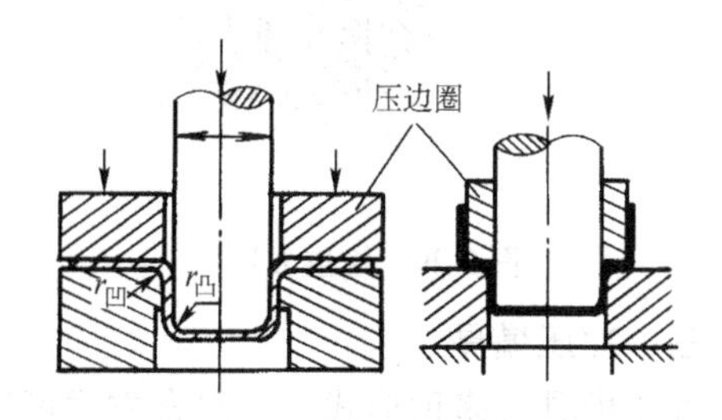

图 3-26　防止褶皱的压边圈

3. 起伏

起伏是对坯料进行较浅的变形，是在板坯或制品表面上形成局部凹下与凸起的成形方法（图 3-27），常用于冲压加强筋和花纹等。形成起伏的凸模一般为金属模具，但对于较薄板坯可采用橡皮成形，以免冲压时凸起部位变形过大，造成开裂。

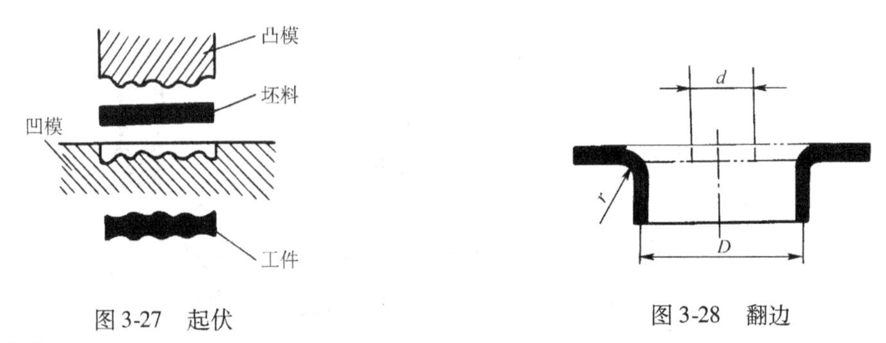

图 3-27 起伏　　图 3-28 翻边

4. 翻边

将坯料孔的边缘或其外缘翻起一定高度的成形方法称为翻边（图 3-28）。翻边的位置愈靠近孔的边缘，塑性变形愈大。翻边的变形量由翻边系数控制。翻边系数 k 为翻边前孔径与翻边后孔径的比值 d/D，翻边系数愈小，变形量愈大。对于镀锡铁皮，翻边系数 $k \geqslant 0.65$。

5. 橡皮成形

它是利用弹性物质作为成形的凸模，板料在胀形的作用下受到扩张，沿凹模成形的方法。图 3-29 是将橡皮凸模置于已拉深的坯件中，在压力下冲头迫使橡皮凸模膨胀而达到坯料成形的目的。

6. 旋压

旋压成形必须有专门的旋压机，旋压机的工作原理如图 3-30 所示，旋压适用于制造数量较少的空心回转体件。将冲裁的板料固定在旋压机上后，旋压机开始旋转，旋压滚轮迫使板料沿模型产生塑性变形，最终得到与胎具相同的中空件。

旋压成形的生产效率较低，模具的结构简单，所需变形力相对较小，一般适用于小批量拉深件的生产。

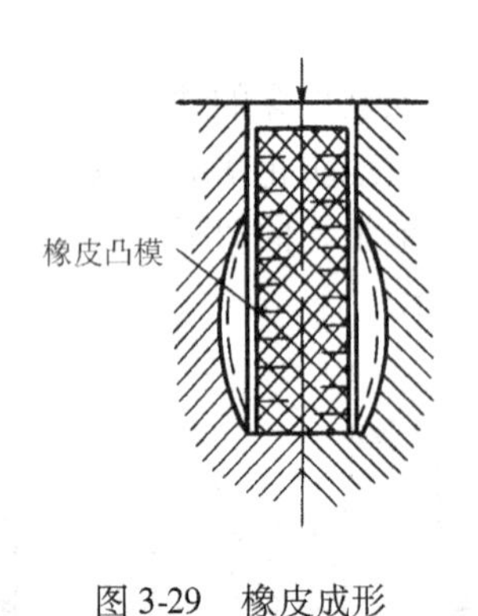

图 3-29 橡皮成形

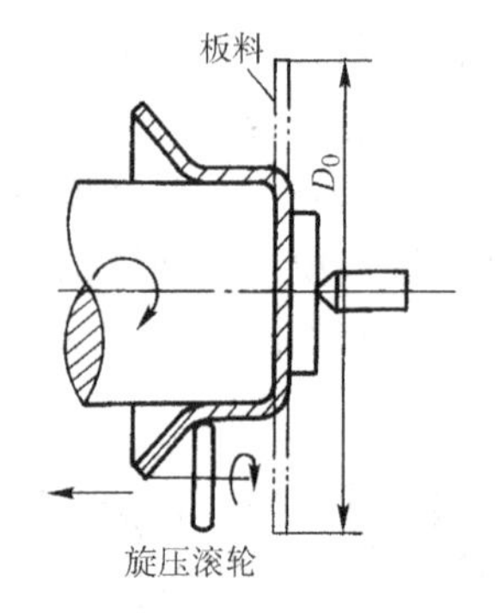

图 3-30 旋压

三、冲压模具

冲压模具有多种形式，按组合方式可以分为简单模、连续模和复合模三种基本类型，见表 3-7。

表 3-7 冲压模具的基本类型

类型	简图	特点
简单模	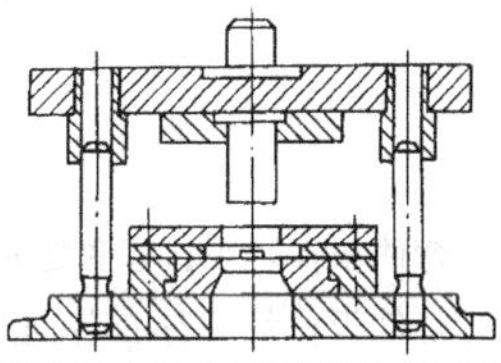	一次行程中，只能完成一道工序（如冲孔、弯曲、拉深等）。模具的结构简单，生产效率低
连续模	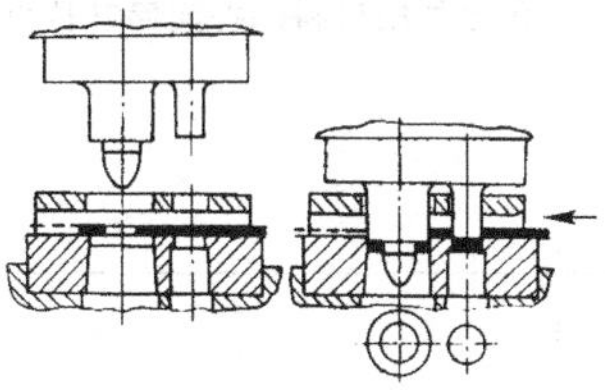	一次行程中，在不同工位上同时完成两个以上的工序。由于坯料在不同工位要分别定位，因定位次数较多而使冲压件的精度较低。其效率高于简单模
复合模	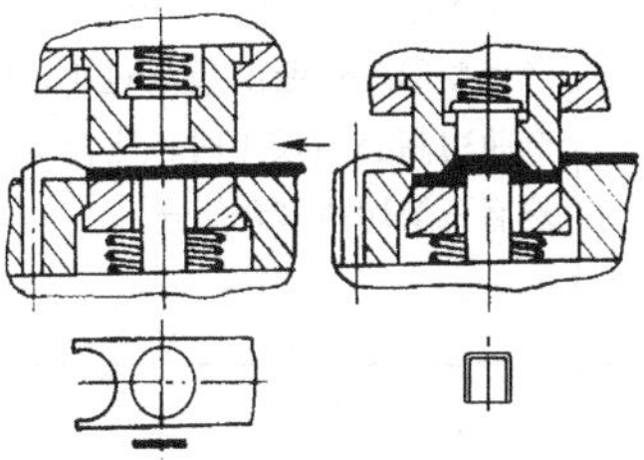	一次行程中，在同一个工位上完成两个以上的工序。由于定位次数少，冲压件的精度高。但模具的结构复杂，模具成本高。适用于批量大、精度要求高的冲压件

四、冲压件的结构工艺性

冲压件结构的不同，对板料冲裁和变形的可能性、生产效率和模具的复杂程度的影响也不同。如何设计出结构简单，材料利用率高和使用模具简单的冲压件，是设计者必须追求的目标。根据冲压件的类型不同，设计冲压件结构时的原则见表 3-8。

表 3-8 冲压件的结构工艺性

结构的设计原则		简图	说明
冲裁件	1. 冲裁件的形状要尽量简单、对称，凸凹部位不能过深和太狭窄；孔间距或孔离边沿不宜太近；孔的直径不宜过小	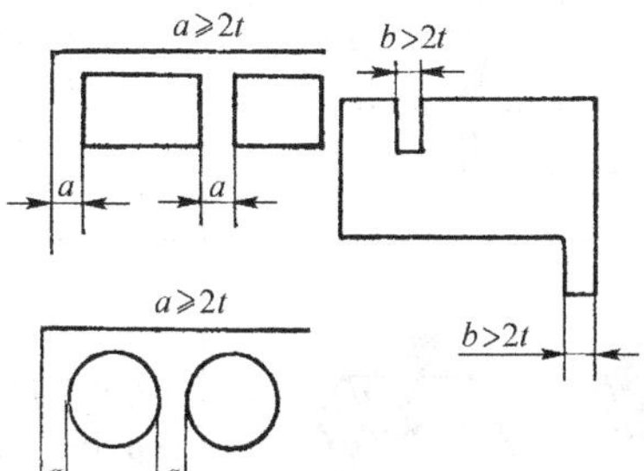 $a \geqslant 2t$　$b>2t$　a	凸凹部太窄，制作模具困难 孔间距或孔距边沿太小，坯料被冲裁处临近的部位易产生变形 孔径过小时，使冲头的制作难度增大，且冲头的强度不易保证
	2. 冲裁件的外形要利于充分利用材料	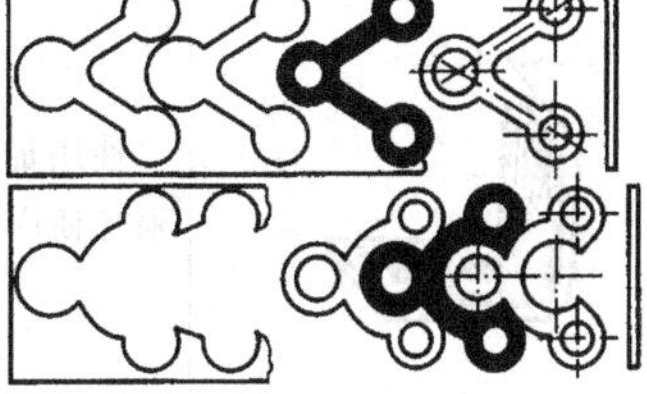	设计冲裁件时应注意材料的利用率

（续）

结构的设计原则		简图	说明
变形件	3. 弯曲件的弯曲半径不要小于“最小弯曲半径”。弯曲时的弯曲轴线应垂直于坯料的纤维方向	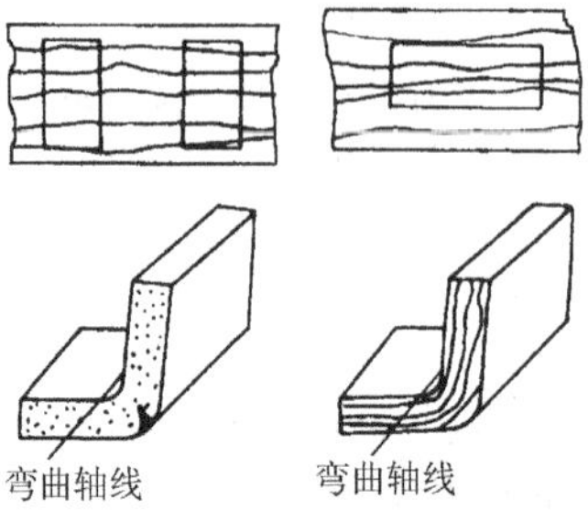 弯曲轴线 弯曲轴线	弯曲半径过小，弯曲处的外沿易于开裂 热轧板材纤维存在各向异性，弯曲时要充分利用材料的各向异性特点
	4. 弯曲带孔件时，孔不可太靠近弯曲部位；弯曲件的弯曲边高不宜太小	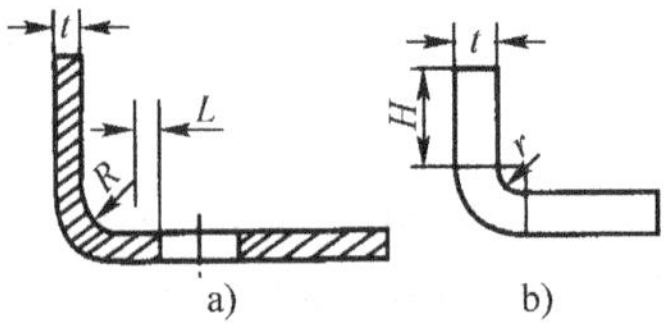 t L R a) t H r b)	孔太靠近弯曲部位时易使孔在弯曲过程中产生变形。弯曲的边高过小，则不易弯成。弯曲边高必须很小时，应先弯成较大边高，然后再剪切掉多余部分
	5. 拉深件的形状要简单、对称，不宜过深。拉深件的转弯处要有过渡圆角	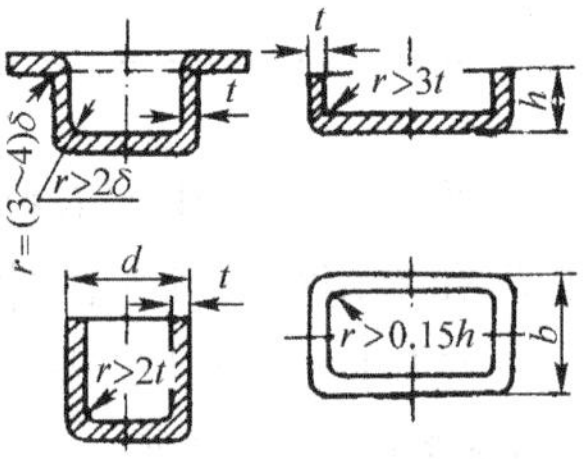 $r=(3\sim4)\delta$ $r>2\delta$ t t $r>3t$ h d t $r>2t$ $r>0.15h$ b	不对称结构易于出现变形不均、易产生拉穿现象。深度过大，需要进行多次拉深，使成形的难度加大
	6. 对复杂冲压件采用分体组合方案，以简化工艺	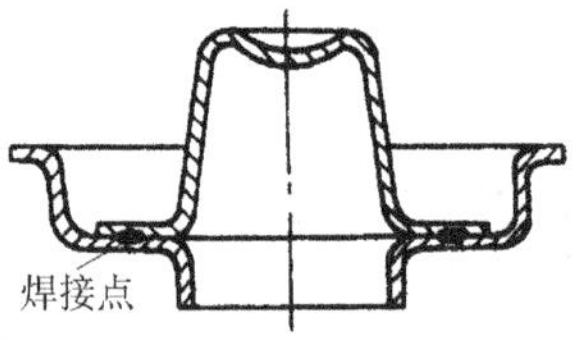 焊接点	将复杂件分成几个冲压件分别冲出，然后再通过焊接等方法组合成为整体
	7. 合理采用冲口工艺	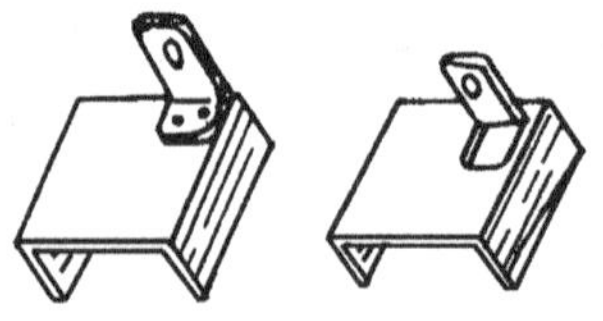	合理使用冲口工艺，可以减少材料消耗，简化工艺，提高工件的一致性
	8. 充分使用加强筋结构	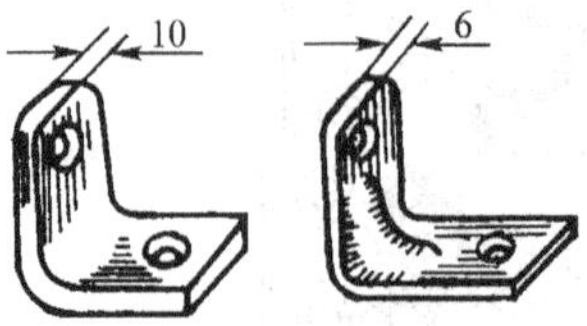 10 6	使用加强筋，可以使板料的厚度减薄，避免使用厚的板料

（续）

结构的设计原则		简　　图	说　　明
变形件	9. 合理要求冲压件的表面质量		对于板料的表面质量不能要求过高，如果所要求高于板料的实际表面质量，将大大增加表面的加工难度

复习与思考题

1. 塑性变形为何可以提高金属的力学性能？
2. 金属的再结晶前后有无晶胞类型的变化？
3. 何谓锻造纤维？对材料的力学性能有何影响？
4. 热变形与冷变形有何区别？纯铁在450°C的塑性变形是热变形还是冷变形？
5. 形变强化对材料的力学性能有何影响？
6. 金属在规定的锻造温度范围以外进行锻造，可能会出现什么问题？
7. 何谓金属的可锻性？其影响因素有哪些？
8. 自由锻有哪些主要工序？
9. 何谓余块（敷料）？模锻件是否也可能有余块出现？
10. 板料冲压生产有何特点？应用范围如何？
11. 冲压有哪些基本工序？
12. 设计冲压件时为何要考虑最小弯曲半径？
13. 拉深件易于出现何种缺陷？如何解决？
14. 将钢筋加工成为铁丝需要经过多次拉拔？如何解决所产生的形变强化问题？
15. 填表3-9：

表3-9　填空表

锻　　件	批量/件	锻造方法	孔是否可锻出	是否预留加工余量
锤头	500			
主轴（555，Ra 3.2，φ77）	10			
齿轮（φ90，φ50，φ250，60，40，6，（√））	1			

（续）

锻　　件	批量/件	锻造方法	孔是否可锻出	是否预留加工余量
$\phi 40$ $\phi 20$ $\phi 30$ $\phi 10$ 120 连杆	3500			

第四章　金属的焊接成形

焊接是指通过加热或加压，或两者并用，使分离的焊件牢固地结合在一起的加工方法。通常将焊接方法分为熔焊、压焊和钎焊三类，分类情况如下：

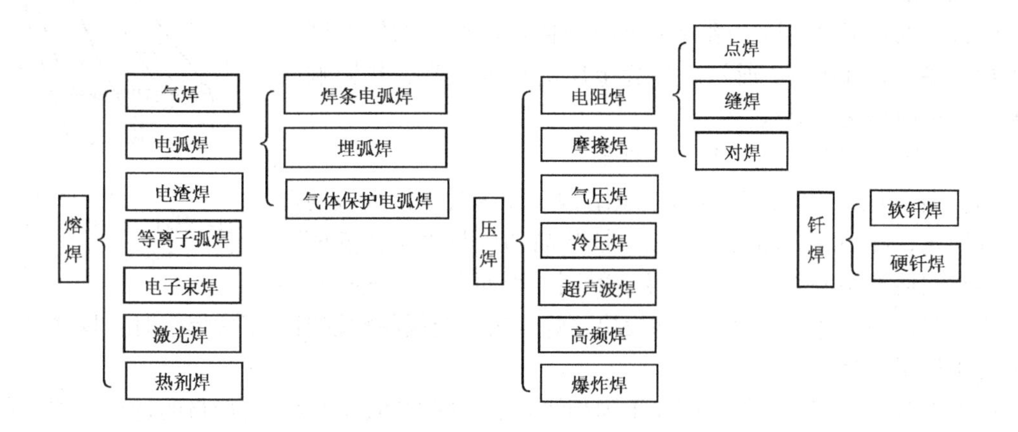

第一节　焊条电弧焊

一、　焊接电弧和焊接冶金过程

1. 焊接电弧

焊接时母材与焊条之间的气体被电离，持续放电形成电弧，电子流由阴极流向阳极。阴极区温度约为2400K，阳极区的温度约为2600K，弧柱区中心的温度可达6000～8000K。焊接电弧的示意如图4-1所示。

在使用直流电焊机焊接时，若工件为正极，焊条为负极，称为直流正接；若工件为负极，焊条为正极，称为直流反接。采用交流电焊机焊接时，因正负极交替变化，故无正、反接之分。

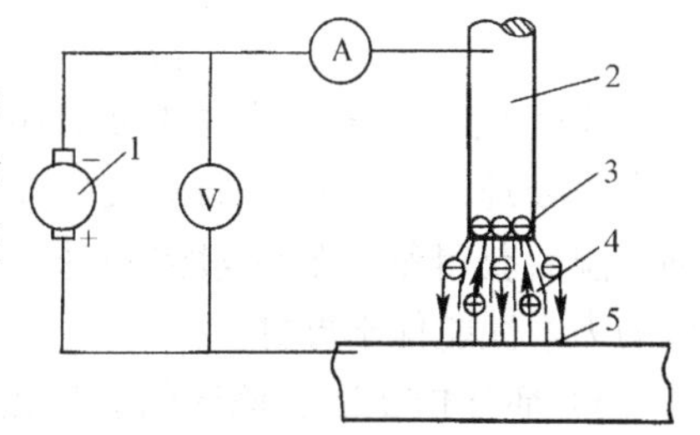

图4-1　焊接电弧

1—电焊机　2—焊条　3—阴极区　4—弧柱　5—阳极区

2. 焊接的冶金过程

焊接时熔化速度快，焊缝金属从开始熔化到凝固的时间很短，各种化学反应难以达到平衡状态，因此焊缝中的化学成分不够均匀。焊缝暴露在大气下，在高温电弧的作用下，氧、氢、氮等气体很容易溶入焊缝金属中，氧与熔池中的铁、锰、硅等元素发生化学反应生成氧化物（FeO、MnO、SiO_2），氮与液态金属中的铁反应生成脆性的氮化物（Fe_4N、Fe_2N），造成了母材中合金元素的烧损。由于合金元素的烧损，使得焊缝金属的力学性能，尤其是塑性和韧性显著下降。此外，空气中的水分、工件和焊条表面的油、锈和水等，在电弧高温的作用下极易分解出氢原子，熔入液态金属中，使焊缝中氢的含量增加，导致接头的塑性和韧性急剧下降（这种现象称为“氢脆”），从而引起冷裂纹或形成气孔。

当焊缝金属冷却时，由于冷却较快，高温下溶入金属液体中的气体来不及析出而停留在焊缝金属中，易于形成气孔。金属液体中的杂质也不易于浮到表面，容易形成夹渣。另外，熔池中液态金属凝固时由于冷却速度快，结晶后焊缝中容易出现不平衡组织结构。

二、焊接接头的组织结构和力学性能

1. 焊接接头

焊接后的焊缝金属区、熔合区及因焊接热而产生的影响区组成为焊接接头，如图 4-2 所示。焊缝金属的温度最高，热影响区的温度由里向外逐步降低。

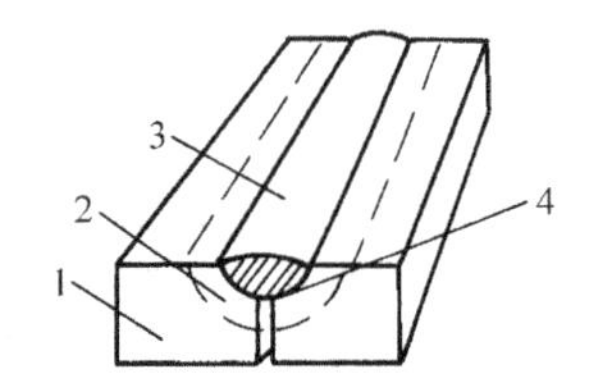

图 4-2 焊接接头

1—母材 2—热影响区

3—焊缝金属 4—熔合区

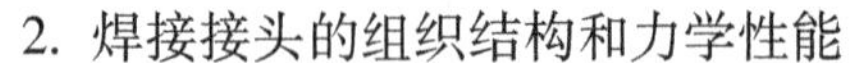

2. 焊接接头的组织结构和力学性能

（1）焊缝区 焊缝区为铸态组织结构，加热时使该区域的金属全部熔化，冷却后结晶为柱状晶。柱状晶的生长由熔池壁面开始，逐步向熔池中心发展，中心最后凝固，因而杂质、气孔和裂纹易于出现在中心部位。由于冷却较快，焊缝区的金属晶粒较细。正常焊接时，焊缝区的金属强度不低于母材。

（2）熔合区 熔合区的温度介于固相线和液相线之间，为焊缝与母材的过渡区域。在该区域内，已熔化的金属结晶后为铸态，未熔晶粒因受到高温影响而造成晶粒严重粗大，使强度降低，脆性变大。尽管该区的宽度不大，但严重影响了焊接接头的力学性能。

（3）热影响区 因焊接热而使临近熔合区域的母材产生组织变化的部位称为热影响区。在该区域，因近焊缝区和远离焊缝区金属的温度不同，相当于各自经受了一次不同温度的热处理，组织结构产生了不同的变化。图 4-3 所示为低碳钢焊接后热影响区的情况。

1）过热区。加热温度在 1100℃ 至固相线之间，因其加热温度过高，奥氏体晶粒急剧长大，冷却后得到晶粒粗大的过热组织，使其塑性和韧性显著下降。焊接刚度大的结构件，在此区易产生裂纹。

2）正火区。正火区的温度处于 Ac_3 以上至 1100℃ 之间，该区域内的金属相当于经过正火热处理，生成细小的奥氏体晶粒，冷却到室温后获得细小的铁素体和珠光体。正火区的力学性能优于母材。

3）部分相变区。该区的温度处于 Ac_1 ~ Ac_3 之间，加热时出现部分奥氏体晶粒，但保留的铁素体晶粒有一定的长大。冷却后未溶的铁素体保留粗大的晶粒，奥氏体转变为珠光体，因冷却后晶粒大小不均匀，力学性能低于正火区。

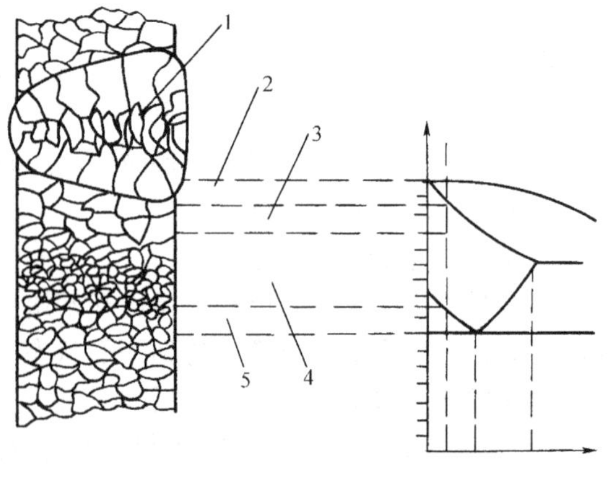

图 4-3 低碳钢的焊接接头

1—焊缝金属 2—熔合区 3—过热区

4—正火区 5—部分相变区

综上所述，熔合区和过热区是焊接接头的组织和性能最差的部位，故应尽量减小其宽度。

3. 影响焊接接头性能的主要因素

影响焊接接头性能的主要因素有母材、焊接方法、焊接参数、接头与坡口形式和焊后冷却速度等。用不同焊接方法焊接低碳钢时，热影响区的平均数值见表 4-1。

表 4-1　焊接低碳钢时热影响区的平均尺寸

焊接方法	各区平均尺寸			热影响区总宽度/mm
	过热区/mm	正火区/mm	部分相变区/mm	
焊条电弧焊	2.2～3.0	1.5～2.5	2.2～3.0	5.9～8.5
埋弧焊	0.8～1.2	0.8～1.7	0.7～1.0	2.3～3.9
电渣焊	18～20	5.0～7.0	2.0～3.0	25～30
气焊	21	4.0	2.0	27

三、焊接应力与变形

1. 焊接应力与变形

焊接时焊缝的温度高于母材温度，焊缝区域的热胀趋势大于母材的热胀趋势，因而母材受拉应力。焊后冷却时，沿焊缝的长度方向，焊缝区域的收缩趋势大于母材的收缩趋势，造成母材受到压应力，而焊缝区域受到拉应力。图 4-4 是低碳钢平板对焊时应力和变形的形成过程。

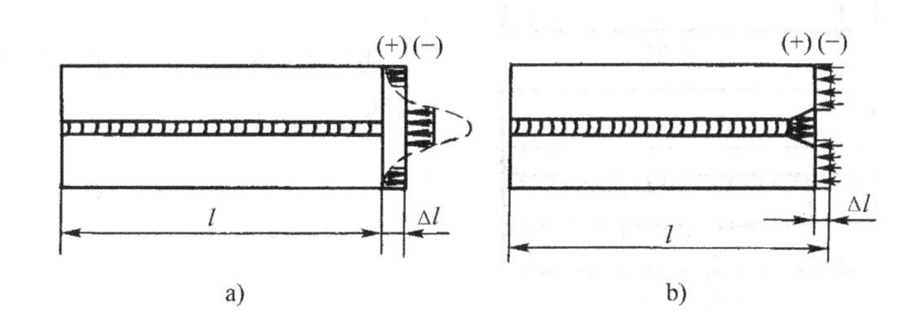

图 4-4　平板对焊时的应力和变形示意图

a）加热时的应力和变形　b）冷却时的应力和变形

焊接应力的存在，直接影响焊接构件的使用性能，使其承载能力大大降低。对于接触腐蚀介质的焊件，应力腐蚀现象的加剧，将直接影响焊件的使用寿命，甚至因产生应力腐蚀裂纹而报废。

焊接时的焊接应力是不可避免的，当焊接应力超过焊接材料的 σ_s 时，焊件产生变形，焊接变形的基本形式如图 4-5 所示。焊接应力超过材料的 σ_b 时，焊件将会产生裂纹甚至断裂。

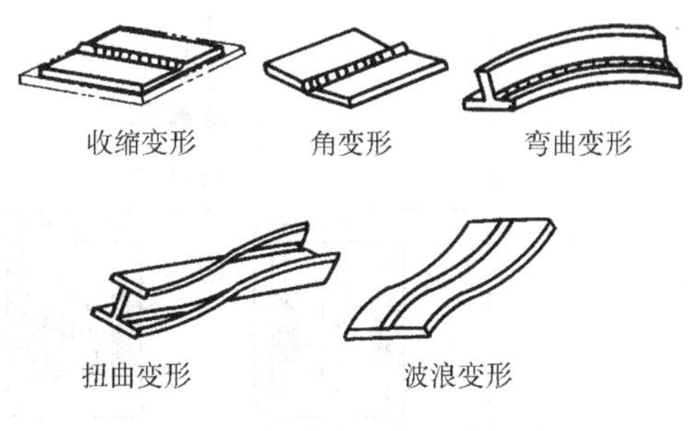

图 4-5　焊接变形的基本形式

2. 减小焊接应力和变形的措施

减少焊接应力和变形的措施见表 4-2。需要指出的是，减少焊接应力的措施也可以有效地减少焊接变形，但减少焊接变形的措施中有的并不一定能够减少焊接应力，如刚性固定法。

表 4-2 减少焊接变形的措施

措 施	示意图	说 明
合理设计焊件结构	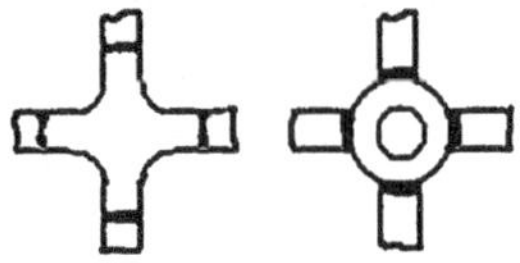 避免焊缝密集交叉	尽量减少焊缝的长度和截面积，避免密集交叉的焊缝，焊件中的焊缝尽可能对称等
合理选择焊接顺序	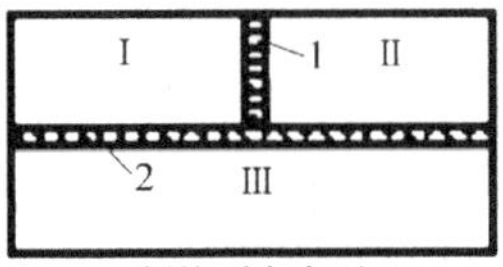 焊接顺序合理 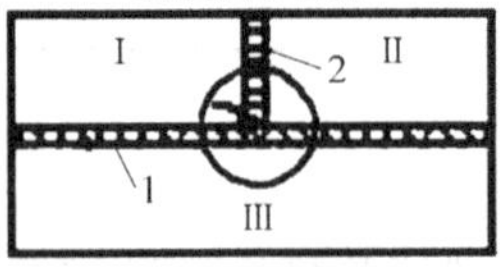 焊接顺序不合理	应该使焊接时焊缝的纵向和横向都能自由收缩，以避免焊缝交叉处应力过大产生裂纹
	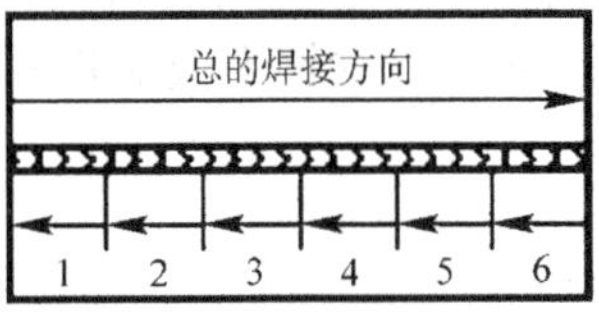 总的焊接方向 1 2 3 4 5 6 分段逆焊法 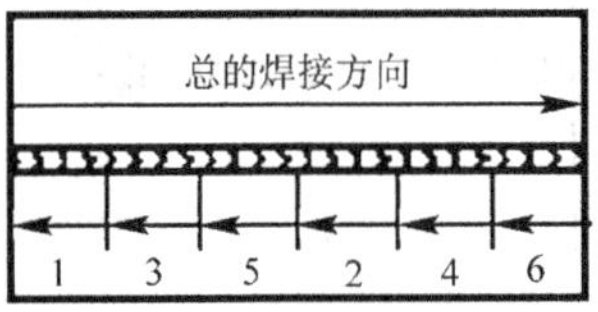 总的焊接方向 1 3 5 2 4 6 分段跳焊法	当焊缝较长时，可采用分段退焊法或跳焊法等进行焊接
	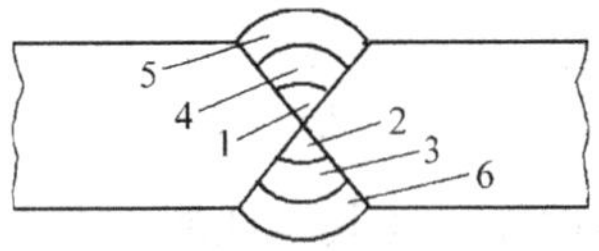 厚板的焊接	若焊件具有对称布置的焊缝，应采用对称焊接的顺序
	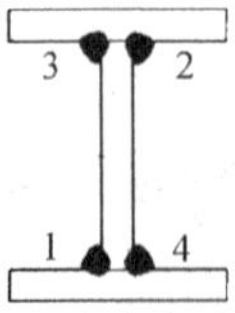 工字梁的焊接	工字截面的焊件应采取对称的焊接顺序
	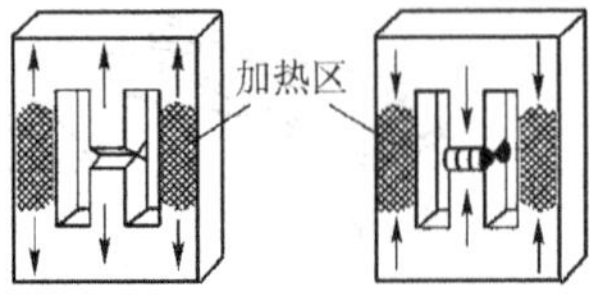 加热区 焊前 焊后	预热后再进行焊接，可以减小工件各部分的温差，降低焊缝的冷却速度，以减小焊接应力与变形。对重要的焊件可整体加热，也可对某些焊件的适当部位进行加热。焊后冷却时，加热区与焊缝同时收缩

（续）

措 施	示意图	说 明
采用反变形法	焊前 焊后 焊前 焊后	通过计算或实验，确定焊件焊后产生变形的大小和方向，焊前将工件安放在与焊接变形方向相反的位置上，或在焊前将焊件反向变形
刚性固定法	压铁 焊件 平台 临时焊点	采用工装夹具把工件刚性固定，或临时点焊在工作台上，然后进行焊接的一种方法，可有效的防止变形。但焊接残余应力较大，不宜焊接淬硬性较大的钢结构件和铸铁件
锤击焊缝		每焊一道焊缝后，用圆头小锤对红热状态下的焊缝进行均匀迅速的锤击，可减少焊接应力和变形
焊后热处理		焊后立即采取去应力退火，将焊件整体或局部加热到600～650℃，保温一定时间后，缓慢冷却，可消除焊接残余应力

3. 焊接变形的矫正

焊件产生变形后，如果情况较为严重，影响焊件的正常使用，需要采取措施进行矫正。常用的矫正方法有机械矫正法和火焰矫正法。机械矫正法是借助外力迫使焊件改变形状，一般采用压力机或锤击等方法矫正焊件的变形。该方法主要用于矫正塑性较好、厚度较小的焊件。火焰矫正法如图4-6所示，它是利用火焰对焊件的某些部位进行局部加热，冷却后焊件上部沿纵向产生较大的收缩，使变形的焊件得以矫正。

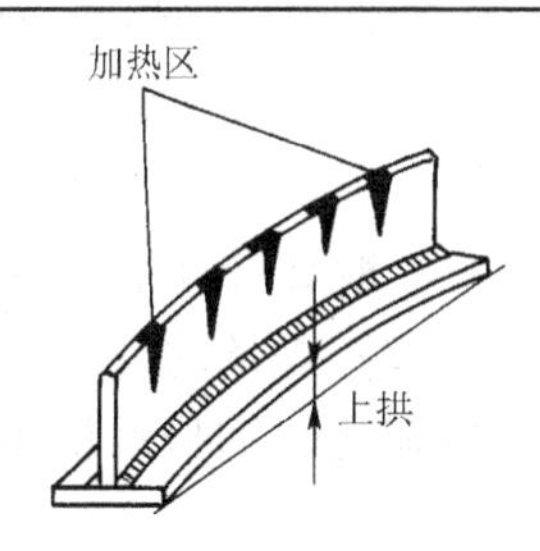

图4-6 火焰校正法

四、焊条

1. 焊条的分类和型号

一般焊条电弧焊所使用的焊条由焊芯和药皮两部分组成。焊芯兼有导电和熔化后作为填充金属的双重作用；药皮的主要作用是提高电弧燃烧的稳定性，防止空气对熔化金属的有害作用，有利于焊缝金属的脱氧，补充合金元素，以提高焊缝的力学性能。

（1）焊条的分类 焊条的分类见表4-3。

表 4-3 焊条类别

按国家标准分类			按焊条用途分类		
国标	型号	焊条类别	牌号	焊条名称	牌号与型号对比举例
GB/T 5117—1995	E××××	碳钢焊条	J×××	结构钢焊条	J422（符合 GB E4303）
GB/T 5118—1995	E××××-×	低合金钢焊条	R×××	钼和铬钼耐热钢焊条	R307（符合 GB E5515-B2）
—	—	—	W×××	低温钢焊条	W707Ni（符合 GB E5515-C1）
GB/T 983—1995	E××××	不锈钢焊条	G×××	铬不锈钢焊条	G207（符合 GB E410-15）
			A×××	铬镍不锈钢焊条	A507（符合 GB E16-25MoN）
GB/T 984—2001	ED×-×-××	堆焊焊条	D×××	堆焊焊条	D127（符合 GB EDPMn3-15）
GB/T 10044—2006	EZ×	铸铁焊条	Z×××	铸铁焊条	Z208（符合 GB EZC）
GB/T 3669—2001	TAl×	铝及铝合金焊条	L×××	铝及铝合金焊条	L109（符合 GB TAl）
GB/T 3670—1995	TCu×	铜及铜合金焊条	T×××	铜及铜合金焊条	T237（符合 GB TCuAl）
GB/T 13814—2008	ENi×	镍及镍合金焊条	Ni×××	镍及镍合金焊条	Ni207（符合 GB ENiCu-7）
—	—	—	TS×××	特殊用途焊条	TS202

按照熔渣的性质，焊条又分为碱性焊条和酸性焊条两类。

酸性焊条的熔渣中以酸性氧化物（TiO_2、SiO_2、Fe_2O_3、P_2O_5）为主，具有电弧稳定、易脱渣、飞溅小、对油锈或水的敏感性小、焊接电源可采用交流或直流等优点；但酸性焊条的熔渣氧化性强，C、Si、Mn 等合金元素烧损大，焊缝金属中氧、氮、氢和非金属夹杂物含量大，所以焊缝金属的塑性和韧性差，抗裂性差。故常用于低碳钢和不重要结构件的焊接。

碱性焊条的熔渣以碱性氧化物（CaO、MnO、Na_2O、MgO）为主，焊缝金属中锰的含量多，有害元素（S、P 等）比酸性焊条少，并且焊缝金属中含氢少，故焊缝金属的塑性、韧性好，抗裂性强；但碱性焊条的电弧稳定性差，飞溅大，不易脱渣，对油、锈、水的敏感性大。一般要求直流焊接电源，主要用于重要结构件的焊接，如船舶、压力容器等。

（2）焊条的型号　焊条型号是国家标准中的焊条代号，碳钢焊条的型号由 GB/T 5117—1995 确定，型号示意如下：

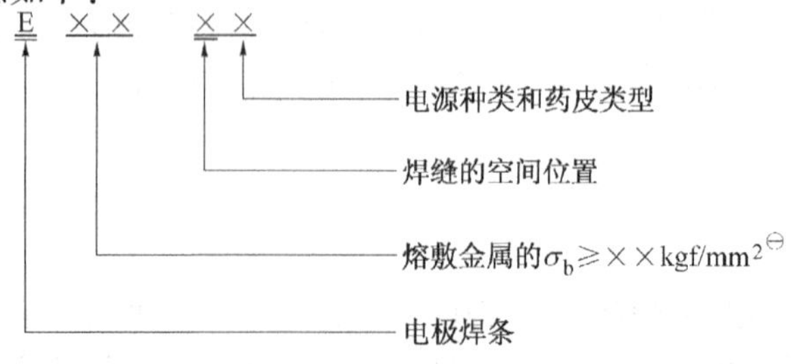

⊖ $1kgf/mm^2 = 9.8MPa$。

型号中的字母“E”表示电极焊条；前两位数字表示熔敷金属抗拉强度的最小值（单位为 kgf/mm^2）；第三位数字表示焊条的焊接位置，其中“0”和“1”表示焊条适用于全位置焊接，“2”表示焊条适用于平焊和平角焊，“4”表示焊条适用于向下立焊。第三位和第四位数字组合表示焊接电源种类和药皮类型，其中“03”为钛钙型药皮，适于交流或直流正、反接电源；“15”为低氢钠型药皮，适于直流反接电源；“22”为氧化铁型，交流或直流正接。常见碳钢焊条的型号有 E4303、E5015、E5016 等。

低合金钢焊条的型号由 GB/T 5118—1995 确定，在型号的四位数字后面，后缀字母表示熔敷金属化学成分类型（用短线与前面数字隔开），以及附加合金元素的化学成分。如 E5515-B2-V，属于低氢钠型，适用直流反接进行各种位置焊接的焊条；熔敷金属中 w_{Cr} 为 1.0%，w_{Mo} 为 0.5%，w_V 为 0.2%。

2. 焊条的选用原则

焊条的种类很多，能否正确选用对焊接质量、生产率有很大的影响。选择时应遵循以下原则：

1）对低碳钢和低合金高强度结构钢焊件，要求焊缝金属与焊件的强度相等即可，可以按焊件强度来选用相同强度等级的焊条。焊接异种钢结构时，应按强度等级低的钢种选用焊条。

2）对承受高温的耐热钢焊件和在化学侵蚀作用下工作的不锈耐蚀钢的焊接结构，应选择具有相同或相近化学成分的专用焊条，以保证焊接接头的特殊性能要求。

3）对承受交变载荷或冲击载荷、形状复杂、刚度大的焊接结构，要求塑性好，冲击韧性高，抗裂性能强，要选用碱性焊条；对于薄板和刚性较小、构件受力不复杂且焊件质量较好的结构，以及焊接表面带有油、锈、水等难以清理的结构件时，应尽量选择酸性焊条。

4）对于加工过程中需经热加工或焊后需作各种热处理的焊件，应选择能保证热加工或热处理后焊缝强度及韧性的焊条。

5）除平焊外，立焊、横焊、仰焊等焊接位置的结构件，应选用全位置焊条。

此外，还应根据现场条件，灵活选用焊条。

第二节　其他常用焊接方法

一、常用焊接方法

除焊条电弧焊外，其他常用焊接方法有埋弧焊、气体保护电弧焊、压焊和钎焊等，各种方法见表 4-4。

二、常见焊接方法的工艺与特点

1. 埋弧焊的工艺与特点

（1）埋弧焊的工艺

1）埋弧焊的焊丝与焊剂。埋弧焊的焊丝相当于焊条电弧焊中焊条焊芯的作用，焊剂相当于药皮的作用。焊丝具有引弧和填充金属的作用，焊剂起隔离空气、保护熔池和焊缝金属，并起一系列冶金反应的作用。在实际应用中焊丝和焊剂要合理选配，不然难以达到较高的力学性能。

埋弧焊的焊剂分为熔炼焊剂和烧结焊剂。熔炼焊剂的主要成分是 Mn、Si、Ca、Mg、Al、

表4-4 其他常见焊接方法

焊接方法简介	原理示意图
埋弧焊： 埋弧焊电弧引燃后，送丝机构将光焊丝送进，电弧随焊接小车均匀地沿坡口前移，或焊机机头不动，工件匀速运动。焊丝前方，焊剂不断预撒在将焊区域。焊剂被熔化后形成渣泡，焊丝和母材在渣泡保护下形成熔池。焊接时弧光不外露。未熔焊剂可回收再用	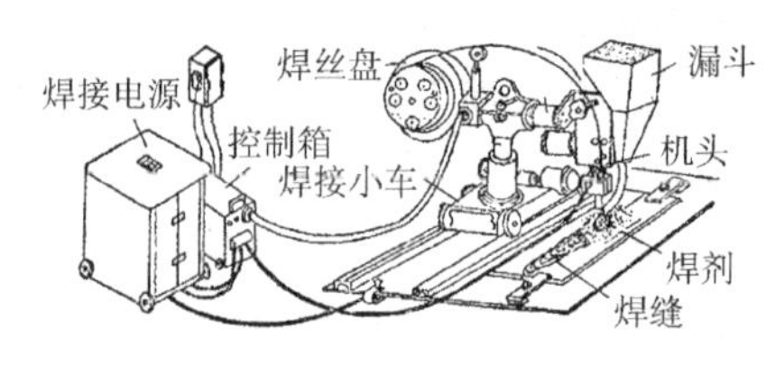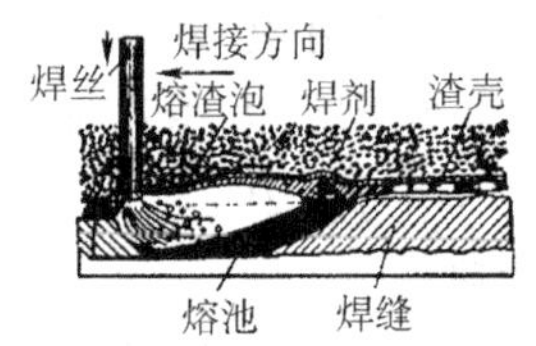
氩弧焊： 以氩气作为保护气体，采用光焊丝进行焊接。根据使用电极的不同，可分为熔化极氩弧焊和不熔化极（钨极）氩弧焊两种 熔化极氩弧焊焊接时，焊丝被连续送进焊接区域，焊丝既作为通电电极，又不断熔化进入熔池，保护气体连续从喷嘴中喷出，保护电弧及焊接熔池不受空气污染 钨极氩弧焊用高熔点的钨或钨合金作为通电电极，焊接中不熔化，焊丝作为添加金属。焊接时在钨极与母材间产生电弧，在氩气保护下完成焊接	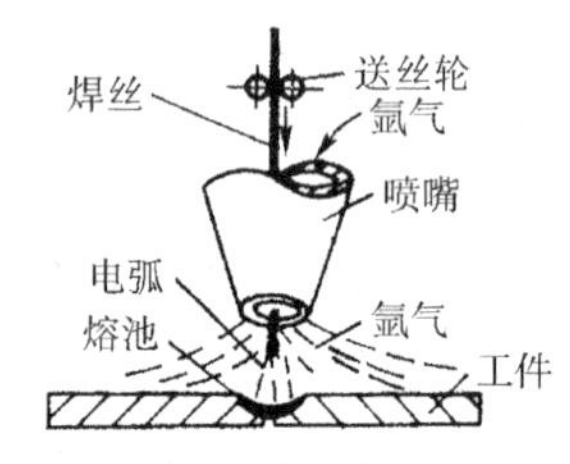熔化极氩弧焊 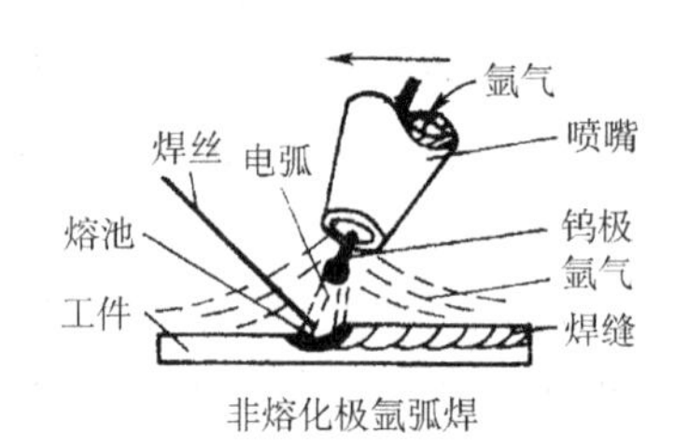非熔化极氩弧焊
CO_2 气体保护焊： 以 CO_2 作为保护气体，焊丝作为一电极，母材作为另一电极，焊丝由送丝机构不断送进焊接区，CO_2 气体从喷嘴中喷出。电弧引燃后，焊丝端部、电弧及熔池被 CO_2 气体所包围，熔池凝固后形成焊缝	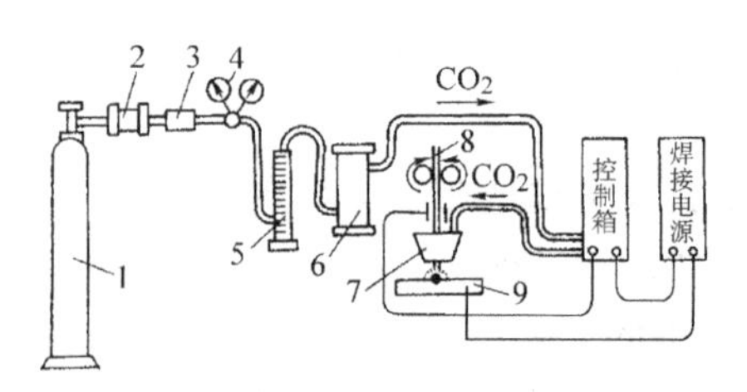1—气瓶 2—预热器 3—高压干燥器 4—减压表 5—流量计 6—低压干燥器 7—喷嘴 8—焊丝 9—焊件

（续）

焊接方法简介	原理示意图
电渣焊： 利用电流通过熔渣产生的电阻热熔化焊丝和母材而形成焊缝。焊接时两母材位于垂直位置，接头相距 25～35mm，引弧后，固态焊剂熔化后形成熔渣，电流由焊丝经过熔渣向母材传递，熔化的焊丝与母材形成熔池。焊缝两侧有冷却铜滑块，使液态熔渣和金属不致外流，冷却水从滑块内部流过，迫使熔池冷却并凝固成焊缝。焊丝不断地送进并被熔化，熔池和熔渣逐渐上升，冷却滑块也同时配合上升，从而形成焊缝	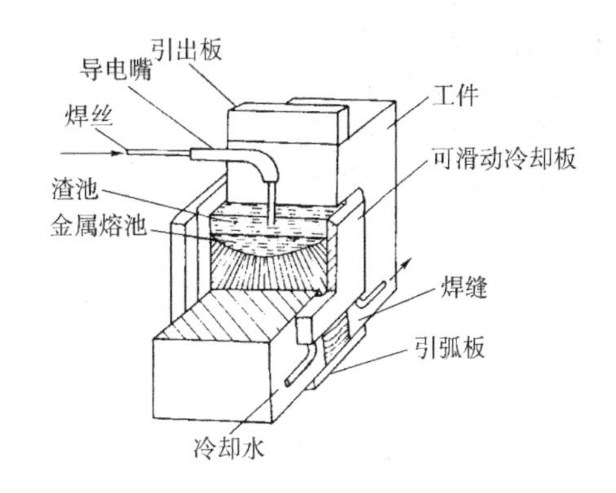
等离子弧焊接与切割： 等离子弧是一种能量高度集中的电弧，是由直流电源和高频振荡器，借助喷嘴的特殊结构使钨极与喷嘴之间或钨极与母材之间产生等离子 等离子弧的弧柱很细，气体高度电离，温度高达 10000～20000℃。等离子弧以很高的速度喷出，具有很大的动能和冲击力，释放大量的热能，用以焊接难熔金属，也能对难熔材料进行切割	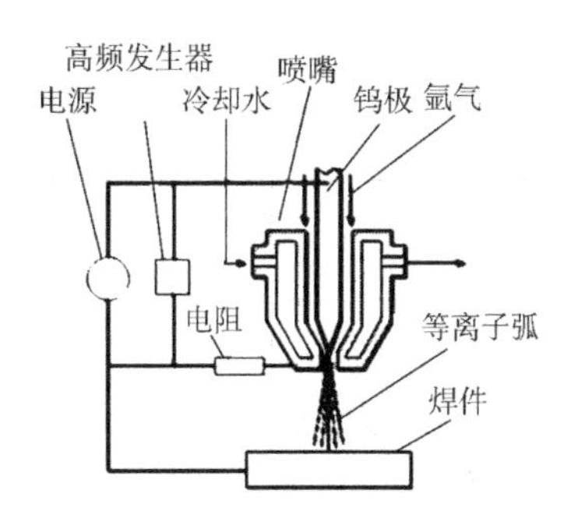
点焊： 利用柱状电极加压和通电，产生的电阻热熔化母材，在两母材接触点形成熔核的焊接方法。焊接时先加压使母材与电极紧密接触，然后通电。接触处的电阻较大，温度迅速升高，熔化后形成熔核。断电后继续保持压力，使熔核在压力下凝固，形成组织致密的焊点。焊完一点后，将电极移动到下一点进行焊接	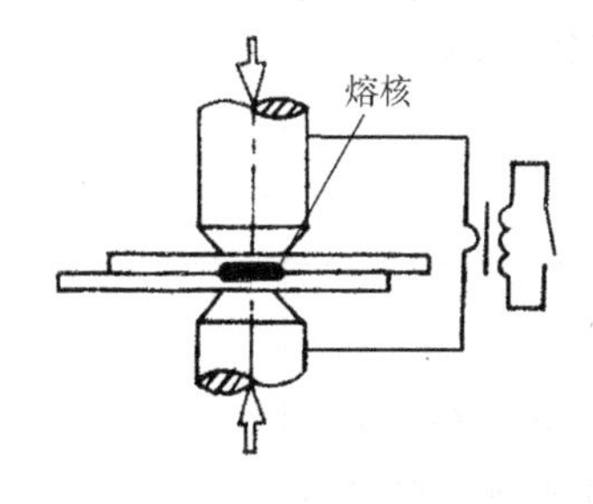

（续）

焊接方法简介	原理示意图
缝焊： 与点焊相似，只是以圆盘状滚轮电极代替了点焊的柱状电极。缝焊时母材位于两滚轮电极之间，滚轮加压焊件并转动，带动焊件向前移动，连续或断续送电，利用电阻热熔化母材，形成不连续的多个焊点	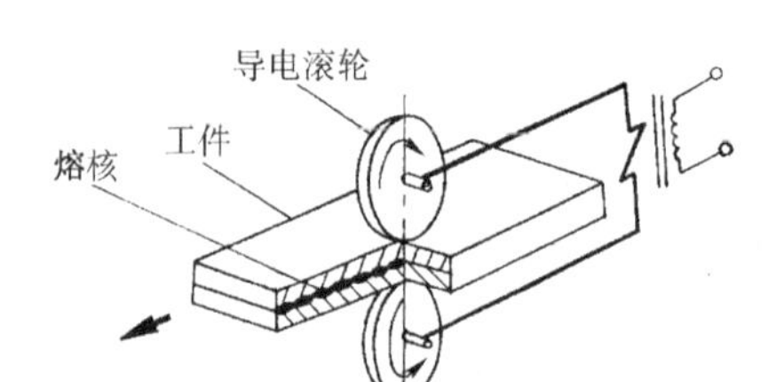
电阻对焊： 将需要焊接的母材端面紧密接触，利用电阻加热至塑性状态，然后断电并迅速加压，产生塑性变形后完成焊接。电阻对焊操作简单，接头外形匀称。但焊前对焊接表面清理要求高，否则，焊接质量难以保证	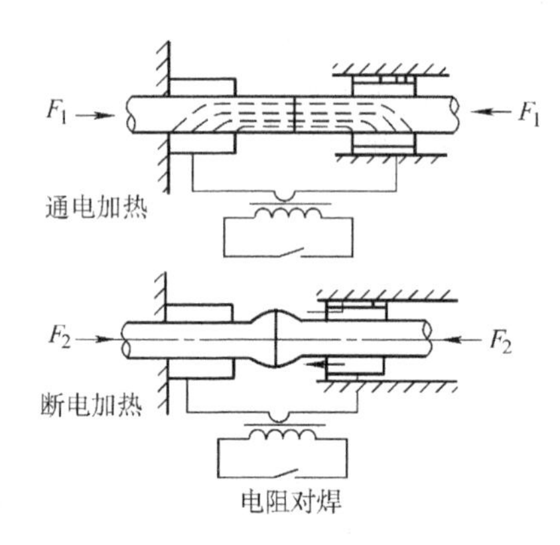电阻对焊
闪光对焊： 使母材的被焊端面呈微观局部的接触（轻微接触），在电阻热下使断面金属熔化并产生飞溅，形成连续闪光，直至端部在一定深度范围内达到熔融时，断电并迅速施加外力完成焊接 闪光对焊时，被焊表面的氧化物和杂质在闪光时一起飞溅出，因此接头中夹渣少，焊接质量好，接头强度高	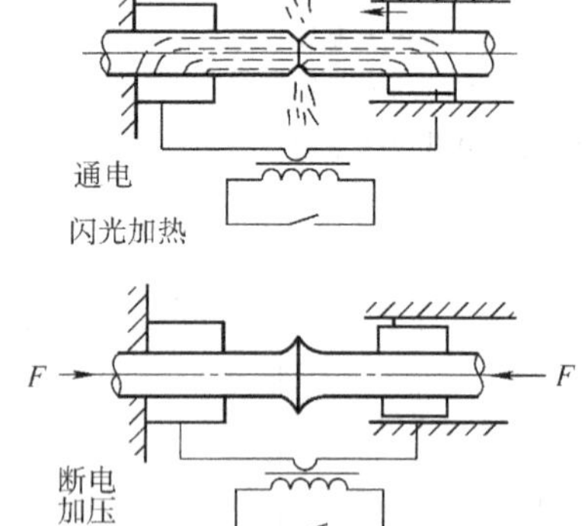闪光对焊
摩擦焊： 把焊件的焊接表面相互压紧并高速相对旋转，利用摩擦热使断面达到热塑性状态后，急速制动并加压来完成焊接	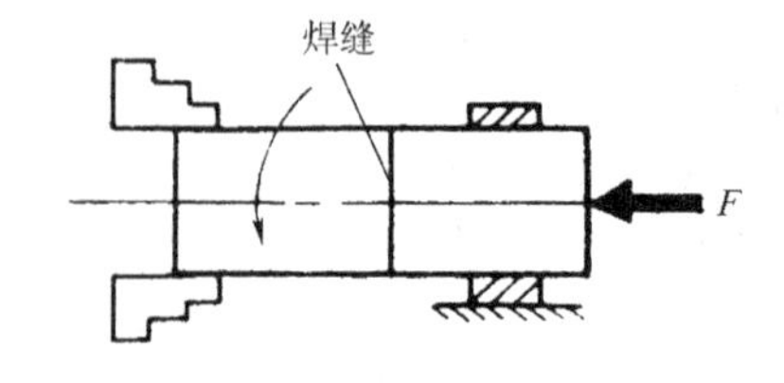

（续）

焊接方法简介	原理示意图
钎焊： 利用熔点比焊件低的钎料，钎焊时焊件不熔化，钎料熔化并润湿钎焊面，依靠钎料与母材金属原子间的相互扩散形成接头。钎剂在焊接时起着清洁焊接表面和清除氧化物的作用。根据钎料熔点和接头强度的不同，分硬钎焊和软钎焊	熔化的钎料

Ba、Fe 等金属氧化物和硅酸盐，具有化学成分均匀、焊剂颗粒强度大、不易吸收水分、可回收重复使用等优点。与熔炼焊剂相比，烧结焊剂具有渣壳薄、利于脱渣、焊剂的密度小、便于吸抽自动回收的优点。目前烧结焊剂的综合技术经济指标优于同类型的熔炼焊剂。

低温下（≤400℃）烧结焊剂称为粘结焊剂或陶质焊剂，这类焊剂易于向焊缝金属补充或添加合金元素。但颗粒强度较低，容易吸潮。

常见焊丝和焊剂的选配如表 4-5 所示。

表 4-5 常用碳钢、低合金钢和不锈钢埋弧焊焊丝和焊剂选用

所焊钢号	焊接材料	
	焊丝型号	焊剂型号
Q235、Q255 20、25、20g	H08A H08MnA	F4A2 F4A2
Q345、Q390	H10Mn2A H10Mn2MoA	F48A4 F48A4
Q420	H10Mn2NiMoCuA	F55A4
12CrMo、15CrMo	H08CrMoA H10CrMoA	F48A4
12CrMoV	H08CrMoVA	F48A4
12Cr18Ni9	H0Cr19Ni12Mo2	F308
022Cr19Ni10	H00Cr19Ni12Mo2	F316L
06Cr18Ni11Ti	H0Cr20Ni10Nb	F347
06Cr17Ni12Mo2	H0Cr19Ni12Mo2	F316

2）埋弧焊的工艺。埋弧焊前应严格检查坡口尺寸和接缝装配间隙是否符合要求。坡口表面和接缝区应去除氧化皮、锈斑和油污，以免产生气孔。

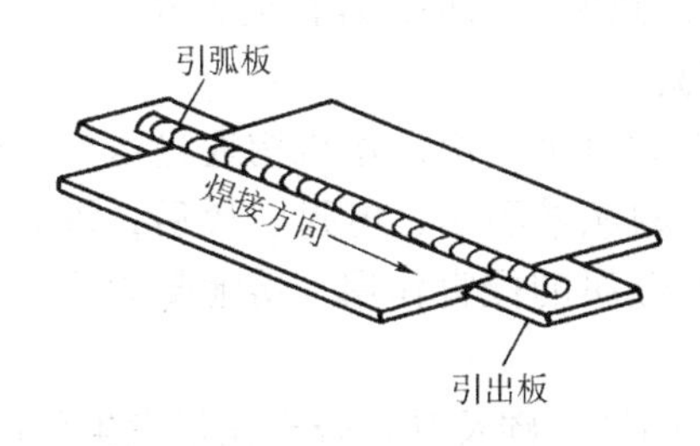

图 4-7 埋弧焊的引弧板和引出板

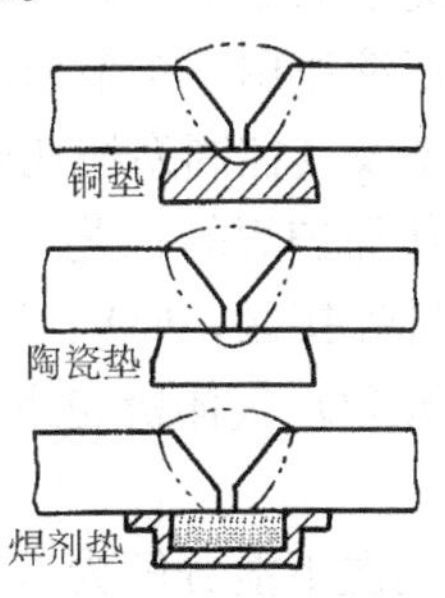

图 4-8 埋弧焊的衬垫

埋弧焊适用于长直焊缝或较大直径环形焊缝的焊接。当焊接20mm以下厚度焊件时，常采用单面焊接；当焊件厚度超过20mm时，可进行双面焊接，也可采用开坡口单面焊接。由于开始焊接时引弧处和断弧处质量不易保证，焊接前应在焊缝两端增加引弧板和引出板（见图4-7），焊后去除引弧板和引出板。

为了防止电流过大而烧穿焊件，在生产中常采用焊接衬垫进行保护，如图4-8所示。当焊接环形件的焊缝时，为获得良好的焊缝成形和适量的熔深，防止熔池金属的流失，应将焊丝位置逆向于焊件旋转方向偏移一定的距离，如图4-9所示，偏移量a的大小与筒体直径、焊接速度和焊接电流有关。

（2）埋弧焊的特点

1）埋弧焊的优点。由于焊接电流大，熔化深度较大，加上焊剂的覆盖减缓了散热，使熔化速度快，焊接效率高，20mm以下的厚板材可一次焊成。另外，焊缝金属的冶金时间相对较长，使焊缝金属中的气体和杂质易于析出，减少了焊缝的气孔和裂纹，提高了焊缝金属的力学性能。相对于焊条电弧焊，埋弧焊较为节约金属，节省焊接工时，其自动功能使焊接的电弧平稳，焊缝较为光滑美观。

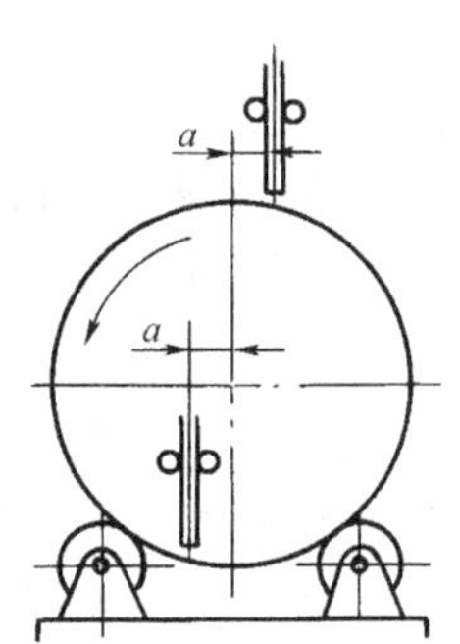

图4-9 环缝埋弧焊示意图

2）埋弧焊的缺点。埋弧焊只适用于平位焊接，不能进行立焊和仰焊。虽然可以进行较大直径环缝的焊接，但需要采取特殊施焊措施。焊接设备相对复杂，需要专门的焊机。由于焊接时需要预设轨道，因而对于较为复杂的焊缝不能焊接，也不能焊接狭小空间的焊缝。焊接电流较小时，会造成电弧不稳，故不适用于小电流的焊接。

2. 气体保护电弧焊的工艺与特点

（1）氩弧焊的工艺与特点

1）熔化极氩弧焊焊接时，焊丝以一定的速度自动送进，焊丝既作为电极，又作为填充金属不断熔化进入熔池，保护气体连续从喷嘴中喷出保护焊接区域，因而能获得优质的焊缝。熔化极氩弧焊焊接电流较大，常用于焊接较厚的焊件。

2）钨极氩弧焊用高熔点的钨或钨合金作为电极，焊丝作为填充金属。焊接时钨极与母材间产生电弧，焊嘴中喷出的保护气体对焊接区域进行保护。为减小电极损耗，焊接电流不宜太大，较为适于焊接厚度为0.5~6mm的薄板。

3）氩弧焊有以下特点：氩气是惰性气体，不与金属产生化学反应，适于各种金属的焊接保护，尤其是适于焊接Al、Mg等易氧化的金属。由于氩气在高温下不分解，气体对热量的吸收较少，因此电弧稳定，焊接时金属的飞溅少，表面无熔渣。焊接电弧为明弧，易于操作。电弧在气流压缩作用下扩散角较小，弧热集中，焊接热影响区小，焊接应力和变形小。

但氩弧焊设备及其控制系统比较复杂，焊接成本较高。

（2）CO_2气体保护焊的工艺与特点　它利用焊丝作为电极，由送丝机构通过送丝软管经导电嘴不断送进焊接区，CO_2气体从焊枪喷嘴以一定的流量喷出，电弧引燃后，焊丝端部、电弧及熔池被CO_2气体所包围，可防止空气对液态金属的侵害作用，熔池凝固后会形成焊缝。

由于CO_2在高温下能分解为CO和［O］，与熔池中的铁、碳及其他合金元素发生作用，会造成气孔和液态金属的飞溅，以及合金元素的烧损。

CO_2 气体保护焊的特点：

由于 CO_2 成本低于 Ar，因而焊接成本低于氩弧焊。由于焊接电流密度大，熔深大，电弧热量集中，焊接速度快，且焊后不需要清渣，故其焊接效率高。由于焊丝成分所致，焊接接头抗裂性好，裂纹倾向性小。在气体的吹力下，使弧热集中，焊接热影响区小，致使焊件变形小。焊接时为明弧，便于观察和操作。

但由于 CO_2 不如 Ar 稳定，所以保护性能不如氩弧焊。焊缝金属中的合金元素将产生一定程度的氧化烧损，且焊缝中容易产生气孔，焊缝表面有轻微熔渣，表面不够光滑。

CO_2 气体保护焊主要用于低碳钢和低合金高强度结构钢的焊接，如大型压力机的构架等。

3. 电阻焊的工艺与特点

（1）点焊和缝焊的工艺与特点　点焊和缝焊时，当焊成前一点后再焊接第二点时，已焊成的焊点会导通电流，出现分流现象，造成不必要的功率损耗。因此相邻两焊点的距离不应过小，点焊的最小点距见表4-6。缝焊时的分流现象严重，但可以获得密封性良好的容器，如汽油箱等。缝焊的板厚一般小于3mm。板厚过大，分流现象更为严重。点焊和缝焊均需要对被焊接处预先清除油、锈和毛刺，以保证顺利焊接。

表4-6　电阻点焊接头的最小点距

工件厚度/mm	结构钢的点距/mm	耐热合金的点距/mm	铝合金的点距/mm
0.5	10	8	15
1.0	12	10	15
1.5	14	12	20
2.0	16	14	25

（2）对焊的工艺和特点　电阻对焊和闪光对焊接头在力学性能方面有一定差别。闪光对焊时由于接触较轻微，呈微观局部接触，通电后产生金属熔化和飞溅，使接头处的金属较为纯净，并对被焊表面的清理要求不十分严格。电阻对焊时，被焊处金属表面必须进行严格的清理。由于闪光对焊时常产生金属的飞溅，造成焊缝表面出现较为严重的毛刺，往往需要进行专门清除。电阻对焊的焊缝表面较为平整。

电阻对焊和闪光对焊适用于两母材截面相近的焊接，如果两者截面差距较大，有时会给焊接带来一定困难。闪光对焊更为适用于焊接强度要求高的焊件，同时也适用于异种材料的互相焊接，如铜和铝、铝和铁的焊接等。

4. 电渣焊的工艺与特点

电渣焊时依靠焊丝的来回摆动，对厚板一次焊成。对于厚度特别大的板材焊接，可以使用多根焊丝分布排列，并同时摆动。由于焊接热量大，焊缝金属保持液态的时间长，金属液体中的气体和杂质能较充分析出。但由于焊接热量较大，散热较慢，使焊缝金属的晶粒粗大，焊接热影响区也较为宽大。因此，电渣焊的焊件必须通过焊后热处理来改善组织结构。电渣焊适于较厚大件的焊接，如锅炉、重型机械和船舶的部件等。

5. 等离子弧焊与切割的工艺与特点

等离子弧是由于电弧受到机械压缩效应、热压缩效应和磁压缩效应而形成的。电弧通过喷嘴通道喷出时，其截面受到了约束，通道对电弧产生压缩作用，称为机械压缩效应；由于水冷喷嘴使弧柱外层冷却，迫使带电粒子向弧柱中心移动，弧柱被进一步压缩，称为热压缩效应；定向运动的带电粒子流在弧柱中的运动可看成是无数根相互平行的载流导体，在弧柱电流本身产生的磁场作用下，产生的电磁力使弧柱又进一步被压缩，称为磁压缩效应。在以上三种效应的共同作用下，电弧的能量高度集中，并且电弧的扩散角大为减小，电弧的挺直度高，十分有利于高熔点材料的焊接和切割。

由于等离子弧挺直，使焊接电弧稳定，在 0.1A 电流时仍能稳定燃烧。因而穿透力强，除了能够焊接和切割厚大板材外，还可以焊接箔材。但等离子弧焊的焊接设备复杂，价格较高，气体流速高，消耗保护气体量大。另外，为了避免风对电弧的影响，等离子弧仅适用于室内条件下的焊接。

6. 摩擦焊的工艺与特点

摩擦焊的工艺方法如图 4-10 所示。

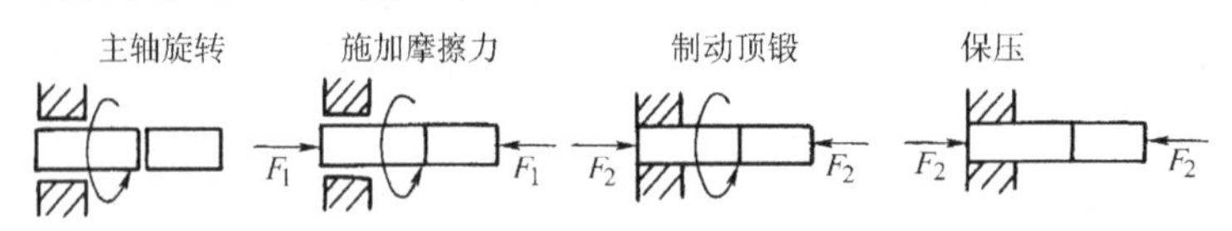

图 4-10 摩擦焊

摩擦焊的特点：

摩擦焊时，被焊接表面的氧化物和杂质在摩擦中被清除，焊接接头质量高。摩擦焊能对同、异种金属进行互焊。焊接中不产生电弧，节约能量。焊接时不需要焊剂或保护气体，操作相对简单。但对母材的接头截面的形状有一定要求，其接头形式如图 4-11 所示。

摩擦焊一般适用于锅炉炉体的管接头等重要焊件的焊接。

7. 钎焊的工艺和特点

钎焊时两母材间应保持一定的间隙，以利于钎剂和钎料的进入。钎剂和钎料的熔点均不能高于母材。钎剂和钎料有多种，常见的钎剂有松香、氯化物和硼砂等，钎料有焊锡、铜焊条和银焊条等。为了清除氧化物，必须将钎剂熔化于被焊接表面，氧化严重时则需要采用机械方法清除。另外，钎剂熔化后可以有效防止焊缝区的氧化。按焊接温度的高低，钎焊分为软钎焊和硬钎焊。焊接温度在450℃以下时为软钎焊，高于450℃为硬钎焊。一般的“锡焊”属于软钎焊，而“铜焊”则属于硬钎焊。

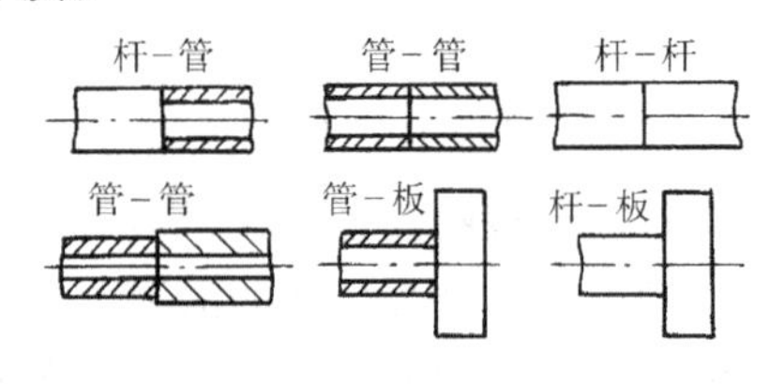

图 4-11 摩擦焊接头形式

钎焊接头的强度远不如熔焊，但母材不熔化，易于拆卸，适用于同种、异种金属的焊接，如电子器件、冰箱管路接口等。

第三节 常用金属材料的熔焊特点

一、金属的焊接性及其评价方法

1. 金属的焊接性

金属的焊接性包括两部分：其一为焊接时获得焊缝的优劣；其二为焊接接头使用的可靠性。焊接性是一个相对的概念，受到被焊接材料化学成分和焊接方法两方面的影响。若采用焊条电弧焊焊接 Al、Mg 材料时焊接性很差，而焊接低碳钢时焊接性良好；若采用氩弧焊焊接 Al、Mg 材料时焊接性良好。

2. 焊接性的评价方法

常用的焊接性评价方法有碳当量估算评价法和试验评价法。

（1）碳当量估算评价法　为了便于评价碳和合金元素对钢材焊接性的影响，将碳以外的合金元素对焊接性的影响折算成碳对焊接性影响的方法，称为碳当量法。碳当量用符号“w_{CE}”表示，作为材料焊接性能的判断依据。国际焊接学会推荐碳钢和低合金高强度结构钢的碳当量计算公式为：

$$w_{CE} = \left(w_C + \frac{w_{Mn}}{6} + \frac{w_{Cr} + w_{Mo} + w_V}{5} + \frac{w_{Ni} + w_{Cu}}{15}\right) \times 100\%$$

式中，各元素的含量均取其成分范围的上限。

一般情况下，碳当量愈高，钢材的塑性愈差，焊接时愈易于出现较大的焊接应力，焊接性愈差。

$w_{CE} < 0.4\%$ 时，钢材具有良好的塑性，钢的热影响区淬硬倾向和冷裂倾向小，焊接性良好，常规的焊接条件不需要预热。

$w_{CE} = 0.4\% \sim 0.6\%$ 时，钢材的塑性下降，淬硬倾向明显，焊接性能较差。焊前要进行预热，焊后缓慢冷却，防止裂纹的产生。

$w_{CE} > 0.6\%$ 时，钢材的塑性较低，淬硬和冷裂倾向严重，焊接性很差。焊前应采用较高的温度预热，焊后缓冷和焊后热处理，并采用抗裂性能较好的碱性焊条等较为严格的工艺措施。

（2）试验评价法　试验评价法是对金属进行实际焊接的试验，主要是通过试件的抗裂性能试验来评定金属的焊接性。试验金属试件的大小尺寸和试验规范需按国家标准进行选择。

二、碳钢的焊接

1. 低碳钢的焊接

低碳钢的塑性好，焊接应力小，焊后不易出现变形和开裂，可适用于各种焊接方法，焊接性优良。最为常用的焊接方法为焊条电弧焊、埋弧焊和电阻焊等。当环境温度较低或构件的刚度较大时，为了减小焊接应力，应焊前预热。重要的构件焊后应进行去应力退火。

2. 中碳钢的焊接

中碳钢焊接性较低，产生淬硬组织和开裂的倾向较为明显，热裂纹倾向也较大，且焊接接头的塑性和疲劳强度均较差。一般应对焊件进行焊前预热，焊后缓冷，以降低热影响区的淬硬倾向，改善焊接接头的塑性，减少残余应力，一般采用低氢焊条来保证焊缝质量。焊接完毕应进行热处理以消除应力，防止出现焊接冷裂纹。

3. 高碳钢的焊接

高碳钢的焊接特点与中碳钢基本相似，但其塑性更低，焊接应力更大，焊接性更差。焊前必须预热到较高的温度，焊后缓冷。可选用低氢型焊条，减少焊接应力，以保证焊缝质量。

三、合金结构钢的焊接

1. 合金结构钢的焊接特点

由于合金结构钢中的合金元素对焊接热影响区的组织结构会产生影响，如冷却时奥氏体可能转变为马氏体，致使焊缝的脆性增加，增大了焊缝开裂的倾向。但是合金钢的种类繁多，性能各异，其中低碳低合金结构钢的塑性较好，焊接性与低碳钢相近，易于获得优质可靠的焊缝。一般情况下 $\sigma_s \leqslant 400$MPa 时焊接性良好；$\sigma_s > 400$MPa 后由于塑性逐步变差，并有较为明显的淬硬倾向，易于出现开裂，故焊接性差。

2. 合金结构钢的焊接工艺措施

对于 $\sigma_s > 400$MPa 合金结构钢的焊接，为了减少焊接应力和减少淬硬组织，以减少变形和开裂倾向，焊接时应采用低氢型焊条，且必须进行焊前预热、焊后缓冷和焊后热处理来改善焊缝的组织结构。

对于 $\sigma_s \leqslant 400$MPa 的低碳低合金结构钢，由于不易出现淬硬组织，一般可以不进行焊前预热和焊后缓冷。

四、不锈耐蚀钢的焊接

不锈耐蚀钢的种类很多，按其组织特点可分为马氏体不锈钢、铁素体不锈钢、奥氏体不锈钢、双相（主要指铁素体和奥氏体）不锈钢等。生产中常用的是奥氏体不锈钢，如12Cr18Ni9，其焊接性能良好，焊接时常采用焊条电弧焊和钨极氩弧焊，也可使用埋弧焊。焊条电弧焊时，应选用与母材化学成分相同的焊条；氩弧焊或埋弧焊时，所选用的焊丝应能保证焊缝的化学成分与母材相同。

奥氏体不锈钢焊接的主要问题是晶间腐蚀、脆化和热裂纹。由于不锈钢焊缝金属和热影响区在经450～850℃保温一定时间后，在晶间析出铬的碳化物，引起晶界附近铬的含量下降，形成贫铬区，使得焊接接头失去耐蚀能力，当接触腐蚀介质时，会产生晶间腐蚀。因此，可通过合理选择母材和焊接材料，采用小电流、快速焊、多道焊和强制快冷等工艺措施，来防止晶界腐蚀。热裂纹是由于在晶界处容易形成低熔点的硫、磷等共晶体，且不锈钢本身的热导率小，约为低碳钢的1/3，而线膨胀系数大，约比低碳钢大50%，故在焊接时容易形成较大的拉应力。焊接时，应选用碱性低氢型焊条，严格控制硫、磷等杂质的含量；采用小电流、高速焊、焊条不摆动等工艺来防止裂纹的产生。

第四节　焊件的选材原则和结构工艺性

一、焊件的选材原则

1. 尽量选用焊接性好的材料

在一般情况下，低碳钢和低碳低合金结构钢的塑性较高，碳当量低，适用于各种焊接方法，如各种熔焊和压焊等。因此，焊接应尽量选用该类材料。

2. 辅助工艺的可行性

当选用中高碳钢和 $\sigma_s > 400$MPa 的合金结构钢时，由于焊接性差，必须采取焊前预热和焊后缓冷等辅助工艺措施。此时必须考虑执行辅助工艺措施的可行性，如应考虑大型构件焊接时有无预热和缓冷等条件。

3. 注意材料与焊接方法的匹配性

有些材料在焊接时十分易于氧化，如 Al、Mg 等材料，焊接时需要采用氩弧焊的方法。在选择该类材料时，应注意焊接方法的适应性。

4. 尽量不选用异种材料相互焊接

焊接材料的不一致，使焊接工艺变得复杂，因此应尽量不采用异种材料的互相焊接。若必须使用异种材料焊接时，应尽量选择熔点、力学性能和抗氧化性能差距较小的材料。

二、焊件的结构工艺性

1. 焊缝的合理选择

（1）尽量平焊　按焊缝在空间的位置不同，焊缝分为平焊、横焊、立焊和仰焊四种类型，如图 4-12 所示。其中平焊操作方便，质量易于保证，故生产中尽量使焊缝处于平焊位置。

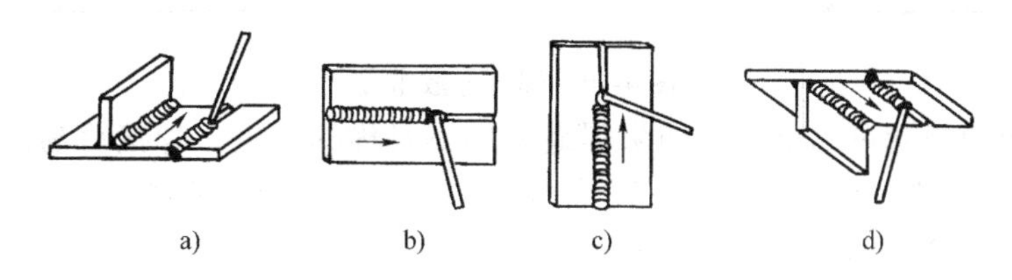

图 4-12　焊接位置

a）平焊　b）横焊　c）立焊　d）仰焊

（2）尽量减少焊缝的数量　设计焊接结构时，应多采用工字钢、槽钢、角钢和钢管等型材，形状复杂的部分也可选用冲压件、锻件和铸钢件，以减少焊缝数量，降低结构质量，简化焊接工艺，减少应力和变形，增加构件的强度和刚度。图 4-13 是合理选材与减少焊缝数量的几个示例。

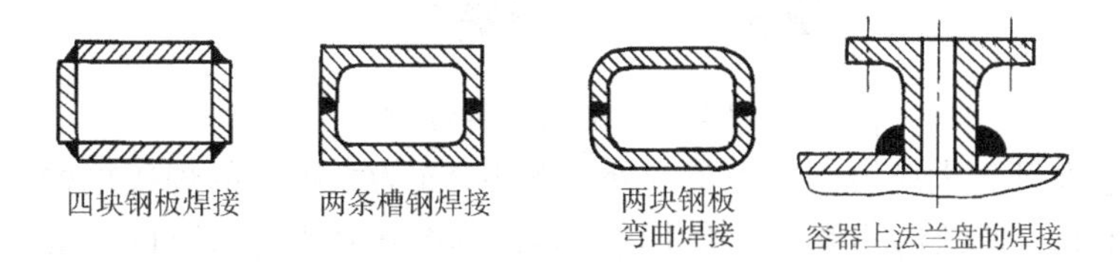

图 4-13　合理选材与减少焊缝数量

（3）焊缝位置应便于操作　焊条电弧焊时，应考虑有足够的焊接操作空间，满足焊接操作空间的需要，如图 4-14 所示。电阻点焊或缝焊时，应留出电极方便深入的空间位置，如图 4-15 所示。

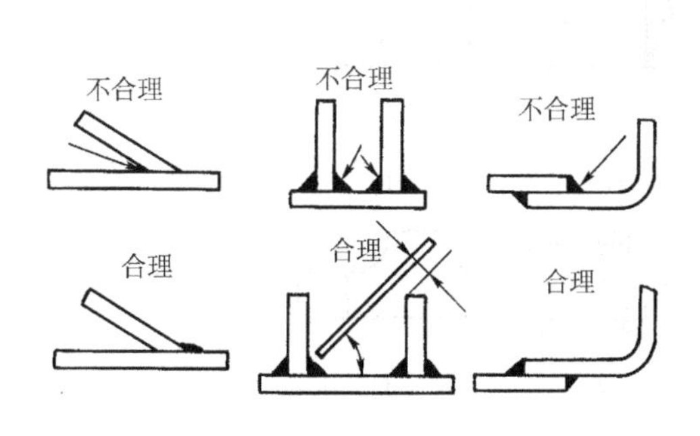

图 4-14　焊条电弧焊的焊缝位置

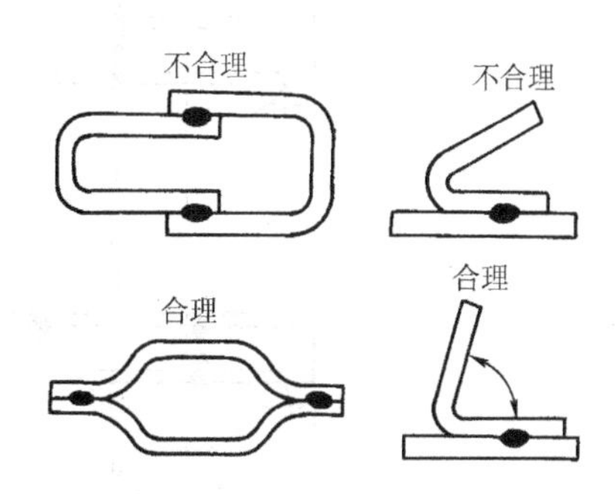

图 4-15　电阻点焊或缝焊的焊缝位置

（4）避免密集和交叉的焊缝　焊缝的密集和交叉会使焊接接头处严重过热，使热影响区变宽，组织粗大，并使焊接应力增大。因此，焊缝要避免密集和交叉，如图 4-16 所示。

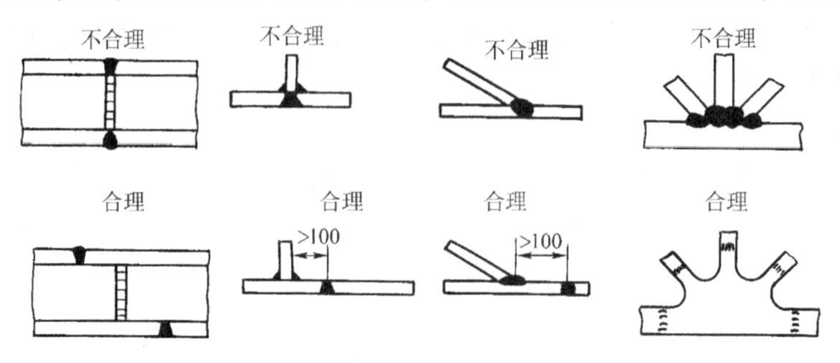

图 4-16　焊缝分散布置

（5）尽可能使焊缝对称布置　如果焊缝采用不对称的布置，焊接后易产生变形。如果焊缝对称布置，各条焊缝产生的焊接变形能够在一定程度上相互抵消，因此焊后不会发生明显的变形，如图 4-17 所示。

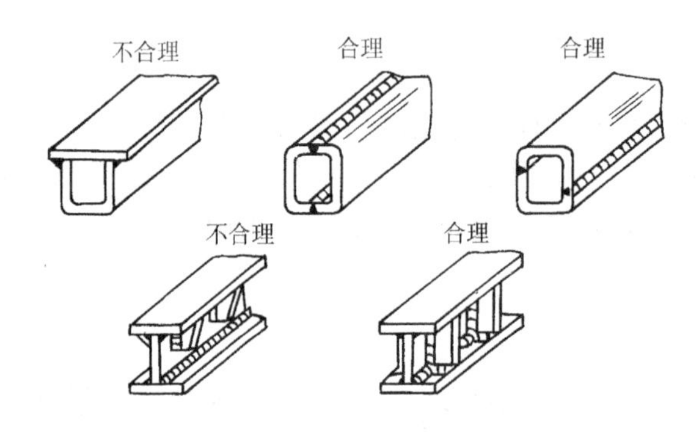

图 4-17　焊缝的对称布置

（6）焊缝应避开最大应力与应力集中处　图 4-18a 为大跨度的焊接钢梁，焊缝布置在应力最大的跨度中间，使结构的承载能力下降。若改为图 4-18d 所示结构，虽只增加了一条焊缝，但改善了焊缝的受力情况，使梁的承载能力提高。压力容器应使焊缝避开应力集中的转角位置，如图 4-18b 和 e 所示。构件截面有急剧变化的位置或尖锐角部位，易产生应力集中，应避免布置焊缝，如图 4-18c 和 f 所示。

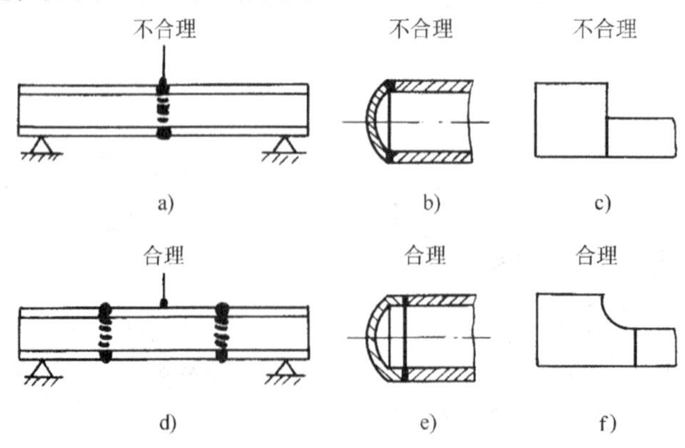

图 4-18　焊缝应避开最大应力与应力集中处的布置

（7）焊缝应尽量避开机械加工表面　若焊接结构在某些部位有较高的精度要求，需要进行机械加工，其焊缝位置应尽可能远离加工表面，如图 4-19 所示。

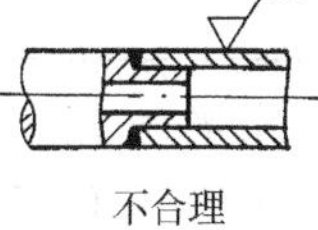

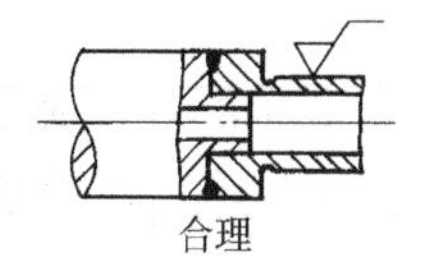

图 4-19　焊缝应避开机械加工面

（8）焊缝转角处应平滑过渡　焊缝转角处易产生应力集中，尤其尖角更为严重，故应平滑过渡。

2. 焊接接头形式的选择

常见的焊接接头形式有对接接头、搭接接头、角接接头和 T 形接头，如图 4-20 所示。

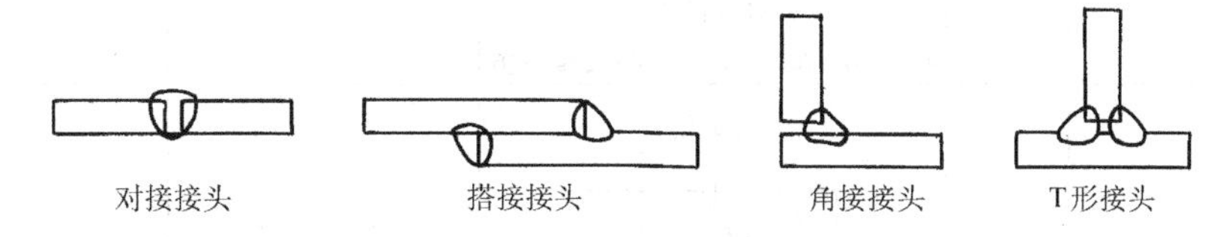

图 4-20　焊接接头形式

3. 焊接坡口形式的选择

焊条电弧焊常见的坡口形式有：I 形坡口、X 形坡口、带钝边的 U 形坡口、V 形坡口及单边 V 形坡口、K 形坡口、J 形坡口等，具体见表 4-7。

表 4-7　焊条电弧焊常用的焊缝坡口基本形式与标注方法

（摘自 GB/T 3375—1994、GB 985—1988、GB/T 324—2008）

焊件厚度 δ/mm	坡口形式	符号	接头形式、坡口尺寸/mm	简图与焊缝形式	标注方法
$3<\delta\leqslant8$	I 形坡口	‖	b；δ；对接接头 $b\approx\delta$	对接焊缝	b　b
$\leqslant8$			对接双面焊缝 $b\approx\delta/2$	对接焊缝双面焊	b
$\leqslant15$			$b=0$		
$5<\delta\leqslant40$	V 形坡口（带钝边）	Y	α；p；δ；b；对接接头 $\alpha=60°$；$1\leqslant b\leqslant4$；$2\leqslant p\leqslant4$	对接焊缝	p $\alpha.b$　p $\alpha.b$
>10			$\alpha=40°\sim60°$，$l\leqslant b\leqslant4$；$2\leqslant p\leqslant4$	对接焊缝，有根部焊道	$\alpha.b$ p　p $\alpha.b$
>12	U 形坡口		β；p；R；δ；b；对接接头 $8°\leqslant\beta\leqslant12°$；$b\leqslant4$；$p\leqslant3$；$R\approx6$	对接焊缝	$\beta.b$ $p.R$　$p.R$ $\beta.b$

（续）

焊件厚度δ/mm	坡口形式	符号	接头形式、坡口尺寸/mm	简图与焊缝形式	标注方法
>10	双V形坡口（带钝边）	 X	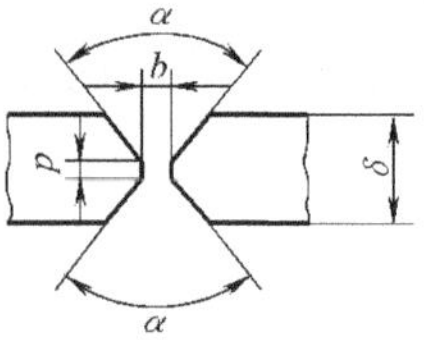 对接接头 40°≤α≤60°；1≤b≤4；2≤p≤6	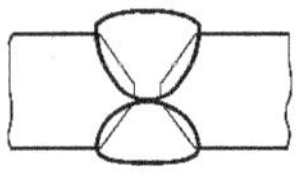 对接焊缝	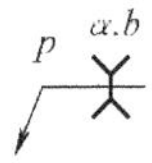 p α.b
≥30	双U形坡口		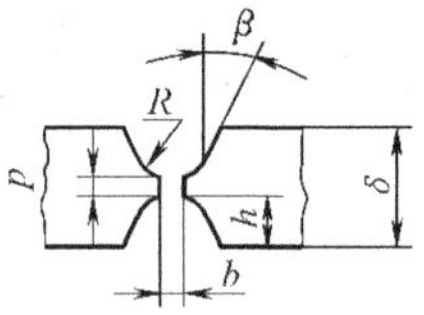 对接接头 8°≤β≤12°；b≤3；p≈3； h=(δ-p)/2；R≈6	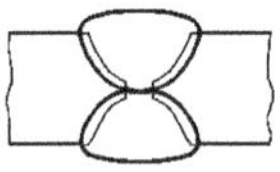 对接焊缝	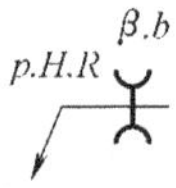 p.H.R β.b
3<δ≤10	V形坡口	V	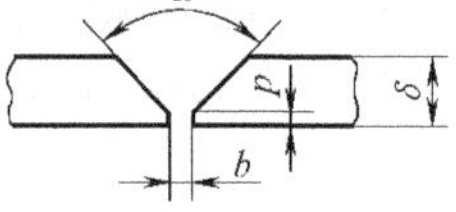 对接接头 40°≤α≤60°；b≤4；p≤2	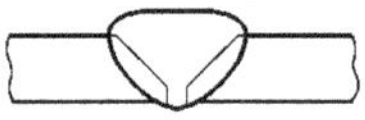 对接焊缝	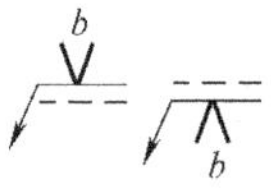 b b
8<δ≤12			角接接头 6°≤α≤8°；p≤2		
3<δ≤10	单边V形坡口	V	T形接头 β=40°~50°；b=0~2；p=0~3	对接和角接组合的焊缝	p β.b p β.b
			T形接头 β=40°~50°；b=0~2；p=0~3	对接焊缝	
>10	K形坡口	K	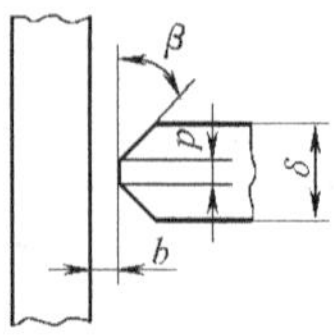 T形接头 35°≤β≤60°；1≤b≤4；p≤2	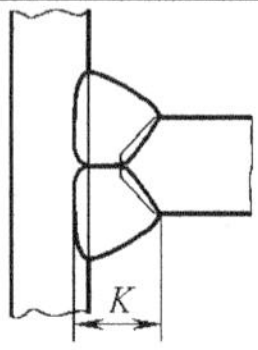 对接和角接的组合焊缝	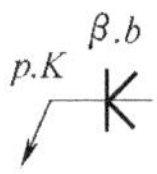 p.K β.b

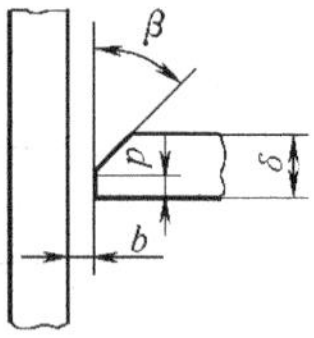

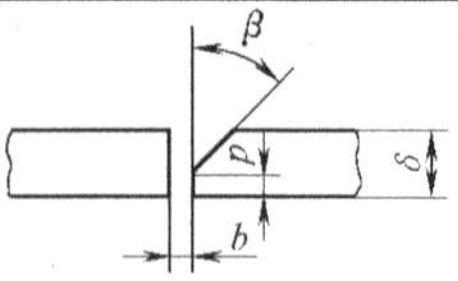

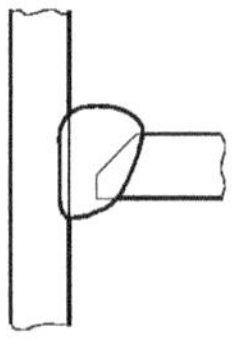

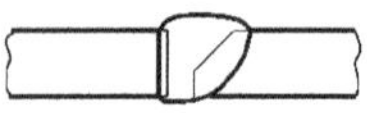

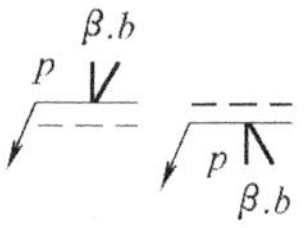

用焊条电弧焊焊接板厚6mm以下的对接焊缝时，一般可用I形坡口直接焊接，重要结构当板厚大于3mm时就要开坡口。板厚在6～26mm时，常开Y形、V形坡口，单面焊接，其焊接性较好，但焊后角变形大，焊条消耗量也大；板厚在12～60mm时，常开带钝边的X形坡口，进行双面施焊，焊缝受热均匀，变形较小，焊条消耗量也少，但有时因为结构限制而难以实现双面焊接。带钝边的U形坡口根部较宽，允许焊条深入，容易焊透，且坡口角度小，焊条消耗量少；但因坡口形状复杂，主要用于重要的受动载的厚板焊接结构。K形坡口主要用于T形接头和角接接头的焊接结构。

4. 厚、薄板的对接要有过渡

当板厚不同的材料焊接在一起时，由于两者的熔化先后不同，易于造成母材的焊接不均匀，影响焊缝质量。另外，焊件接头处的截面突然变化，也会造成应力集中。因此，对厚度较大一侧的板，应进行一定的加工，使其有一定的斜坡过渡，使对接处的板厚基本趋于一致。

三、焊接方法的选择

焊接方法的选择主要依据材料的焊接性、焊件的结构形式、焊接位置、壁厚、生产批量等因素，应结合各种焊接方法的工艺特点、应用范围和生产率等，选择工艺简便、接头质量好、生产率高和成本低廉的焊接方法。常用的焊接方法见表4-8。

表4-8　常用焊接方法

焊接方法	焊接热源	主要接头形式	焊接位置	钢板厚度 δ/mm	被焊材料	生产率	应用范围
焊条电弧焊	电弧热	对接、搭接、T形接、卷边接	全位焊	3～20	碳钢、低合金钢、铸铁、铜及铜合金	中等偏高	要求在静止、冲击、或振动载荷下工作的机件，补焊铸铁件缺陷和损坏的机件
气焊	氧-乙炔火焰热	对接、卷边接	全位焊	0.5～3	碳钢、低合金钢、耐热钢、铸铁、铜及铜合金、铝及铝合金	低	要求耐热、致密、受静载荷、受力不大的薄板结构、补焊铸铁件和损坏的机件
埋弧焊	电弧热	对接、搭接、T形接	平焊	4.5～60	碳钢、低合金钢、铜及铜合金	高	在各种载荷下工作，成批生产、中厚板长直焊缝和较大直径环缝
氩弧焊	电弧热	对接、搭接、T形接	全位焊	0.5～25	铝、铜、镁、钛及钛合金，耐热钢，不锈耐蚀钢	中等偏高	要求致密、耐蚀、耐热的焊件
CO_2气体保护焊	电弧热	对接、搭接、T形接	全位焊	0.8～25	碳钢、低合金钢、不锈耐蚀钢	很高	要求致密、耐蚀、耐热的焊件
电渣焊	熔渣电阻热	对接	立焊	40～450	碳钢、低合金钢、不锈耐蚀钢、铸铁	很高	一般用来焊接大厚度的铸、锻件
等离子弧焊	压缩电弧热	对接	全位焊	0.025～12	不锈耐蚀钢、耐热钢、铜、镍、钛及钛合金	中等偏高	用一般焊接方法难以焊接的金属及合金

（续）

焊接方法	焊接热源	主要接头形式	焊接位置	钢板厚度 δ/mm	被焊材料	生产率	应用范围
对焊	电阻热	对接	平焊	≤20	碳钢、低合金钢、不锈耐蚀钢、铝及铝合金	很高	焊接杆状零件
点焊	电阻热	搭接	全位焊	0.5～3	碳钢、低合金钢、不锈耐蚀钢、铝及铝合金	很高	焊接薄板壳体
缝焊	电阻热	搭接	平焊	<3	碳钢、低合金钢、不锈耐蚀钢、铝及铝合金	很高	焊接薄壁容器和管道
钎焊	各种热源	搭接、套接	平焊	—	碳钢、合金钢、铸铁、铜及铜合金	高（机械）低（手工）	用其他方法难以焊接的焊件，以及对强度要求不高的焊件

复习与思考题

1. 焊接方法可分为哪几类？各有何特点？

2. 焊接冶金过程的特点是什么？焊条的药皮和焊剂在焊接过程中起什么作用？

3. 什么是热影响区？它包括哪几个区域？以低碳钢为例分析各区域的组织和性能。

4. 焊接应力和变形产生的原因是什么？消除的办法有哪些？

5. 图4-21所示大块钢板拼接的焊缝布置是否合理？为减少焊接应力和变形，焊缝应如何布置？并说出合理的焊接顺序？

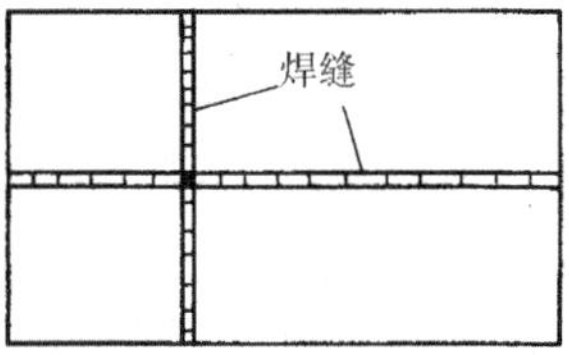

焊缝

图4-21　钢板拼接

6. 为何会产生焊接裂纹？如何防止裂纹的产生？

7. 埋弧焊与焊条电弧焊相比有何特点？其应用范围如何？

8. 氩弧焊与 CO_2 气体保护焊相比，其特点有何异同？各自的应用范围如何？

9. 为防止合金结构钢焊后产生裂纹，应采取哪些措施？

10. 常用的压焊方法有哪些？各有何特点？应用范围如何？

11. 电阻对焊和摩擦焊的焊接过程有何异同？应用范围各又如何？

12. 为下列产品选择合理的焊接方法。

轿车车身表面覆板、钢窗、钢轨对接、铝合金板焊接容器、不锈钢楼梯扶手、汽车油箱、硬质合金刀头与45钢刀杆、自行车轮圈。

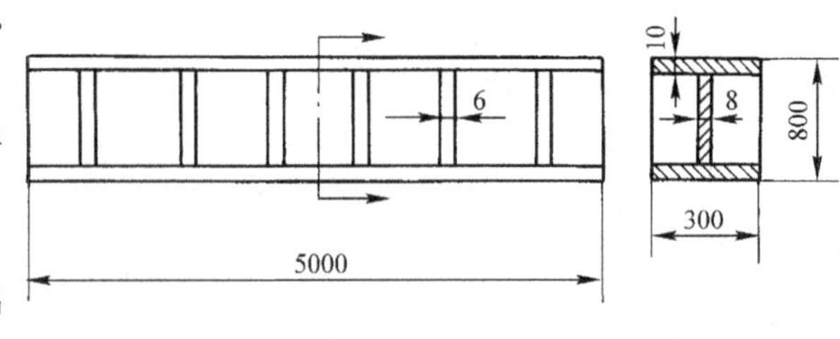

图4-22　焊接梁

13. 焊缝布置的一般原则是什么？

14. 焊接梁（尺寸见图4-22）材料为20钢，钢板的最大长度2500mm。请确定腹板和上、下翼板的焊缝位置，选择焊接方法，画出各条焊缝接头形式，并制订装配和焊接次序。

第五章　切削加工成形

切削加工是利用刀具切除坯料上多余材料，获得零件的加工过程。通过切削加工，可以获得平面、圆柱面、圆锥面、螺旋面及成形面等结构。在整个零件的生产过程中，切削加工所占的工时超过50%。因此，零件的切削加工成形具有重要地位。

第一节　概　　述

一、切削加工的质量

零件切削加工的质量主要由加工精度和表面粗糙度来衡量。

1. 加工精度

加工精度就是指零件加工后的实际几何参数与理想几何参数的相符合程度。两者的差距愈小，加工精度愈高。在一般情况下，加工精度包括尺寸精度、形状精度和位置精度。

（1）尺寸精度　尺寸精度是指零件被加工后的理想尺寸和实际尺寸的相符合程度。零件的精度等级由国家标准精度等级（GB/T 1800.3—1998）确定。标准精度等级为IT01、IT0、IT1、IT2、…、IT18共20个等级，等级的数字愈大，零件的精度等级愈低，零件允许的加工误差愈大。其中IT5～IT6用于精密零件的加工；IT6～IT7用于较精密零件的加工；IT8～IT9为中等精度用于一般零件的加工；IT10～IT13用于精度要求不高零件的加工。

（2）形状精度　形状精度是指零件的实际形状的与理想形状的差距，例如零件平面的平面度、零件圆柱面的圆柱度等。

（3）位置精度　位置精度是指零件表面之间或轴线之间的实际位置与理想位置的差距，例如两平面之间的平行度等。

对于精度要求高的零件，应分别要求一定的尺寸精度、形状精度和位置精度。对于一般零件，大多只要求尺寸精度。在实际生产中，采用常规的生产设备和常规的生产技术能够达到的精度称为经济精度。

2. 表面粗糙度

零件表面微观上凸凹不平的峰值与谷底造成的不平整程度称为表面粗糙度。零件表面粗糙度值愈小，愈耐磨和耐腐蚀，愈有利于配合关系。表面粗糙度由轮廓算术平均偏差 *Ra* 值（GB/T 1031—1995）来确定，*Ra* 值愈大，零件的表面愈粗糙。表5-1列出了不同加工方法的 *Ra* 值。

表5-1　各种加工方法所能达到的表面粗糙度

加　工　方　法	*Ra*/μm	表　面　特　征
粗车、粗铣、粗刨、粗镗、粗锉、钻、扩	50～100	明显可见刀痕
	25	可见刀痕
	12.5	微见刀痕

（续）

加　工　方　法	$Ra/\mu m$	表　面　特　征
半精车、精车、半精铣、精铣、半精刨、精刨、半精镗、精镗、锉、拉、半精铰、粗磨	6.3	可见加工痕迹
	3.2	微见加工痕迹
	1.6	不见加工痕迹
精细车、精铰、精磨、刮、金刚石刀镗、珩磨、精拉	0.8	可见加工痕迹方向
	0.4	微辨加工痕迹方向
	0.2	不辨加工痕迹方向
研磨、超精磨、镜面加工、精密抛光	0.1	暗光泽面
	0.05	亮光泽面
	0.025	镜状光泽面
	0.012～0.008	雾状镜面、镜面

二、切削运动

在机床上切削工件时，刀具与工件之间必须形成相对运动才能实现切削，这种运动称为切削运动。在切削运动中形成了工件的已加工表面、待加工表面和过渡表面（加工表面），如图 5-1 所示。

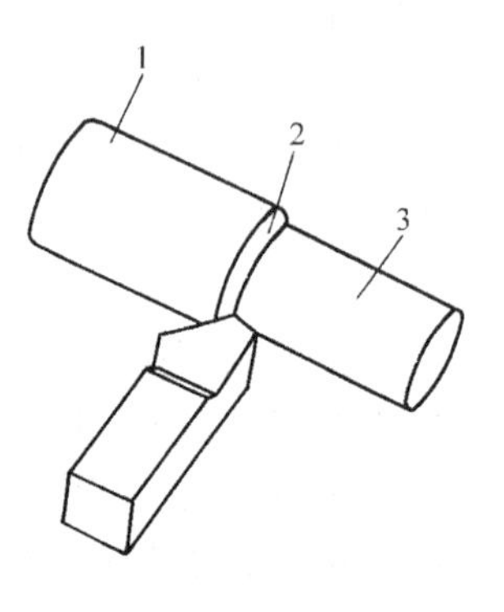

图 5-1　切削各表面
1—待加工表面
2—加工表面
3—已加工表面

1. 主运动

使工件和刀具产生相对运动以进行切削的最基本运动称为主运动。例如车削外圆时工件的旋转运动和铣削平面时铣刀的旋转运动都是主运动。主运动的形式可以是旋转运动或者是直线运动，但在切削加工中主运动通常只有一个。

2. 进给运动

使刀具不断投入切削的运动称为进给运动，如外圆车削时车刀的纵向直线运动和刨削平面时工件的间歇直线运动都是进给运动。进给运动可能不止一个，运动形式可以是直线运动、旋转运动或者是两者的组合。

三、切削用量

切削用量是切削过程中最基本的操作参数，包括切削速度 v_c、进给量 f 和背吃刀量 a_p。其数值的大小反映了切削运动的快慢以及刀具切入工件的深浅。

1. 切削速度

切削速度是指在切削过程中，切削刃上的某切削点相对于工件主运动的速度。切削刃上各点的切削速度可能是不同的，如工件作旋转运动时，切削速度是指最大直径处的线速度。

$$v_c = \frac{\pi d n}{1000}$$

式中，v_c 为切削速度，单位为 m/s 或 m/min；d 为工件或刀具的最大直径，其单位为 mm；n 为工件或刀具的转速，其单位为 r/s 或 r/min。

若主运动为工件的往复直线运动，则常以往复运动的平均速度作为切削速度，计算如下：

$$v_c = \frac{2Ln}{1000}$$

式中，v_c 为切削速度，单位为 m/s 或 m/min；L 为往复运动的行程，其单位为 mm；n 为主运动每秒或每分钟的往复次数，其单位为 str/s 或 str/min。

2. 进给量

刀具在进给方向上相对于工件单位时间的位移量称之为进给量。不同的加工方法，由于切削运动的形式不同，进给量的表达方式也不相同，可以用刀具或工件每转或每行程的位移量来表示进给量。例如车削外圆时，工件每转一转车刀沿工件轴线方向移动的距离即为进给量，单位为 mm/r；牛头刨床刨平面时，刀具每往复一次，工件移动的距离即为进给量，单位为 mm/str；铣平面时，铣刀每进一齿或转一转或运行 1min，工件沿进给方向移动的距离分别称为每齿进给量（mm/z）、每转进给量（mm/r）和每分钟进给量（mm/min）。

3. 背吃刀量

待加工表面和已加工表面的垂直距离，称为刀具切削时的背吃刀量，以 a_p 表示。即

$$a_p = \frac{d_w - d_m}{2}$$

式中，a_p 为背吃刀量，单位为 mm；d_w 为待加工表面直径，其单位为 mm；d_m 为已加工表面直径，其单位为 mm。

第二节　切 削 刀 具

刀具是切削加工必不可少的工具，它由切削部分和夹持部分组成。刀具切削性能的优劣，主要取决于切削部分的材料和几何角度。

一、刀具材料

1. 对刀具材料的基本要求

刀具材料是指切削部分的材料，它的工作温度高，经受的切削力大，并承受冲击、振动和摩擦。因此，作为刀具材料应满足下列要求：

1）刀具的硬度必须高于工件的硬度，一般在 60HRC 以上。

2）有足够的强度和韧性，以承受切削力和切削时的冲击。

3）有高的耐磨性，以抵抗切削过程中的磨损，保持一定的刀具寿命。

4）有高的热硬性，以便在高温下保持较高的硬度和耐磨性。

5）有较好的导热性、抗粘结性及工艺性能。

上述几项性能之间可能存在着矛盾，目前尚没有一种材料可全部满足上述要求。因此，需要了解常用的刀具材料与性能特点，合理地进行选择与使用。

2. 常用刀具材料

目前切削加工中常用的刀具材料有碳素工具钢、合金工具钢、高速钢、硬质合金和陶瓷材料等。

（1）碳素工具钢　常见碳素工具钢的 w_C 为 0.65% ~1.3%，钢号有 T7、T8、T10、T12 等。其淬火硬度可达 60 ~66HRC，刃磨锋利，价格低廉，但热硬性差，在 200 ~250℃时硬度明显下降，允许采用的切削速度为 8 ~10m/min。该类钢材的淬透性差，淬火变形较大，

因而只用于制造手工使用的刀具，如锯条、锉刀或低速及小进给量的机用刀具。

（2）合金工具钢 合金钢通常含有 Si、Mn、Mo、W、V 等合金元素，w_C 为 0.85% ~ 1.5%，常用合金工具钢有 9SiCr、CrWMn 等。与碳素工具钢相比，合金工具钢有较好的耐磨性和韧性，热处理变形小，在 300℃左右可以保持高的硬度，淬火硬度达到 60 ~ 66HRC，允许采用的切削速度为 10 ~ 12m/min，一般用于制造切削速度不高的刀具，如丝锥、板牙、铰刀等。

（3）高速钢 高速工具钢含有钨、铬、钼、钒等合金元素，常用牌号为 W18Cr4V 和 W6Mo5Cr4V2。高速钢的耐磨性和热硬性比普通工具钢有显著的提高，保持高硬度的温度可达 500 ~ 650℃，允许的切削速度在 40m/min 左右。与硬质合金相比，高速钢抗弯强度、冲击韧度较高，工艺性能和热处理性能较好，刃磨锋利，是应用最为广泛的刀具材料之一。许多刀具都可以用高速钢来制造，尤其适于形状复杂的刀具如钻头、铰刀、铣刀、拉刀及齿轮刀具等。

（4）硬质合金 硬质合金主要是由 WC、TiC 经粉末冶金烧结而成，硬度高达 89 ~ 94HRA，相当于 74 ~ 82HRC，最高能耐 850 ~ 1000℃ 的高温，允许切削速度高达 100 ~ 300m/min。但它的抗弯强度较低，承受冲击能力较差，刃口不如高速钢锋利。为了改善硬质合金的性能，近年来又研制出了超细晶粒硬质合金和表面涂层硬质合金。

（5）其他刀具材料 陶瓷材料的刀具硬度高达 91 ~ 95HRA，在 1200℃下仍可进行切削加工，抗粘结性好，但抗弯强度和冲击韧度很差，对冲击十分敏感，只适合于较为特殊的场合使用。

二、刀具的几何形状

刀具是切削加工中影响生产效率、加工质量及成本的重要因素之一。刀具的种类繁多，有单刃刀具、多刃刀具、成形刀具等，图 5-2 给出几种常见的刀具形式。

1. 车刀的组成

车刀由刀头与刀杆两部分组成，刀头为切削部分，结构如图 5-3 所示。刀头的构造如下：

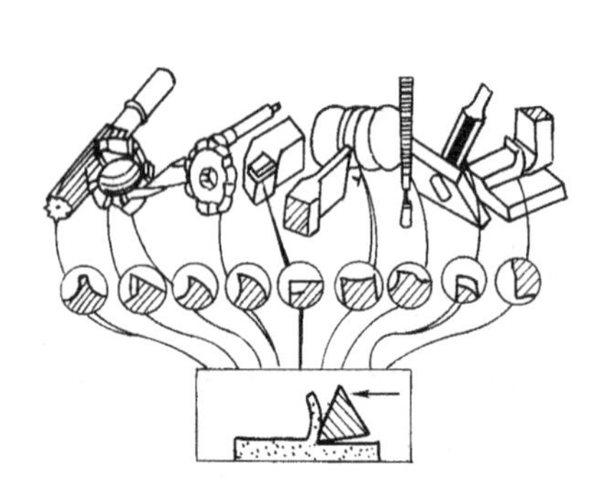

图 5-2 刀具的常见形式

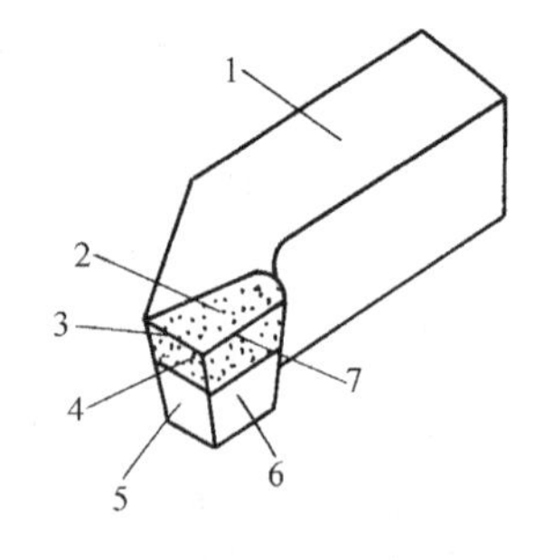

图 5-3 车刀的几何结构

1—刀杆 2—前刀面 3—副切削刃 4—刀尖 5—副后刀面 6—主后刀面 7—主切削刃

（1）前刀面 刀头上切屑流过的表面。

（2）主后刀面 与工件上切削表面相对的面。

（3）副后刀面 与已加工表面相对的面。

（4）主切削刃 前刀面与主后刀面的交线。

（5）副切削刃　前刀面与副后刀面的交线。

（6）刀尖　主、副切削刃交汇的一小段切削刃，为增强刀尖的强度和耐磨性，多数刀具都在刀尖处磨出直线或圆弧形的过渡刃。

2. 刀具角度

为了确定和测量刀具的几何角度，采用三个互相垂直的辅助平面组成坐标参考系，依此为基准来确定各个刀面和切削刃的空间位置，如图5-4所示。

（1）基面（P_r）　过主切削刃上的选定点，与该点的切削速度方向垂直的平面。

（2）主切削平面（P_s）　过主切削刃上选定点，与切削刃相切并垂直于基面的平面。

（3）正交平面（P_o）　过主切削刃上选定点并同时垂直于基面和切削平面的平面。

建立了以上几个辅助平面之后，车刀的主要几何角度便可以度量出来，各角度的空间位置如图5-5所示。

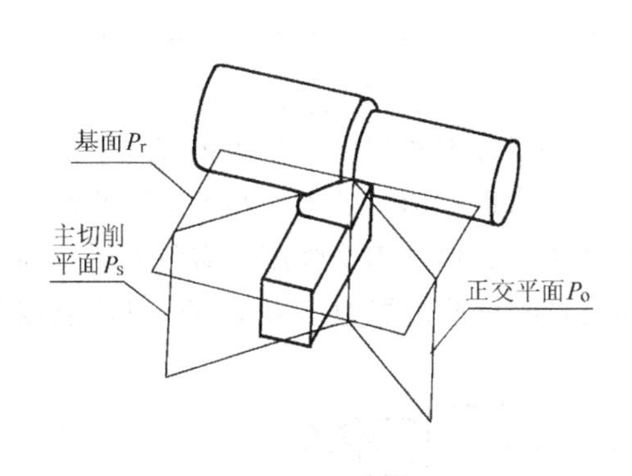

图5-4　车刀的辅助平面

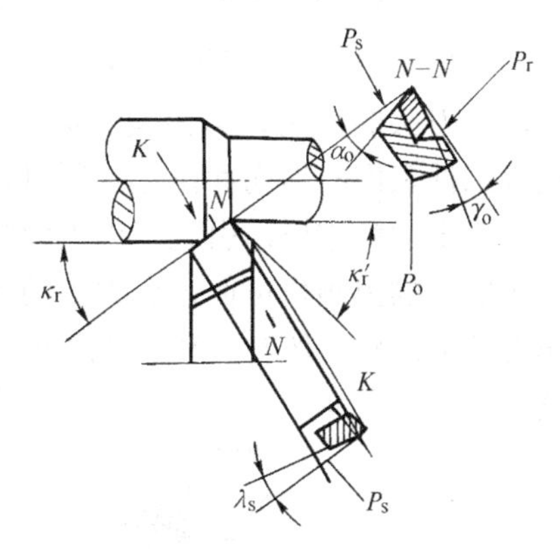

图5-5　刀具的几何角度

其中前角γ_o为正交平面中测量的前刀面与基面的夹角；后角α_o为正交平面中测量的主后刀面与切削平面的夹角；主偏角κ_r为基面中测量的主切削平面与进给运动方向之间的夹角；副偏角κ'_r为基面中测量的副切削平面与进给运动反方向之间的夹角；刃倾角λ_s为切削平面中测量的切削刃与基面的夹角。

3. 刀具角度的作用与选择

1）前角增大能减小切削层的塑性变形，减小切屑与刀具之间的摩擦，从而使车刀锋利，切削轻快；但前角过大，将导致切削刃强度下降，刀头散热体积减小，影响刀具寿命，甚至崩刀。选择前角大小时，应主要考虑工件材料、刀具材料和加工性质。通常，切削结构钢时γ_o可取10°~20°；切削灰铸铁时，γ_o可取5°~15°。一般硬质合金刀具的前角在-5°~20°之间选取。

2）后角的主要作用是减少主后刀面与过切削面间的摩擦。后角与前角配合，可以改变切削刃的强度与锋利程度；但后角过大，同样影响切削刃的强度和刀头的散热。一般硬质合金刀具后角在6°~12°之间选取，高速钢刀具可相应选大一些。

3）主偏角的大小直接影响主切削刃参与切削的长度。当进给量和吃刀量一定时，主偏角愈大，则切屑宽度愈小，实际参与切削的切削刃愈短，刀具磨损加快，寿命缩短，如图5-6所示。但是，主偏角的增大会使得径向分力减小，从而减小工件的弹性变形和振动；反之，主偏角减小时，切削刃单位长度上的负荷将减轻，同时改善了散热条件，减小了磨损，提高了刀具的耐用度，但可能会引起切削过程的振动。

4）副偏角的主要作用是减小副后刀面与已加工表面的摩擦。在主偏角选定之后，副偏角的大小还影响到加工后残留面积的高度，对已加工面的表面粗糙度有较大的影响，如图5-7所示。一般粗加工时的副偏角可取5°～10°，精加工时可取0°～5°。

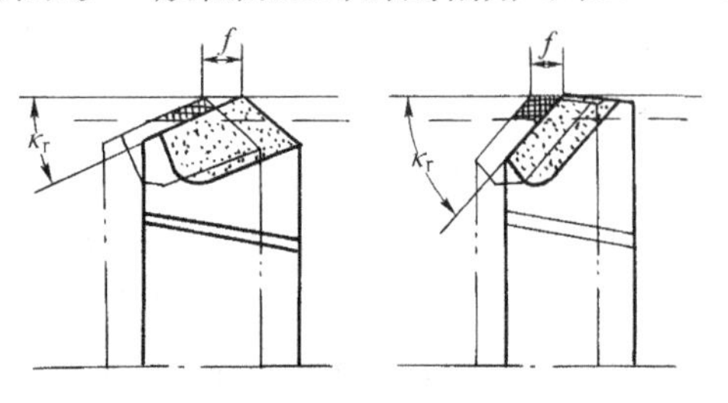

图5-6 主偏角对切屑宽度和厚度的影响

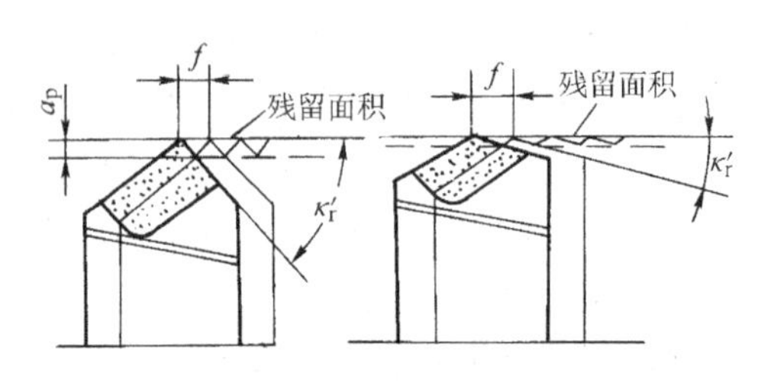

图5-7 偏角对残留面积的影响

5）刃倾角主要影响刀头的强度、切削分力及排屑方向。如图5-8所示，负的刃倾角可以起到增强刀头的作用，但会使背向力增大，有可能引起振动，还会使切屑排向已加工表面，造成工件表面的划伤和拉毛。所以，粗加工时，为增加刀头强度，刃倾角可选负值；精加工时，为了避免排屑而引起工件表面的划伤，刃倾角常取正值。此外，在不连续的切削工作中，选取负的刃倾角可使远离刀尖的切削刃先接触工件，增加刀头强度，避免刀尖受到冲击。车刀的刃倾角一般在－5°～5°之间。为了提高刀具的抗冲击能力，刃倾角可以选取较大的负值。

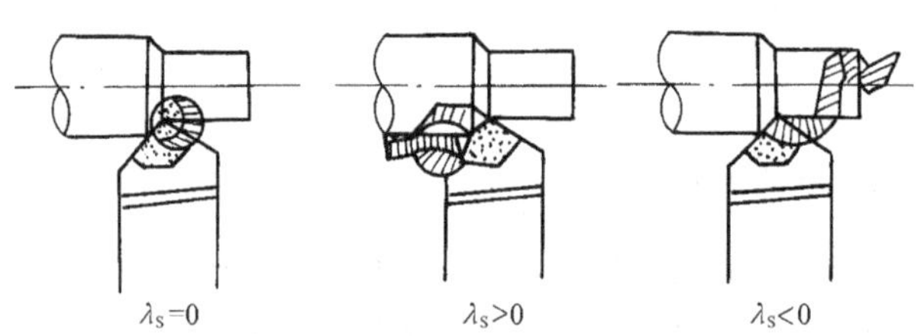

图5-8 刃倾角对排屑方向的影响

以上所说的刀具的几何角度又称为标注角度，在实际的切削过程中，刀具安装的情况不同，会使刀具的实际工作角度发生变化。如图5-9所示，当车刀刀尖与工件轴线等高时，实际的工作前角 $\gamma_{oe}=\gamma_o$，工作后角 $\alpha_{oe}=\alpha_o$。如果刀尖高于工件的旋转轴线时，工作前角 $\gamma_{oe}>\gamma_o$，工作后角 $\alpha_{oe}<\alpha_o$；反之，则 $\gamma_{oe}<\gamma_o$，$\alpha_{oe}>\alpha_o$。此外，当刀杆的轴线与进给方向不垂直时，会引起主偏角和负偏角的改变，如图5-10所示。

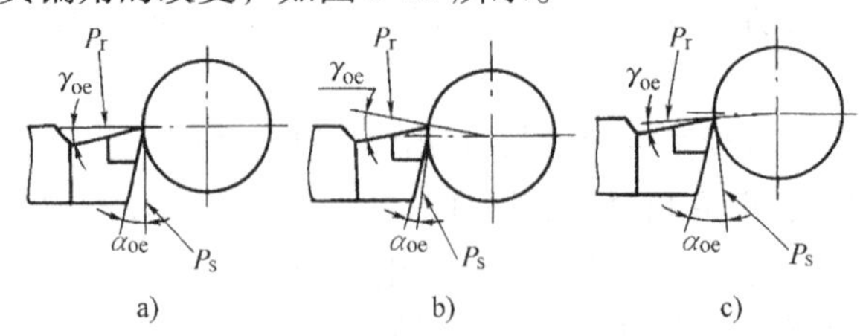

图5-9 刀尖偏离轴线时的工作角度

a）刀尖与工件轴线中心等高 b）刀尖高于工件轴线中心

c）刀尖低于工件轴线中心

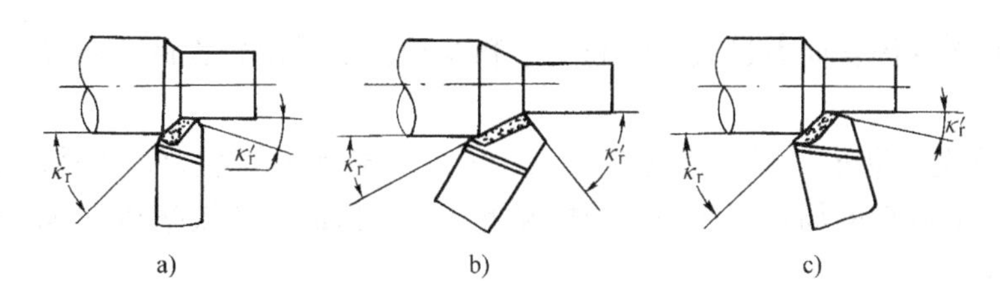

图 5-10　刀杆与加工轴线不垂直时的工作角度
a）刀杆垂直安装　b）刀杆右斜安装　c）刀杆左斜安装

第三节　金属的切削过程

刀具由工件上切下金属的实质是挤压变形的过程。切削过程中的许多物理现象如切削热、切削力、刀具磨损等都与金属的塑性变形密切相关。

一、切削力

切削力是刀具与工件之间相互作用产生的，它的大小对切削热、刀具磨损、加工精度及表面质量都有影响。此外，它还是设计机床、刀具、夹具和计算机床功率的基本参数。

1. 切削力的分解

切削时由刀具抵抗变形的抗力和切屑刃与刀面形成的摩擦力合成形成了切削力。在切削的过程中，总的切削力的大小往往很难测定。在实际应用中将总的切削力 F 分为三个相互垂直的分力：即切削力、进给力及背向力，如图 5-11 所示。

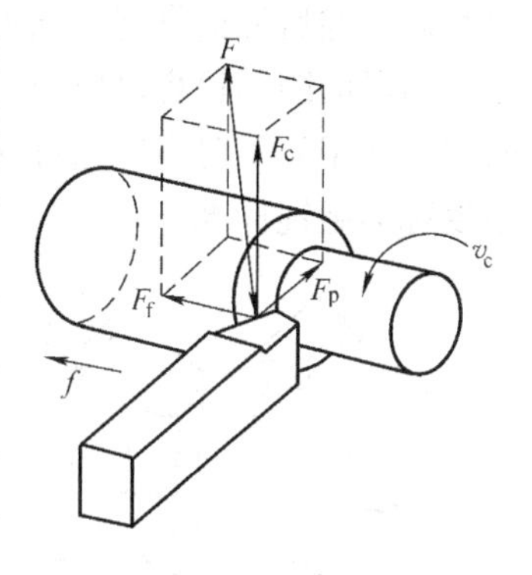

图 5-11　切削力的分解

（1）切削力 F_c　切削力垂直于基面，与主运动的方向相反，在一般情况下是三个分力中最大的一个，所消耗的功率占总功率的 95% 以上。切削力是计算机床主运动系统中零部件强度和刚度以及机床动力的主要依据，也是设计夹具和刀具的主要依据。

（2）进给力 F_f　进给力在基面内，与进给方向一致，它一般只消耗机床功率的 1% ~5% 。

（3）背向力 F_p　背向力在基面内与进给方向垂直。此力容易引起振动和加工误差，尤其是切削刚度差的工件，如车削细长轴时，易使工件弯曲变形。

总的切削力 F 可以表示为：

$$F = \sqrt{F_c^2 + F_p^2 + F_f^2}$$

2. 减小切削力的措施

由上述可见，总的切削力与切削力相差较小，在很多的情况下常用切削力代替总的切削力。减小切削力对提高加工质量和生产率以及合理使用机床设备都有十分重要的意义，主要措施有：

（1）增大刀具的前角 γ_o　增大刀具的前角 γ_o，对各种工件材料的切削均能使切削力减小，尤其是切削塑性大的材料更为显著。

（2）增大刀具的主偏角 κ_r　增大刀具的主偏角 κ_r，可以减小背向切削力。因此车削细长轴时，为防止工件因背向力过大而引起变形和振动，常采用较大的主偏角，如取 $\kappa_r=90°$ 或75°。

（3）减小背吃刀量 a_p　减小背吃刀量 a_p，可以明显减小切削力，该情况适用于切削力过大而机床又不能胜任的场合。在一般的情况下，为了保证生产效率和刀具的寿命，以优先加大 a_p 为最有利。

二、切削热

切削中出现的热量由切屑、刀具、工件及周围介质传出。在不用切削液的情况下，由切屑带走的热量约为50%～86%，传入刀具的热量约为40%～10%，传入工件的热量约为9%～3%，传入周围介质的热量约为1%。切削速度愈高，切削层厚度愈大，由切屑带走的热量就愈大。

在切削塑性材料时，离切削刃一定距离的前刀面上温度最高；切削脆性材料时，靠近刀尖处的后刀面上的温度最高。切削温度一般是指切削区的平均温度，有时可高达800～1000℃以上。切削热和它产生的切削温度，是刀具磨损和影响加工精度的主要原因。

三、刀具的磨损与寿命

在切削过程中，由于刀具与工件以及切屑之间的摩擦，使得前刀面被逐渐地磨出一个月牙形的凹坑，即为前刀面的磨损。在切削脆性材料或用较小的切削速度和进给量来加工塑性材料时，在后刀面靠近切削刃的部分被磨成小棱面，即为后刀面的磨损，如图5-12所示。

刀具的磨损过程可以分为三个阶段，如图5-13所示，正常磨损阶段是刀具工作的有效时间，使用刀具时不应超过这一范围。刀具磨损到一定的程度就不应继续使用，这个磨损的限度称为磨钝标准。

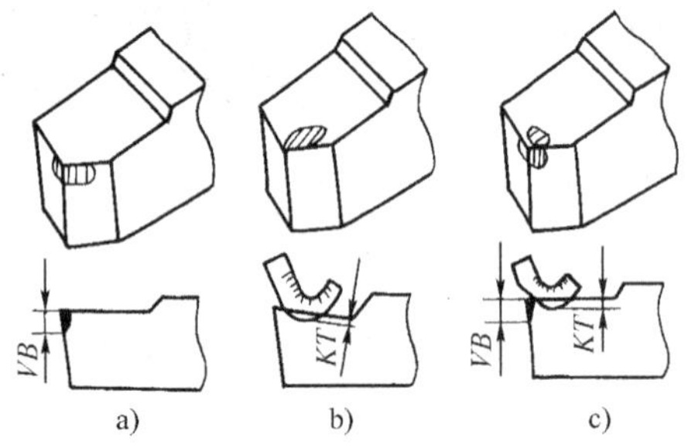

图5-12　刀具的磨损图

a）主后刀面磨损高度 VB　b）前刀面磨损深度 KT　c）前刀面和主后刀面同时磨损

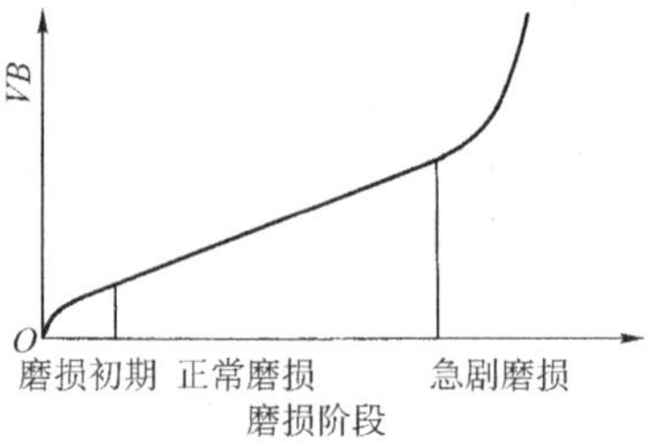

VB
O
磨损初期　正常磨损　急剧磨损
磨损阶段

图5-13　刀具磨损过程

刀具的寿命是指刀具刃磨后，从开始切削到磨损量达到磨钝标准为止的总切削时间。规定刀具寿命，其目的是使刀具能正常工作一段时间，以避免频繁地换刀和磨刀。刀具材料、刀具角度、工件材料及其导热性，以及切削条件对刀具的寿命都有影响，切削速度的大小是刀具寿命的主要影响因素。

四、切削液的选用

切削液在机械加工中大量使用，它有冷却、润滑及清洗的作用，同时还能提高刀具寿命，减小工件变形，提高加工精度及减小工件的表面粗糙度值。

在切削加工中常用的切削液有合成切削液、乳化液及油基切削液。

（1）合成切削液　又称水溶液，它的主要成分是水，只是在水中加入少许的防锈剂，其冷却能力和清洗能力好，但润滑性能差，多用于粗加工和粗磨。

（2）乳化液　它是将乳化油用水稀释而成的一种乳白色的油和水的混合物。乳化油则由矿物油、乳化剂和油性剂等配制而成，其中乳化剂的作用是使矿物油和水乳化，形成稳定的乳化液；油性剂的作用是使切削液能迅速地渗透到切削区，形成物理吸附膜，减小摩擦，提高润滑性能。

（3）油基切削液　又称切削油，主要是矿物油，少数采用动植物油。其润滑性能好，但冷却能力差，主要用来减小刀具的磨损和减小表面粗糙度值，常用于铣削、拉削和齿轮加工。

复习与思考题

1. 什么是切削用量？试描述车削加工时的切削用量。
2. 对刀具材料的基本要求是什么？
3. 描述一下刀具的辅助平面。
4. 车刀有哪几个主要角度？怎样选择其大小？
5. 车刀安装不正确时，会产生怎样的后果？
6. 影响刀具寿命的主要因素有哪些？
7. 何谓精度？经济精度是指什么条件下的精度？
8. 零件切削加工的表面质量对产品的使用性能和寿命有什么影响？

第六章　切 削 工 艺

切削工艺不仅包括使用各种切削加工机床对材料的切削加工，如车削、铣削、刨削、拉削、钻削和镗削等加工，也包括手工的锯切和锉削等加工。本章主要介绍几种常见机床的切削加工。

第一节　车 削 加 工

一、车床的加工范围

车削加工是在车床上利用工件的旋转和刀具的移动来实现的加工方法，可以加工出内外圆柱面、内外圆锥面、内外螺纹、成形面、端面、沟槽、滚花以及绕弹簧等，如图 6-1 示出了在车床上能够进行的切削工作。

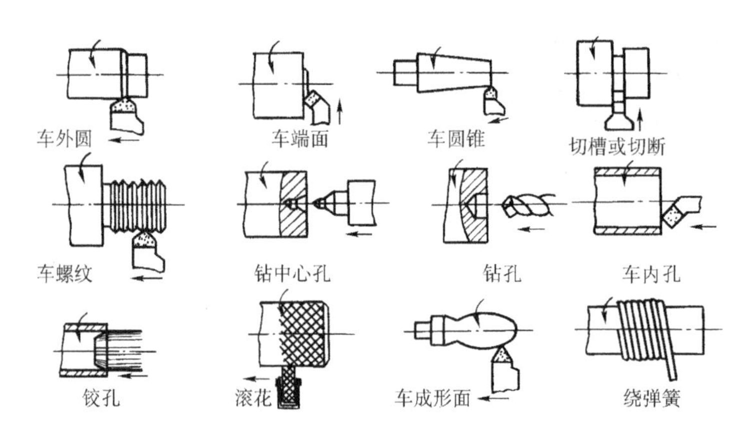

图 6-1　车床加工范围

二、常见车床结构

常见车床的结构如图 6-2 所示，主要由支承机构、变速机构、进刀机构和夹持机构组成。其中刀架部分可以沿纵横两方向移动，尾座除了可以沿导轨移动外，还可以沿垂直于导轨的方向进行少量的移动。

三、工件的装夹特点

车削时必须把工件装夹在车床夹具上，经过找正和夹紧，使它在整个加工过程中始终保持正确的位置。由于工件的形状、大小和工件的加工数量的不同，采用的装夹方法也不同。一般车削外圆时可采用三爪自定心卡盘、四爪单动卡盘、顶尖、心轴、花盘和弯板等方法来装夹工件。

1. 卡盘装夹

装夹工件的卡盘主要有三爪自定心卡盘和四爪单动卡盘。三爪自定心卡盘如图 6-3 所示。当夹紧工件时，三个卡爪联动，工件被自动定心。四爪单动卡盘如图 6-4 所示。四爪单

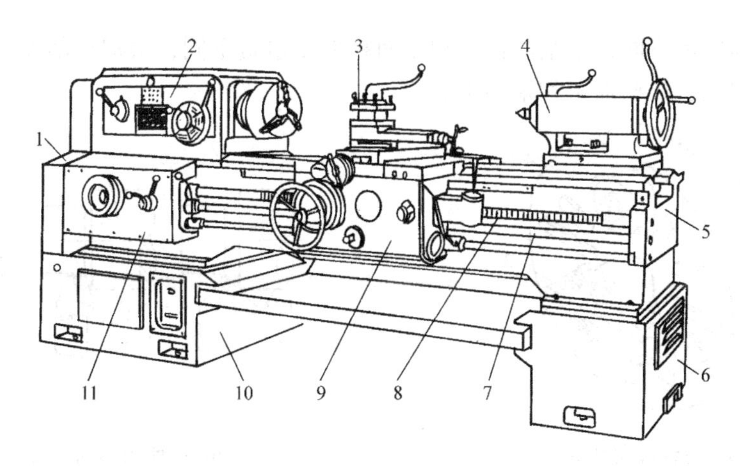

图 6-2　卧式车床

1—交换齿轮箱　2—主轴箱　3—刀架　4—尾座　5—床身　6—后床腿
7—光杠　8—丝杠　9—溜板箱　10—前床腿　11—变速箱

动卡盘夹紧工件时，每个卡爪是单动的，加紧力较大，但不能够自动定心，必须对工件进行人工调正。

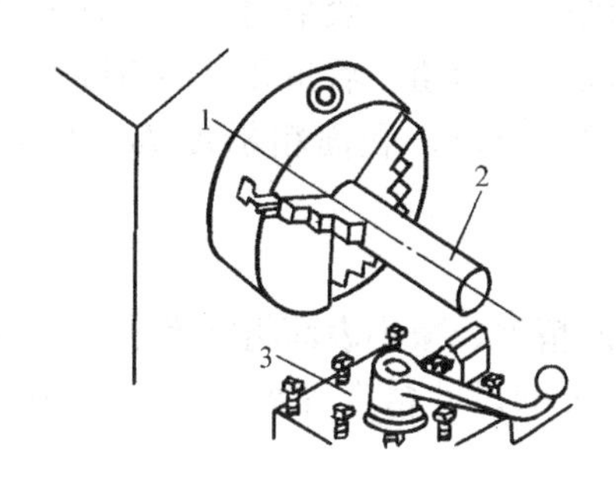

图 6-3　三爪自定心卡盘装夹工作

1—卡盘　2—工件　3—刀架

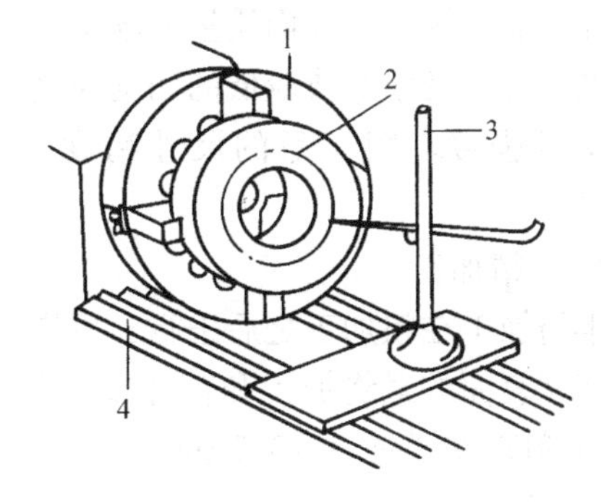

图 6-4　四爪单动卡盘装夹工件

1—卡盘　2—工件　3—划针　4—导轨

2. 顶尖装夹

对于较长的轴类加工可以使用图 6-5 所示的顶尖夹持方法。工件的两端需要预先加工出中心孔，以便顶尖能够顶住工件。顶尖装夹可以保证工件多次装夹的定位精度。如果加工较长轴时，工件仅靠卡盘一端夹紧，而另一端悬空，因工件伸出过长，易引起工件的振动和弯曲，若采用顶尖装夹就可以改善此种情况。

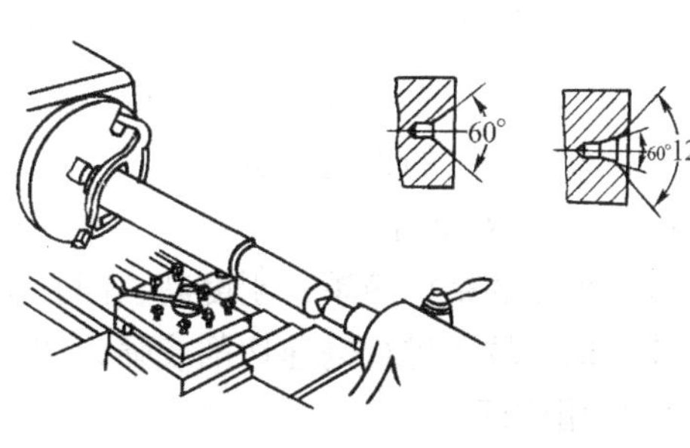

图 6-5　顶尖装夹

3. 花盘装夹

在车床上加工不规则形状的复杂零件时，可以采用花盘和角铁来进行装夹，如图 6-6 所示。为了解决转动时的平衡问题，必须根据具体情况对配重块进行调整。因而，花盘装夹工件的操作较为麻烦。

四、车削方法

车削刀具有 45°偏刀、75°偏刀、90°偏刀，如图 6-7 所示。车刀的几何角度、刃磨质量以及采用的切削用量不同，车削的精度和表面粗糙度也就不同，根据切削加工的质量可将车削加工分为粗加工、半精加工和精加工。

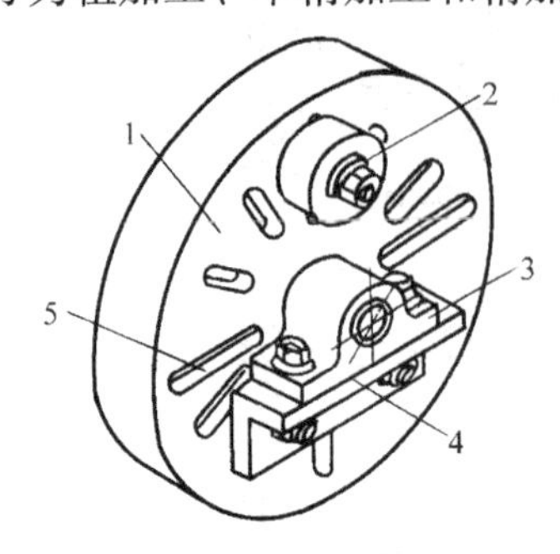

图6-6 花盘和角铁的装夹

1—花盘 2—配重块 3—工件
4—角铁 5—螺栓孔

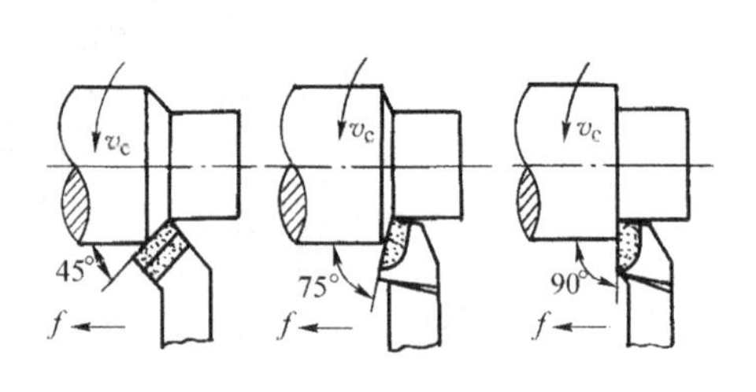

图6-7 使用不同刀具加工外圆

1. 粗加工

粗加工的主要目的是尽量切除工件上的多余金属，并为后续加工预留一定的余量，此时对工件的加工精度和表面质量要求不高。为了提高劳动生产率，一般采用大的背吃刀量、较大的进给量以及中等或较低的切削速度。车刀应选取较小的前角、后角和负的刃倾角，以增强刀头的强度。粗车后的尺寸精度等级一般为IT13～IT11，表面粗糙度 *Ra* 值为25～12.5μm。

2. 半精加工

半精加工在粗加工之后进行，可进一步提高工件的精度、减小表面粗糙度值，此时作为中等精度表面的最终加工和精加工的预加工。半精加工的尺寸精度等级一般为IT10～IT9，表面粗糙度 *Ra* 为6.3～3.2μm。

3. 精加工

精加工在半精加工之后进行，可作为精度较高表面的最终加工，也可作为光整加工前的预加工。此时采用很小的背吃刀量和进给量，进行低速或高速车削。低速精车一般采用高速钢车刀，高速精车采用硬质合金车刀，切削刃应尽量锋利。精加工的尺寸精度等级一般为IT8～IT6，表面粗糙度 *Ra* 为1.6～0.8μm。

五、车削加工的工艺特点

1. 生产效率较高

由于车刀的结构简单，刚度高，同时制造、刃磨、安装方便，且车削过程是连续的，切削比较平稳，故可进行高速切削或强力切削。

2. 应用广泛

不仅轴类和盘套类零件的外圆可进行车削，而且也能车削螺纹、沟槽、端面和内孔等。工件可以达到较高的精度和较小的表面粗糙度值。

3. 加工的材料范围较广

钢材、铸铁、有色金属和某些非金属均可车削。当有色金属加工精度很高和表面粗糙度 *Ra* 值要求很小时，可在精车之后进行精细车，以代替磨削。

第二节 铣削加工

一、铣削的加工范围

铣削加工是在铣床上用铣刀切削的工艺方法。铣削加工时工件作直线或曲线进给运动，铣刀的旋转为主运动。铣削加工范围非常广泛，根据铣削的运动特点使用不同类型的铣刀，可以加工出各种平面（水平面、垂直面、台阶面）、沟槽（包括键槽、T形槽、燕尾槽、特形槽等）、齿形零件（齿轮、链轮、棘轮、花键轴等）、螺旋形表面（螺纹、螺旋槽）及特形曲面，此外，还可以用于回转体表面和内孔的铰削加工、镗削加工以及切断加工。铣削加工的范围如图6-8所示。

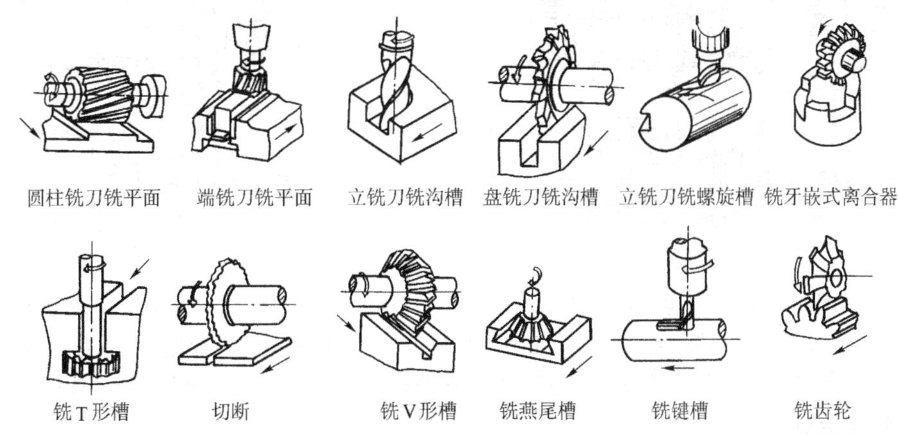

图6-8 铣削加工

铣刀具有多齿和多刃，铣削过程同时由参加工作的几个刀齿和刀刃承担，铣削用量可以较大。另外，铣刀上每个刀齿是周期性地参加工作，刀齿与工件接触时间短，刀具冷却条件好，刃磨后的使用寿命较长。因此，铣削具有较高的生产效率和加工精度。但是，铣刀刀齿多，形状复杂，制造和刃磨较困难；铣刀刀齿断续切削会造成切削力变化和切削过程的不均匀性，会对提高加工精度和降低表面粗糙度值带来不利的影响。铣削加工精度一般可达到IT8～IT7，表面粗糙度 Ra 为6.3～1.6μm。

二、典型的铣床结构

铣床的类型很多，按工作台是否升降，可分为升降台式铣床和固定台式铣床。升降台式铣床的工作台安装在可垂直升降的升降台上，使工作台可在相互垂直的三个方向上调整位置来完成进给运动，使用方便灵活，通用性强。按其运动形式（机床主轴与水平面的关系），升降台式铣床可分为卧式铣床和立式铣床。

1. 卧式铣床

卧式铣床中最常用、最典型的是卧式万能升降台铣床，它的主轴是水平安置的，在铣床纵向工作台和横向工作台之间有一层回转盘，可以使纵向工作台在水平面内作±45°的偏转，以便加工螺旋槽、斜槽等，这是卧式万能升降台铣床有别于其他卧式铣床的主要特点。这种铣床附件较多（如万能分度头等），扩大了其加工范围。卧式万能升降台铣床典型结构如图6-9所示。

2. 立式铣床

立式铣床的主轴与水平面呈垂直状态，即与工作台面垂直。立式铣床上安装主轴部分称为立铣头。按立式铣床立铣头与床身的连接关系，可将立式铣床分为整体式和回转式两种。整体式立式铣床的立铣头与床身连成一体，铣床刚度高，可采用较大的铣削用量，但加工范围小；回转式立式铣床的立铣头主轴可在垂直平面内调整角度，如图 6-10 所示。因此，回转式立式铣床可加工各种斜面、椭圆孔等，使用方便灵活，扩大了加工范围。

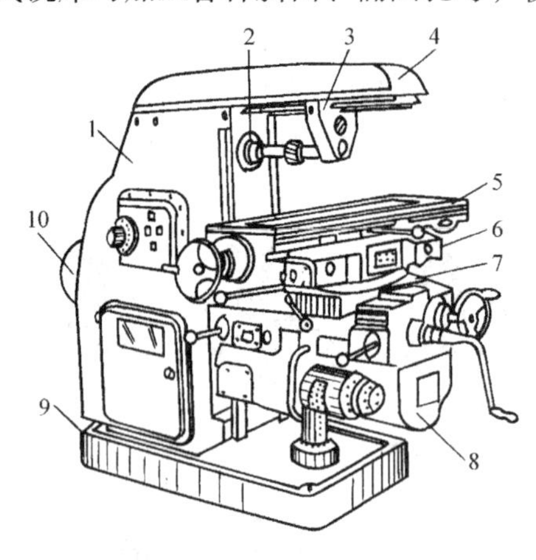

图 6-9 卧式万能升降台铣床

1—床身 2—主轴 3—吊架 4—横梁 5—纵向工作台 6—回转盘 7—横向工作台 8—升降台 9—底座 10—电动机

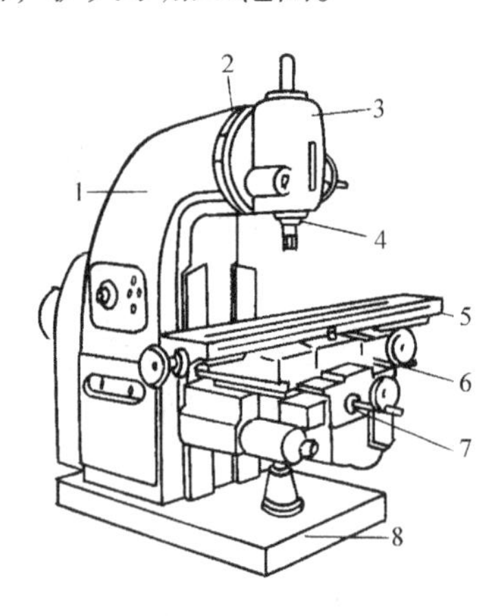

图 6-10 回转式立式铣床

1—床身 2—回转盘 3—铣头 4—主轴 5—工作台 6—床鞍 7—升降台 8—底座

三、铣削方法

1. 逆铣和顺铣

逆铣是指铣刀切削速度方向与工件进给速度方向相反的铣削方法；反之，称为顺铣，如图 6-11 所示。逆铣时，每个刀齿接触工件的初期不能切入工件，在工件表面产生挤压和滑行，使刀齿与工件之间产生较大的摩擦力，加速了刀具的磨损，增加已加工表面的加工硬化程度。顺铣时，每个刀齿从最大的切削厚度开始切入，避免了上述逆铣时的缺点。

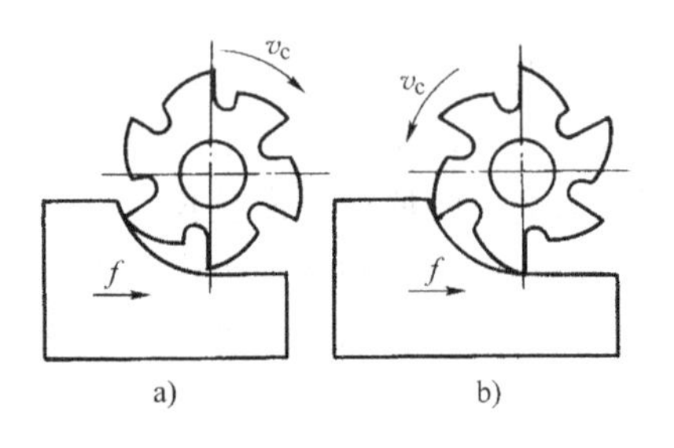

图 6-11 铣削

a) 逆铣 b) 顺铣

逆铣时铣刀作用在工件上的垂直分力要上抬工件，容易引起振动，对铣削薄而长的工件不利。顺铣时垂直分力将工件压向工作台，减少了工件的振动。但顺铣时水平分力与工件的进给方向相同，工作台进给丝杠与固定螺母之间一般都存在间隙（见图 6-12），间隙在进给方向的前方。间隙的存在易于引起工作台向前窜动，造成进给量突然增大，甚至引起打刀、扎刀现象。而逆铣时，水平分力与进给方向相反，逆铣过程中丝杠始终压向固定螺母，不致因为间隙的存在而引起工作台的窜动，使切削运动比较平稳。

综上所述，顺铣有利于提高刀具寿命和工件夹持的稳定性，可以提高工件的加工质量，对于薄而长的工件可采用顺铣。一般情况，特别是有硬皮的铸件或锻件毛坯，应采用逆铣。

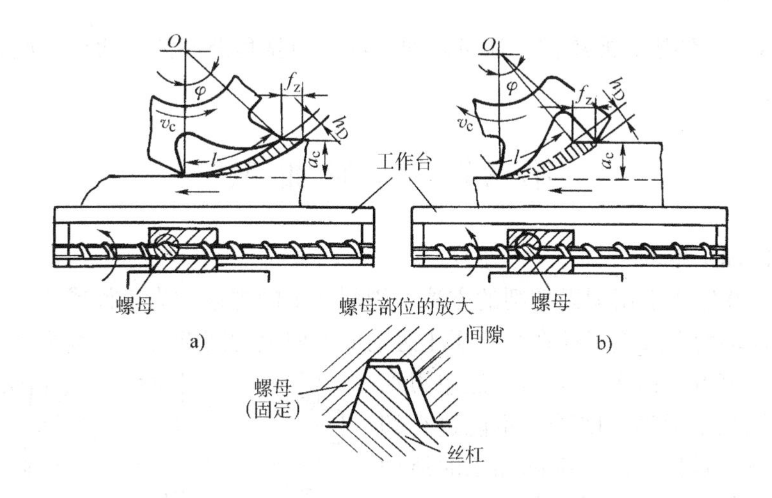

图 6-12　丝杠螺母间隙对逆铣和顺铣的影响

a）逆铣时　b）顺铣时

2. 周铣与端铣

周铣方法和端铣方法如图 6-13 所示，各自的具体加工特点如下：

（1）端铣的加工质量比周铣高　端铣同周铣相比，能同时工作的刀齿数多，铣削过程平稳。周铣时只能有 1 ~ 2 个刀齿参加切削，切削力变化较大。端铣时铣刀的副切削刃对已加工表面有修光作用，切削加工后的表面粗糙度值较小。

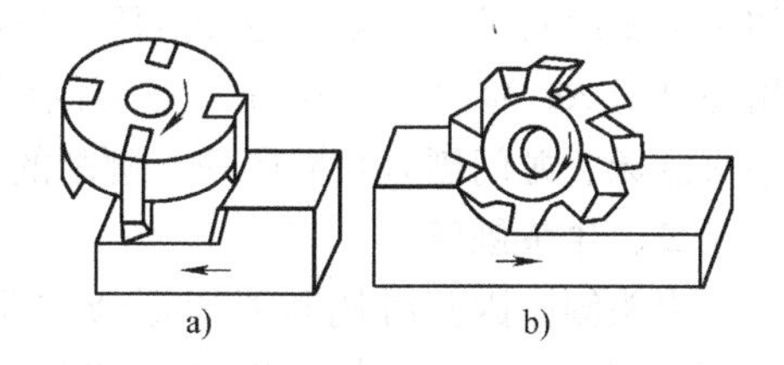

图 6-13　铣削

a）端铣　b）周铣

（2）端铣的生产效率比周铣高　端铣刀直接安装在铣床主轴端部，刀具系统刚度高，易于采用大的切削用量进行强力切削和高速切削，使生产效率得到提高，而且工件的已加工表面质量也得到提高。

（3）端铣的适应性比周铣差　端铣一般只适于铣削平面，而周铣可采用多种形式的铣刀加工平面、沟槽和成形面等。因此周铣的适应范围广，生产中使用较普遍。

四、铣削的工艺特点

1. 切削效率高

由于铣刀是多齿刀具，切削加工时同时有多个刀齿参加切削，切削刃的作用总长度大，切削加工速度较快，故切削效率高。但是每个刀齿在切削中为断续切削，切削厚度是不断变化的，因而切削力的大小和方向也在不断地变化，使切削过程不平稳，容易产生振动，在一定程度上影响了加工质量。

2. 铣削加工属于半封闭切削

铣刀的刀齿在切离工件的一段时间内，可以得到一定的冷却，散热条件较好，有利于提高铣刀的寿命。但是铣刀切入和切出时的冲击将加速刀具的磨损，甚至可能导致刀刃的崩裂。

3. 铣削加工的应用范围广

铣削加工不但可以加工箱体、支架、机座以及板块状零件的大平面、凸台面、内凹面、台阶面、V形槽、T形槽、燕尾槽，还可以加工轴类和盘套类零件上的小平面、小沟槽以及需要分度的工件。

第三节 刨削加工

一、刨削的加工范围

刨削加工是在刨床上用刨刀切削的方法。刨削加工的主运动为工件或刀具所作的直线往复运动，进给运动为刀具或工件在垂直于主运动的方向上的间歇运动。刨削主要是用来加工平面、斜面和沟槽等。由于刨削加工是单刃切削，刀具作直线往复运动，回程时不能进行切削，所以生产效率较低。由于刨削加工时所用设备及刀具较为简单，也不需要复杂的量具及夹具，故加工费用较低。因此，刨削在单件小批生产或设备维修中仍能发挥一定作用。刨削加工的精度较低，一般可达到IT8～IT7，表面粗糙度值 Ra 为25～1.6μm。常用刨削设备有牛头刨床、龙门刨床和插床等。刨削的加工范围如图6-14所示。

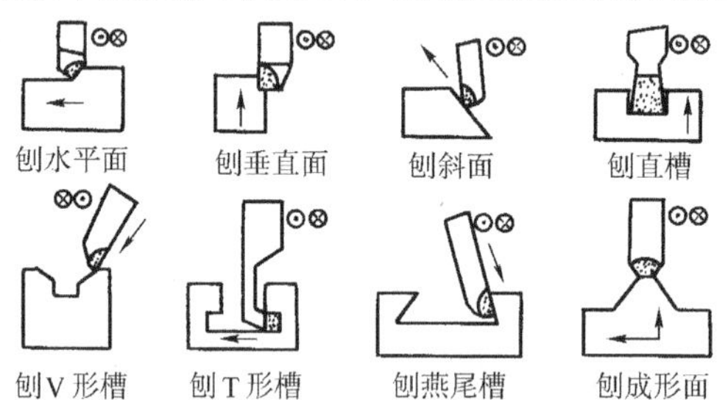

图6-14 刨削加工范围

二、牛头刨床

牛头刨床因其滑枕和刀架形似"牛头"而得名，一般用于加工中、小型工件，其加工长度一般为1000mm左右。在进行刨削时，工件装夹于工作台上，刨刀装夹于刀架中，如图6-15所示。

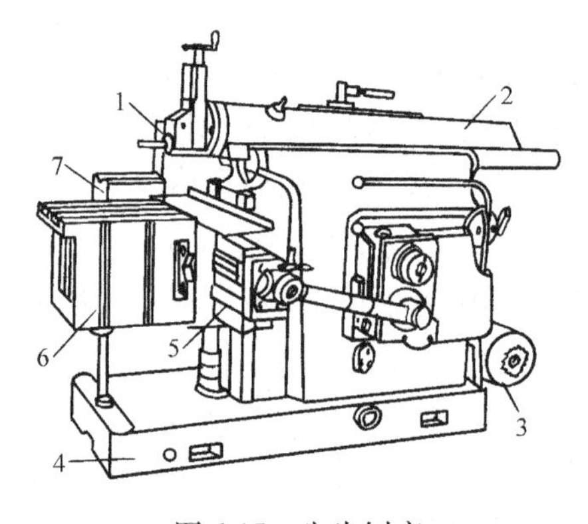

图6-15 牛头刨床

1—刨刀 2—滑枕 3—电动机 4—底座 5—横梁 6—工作台 7—工件

三、刨削的工艺特点

1. 加工精度较低

由于刨削的冲击力较大，因而只适用于中低速切削。在一般条件下工件的刨削精度和表面粗糙度较差，采用中等切削速度刨削时，对表面粗糙度的不利影响更为明显。

2. 生产效率低

因为刨削时刀具有空行程，且冲击现象又限制了刨削速度，因此刨削的生产效率比铣削低。

3. 加工成本低

由于刨床和刨刀的结构简单，刨床的调整和刨刀的刃磨比较方便，故刨削加工成本低，广泛用于单件小批生产及修配工作中。在中型和重型机械的生产中龙门刨床使用较多。

第四节 拉削加工

一、拉削的加工范围

拉削是采用不同形状的拉刀在拉床上拉出各种孔形的加工方法。拉床上可加工出的孔形如图 6-16 所示。对于拉削圆孔的孔径一般为 $\phi8 \sim \phi125$mm，孔的深径比一般不超过 3。孔在拉削前不需要十分精确的预加工，经钻削或粗镗后即可。

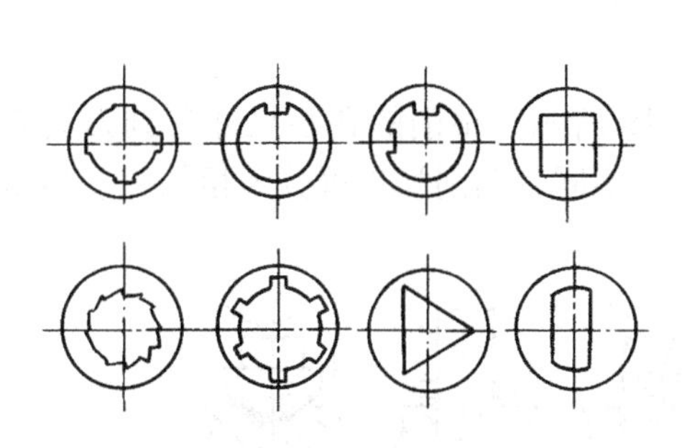

图 6-16　拉削孔的形状

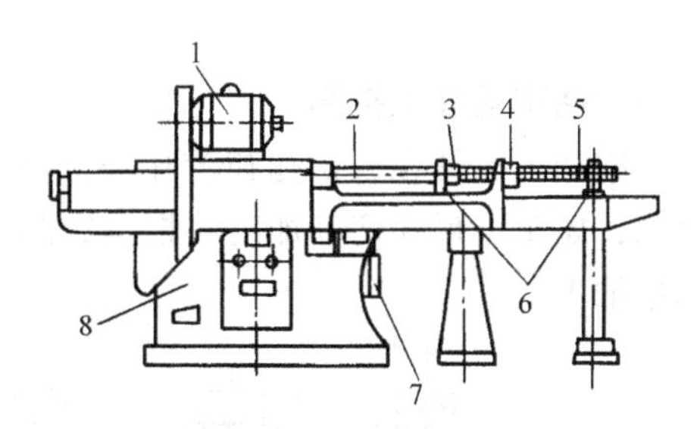

图 6-17　卧式拉床外形

1—电动机　2—活塞拉杆　3—刀夹　4—工件
5—拉刀　6—托架　7—液压部件　8—床身

二、典型的拉床

按结构形式拉床有卧式和立式两种，图 6-17 所示为普通卧式拉床。拉床一般为液压传动，拉床上装有电动机，用来驱动液压泵等液压部件，使活塞拉杆在水平方向作直线运动。活塞拉杆的右端装有刀夹，用来夹持拉刀。工件装于床身支架上，托架用以支持拉刀和活塞拉杆。当活塞拉杆左移时，带动拉刀通过工件而拉削出所需要的孔形。拉刀的移动速度和行程长度均可以调节。

拉削加工有较高的生产效率，较高的加工精度（IT6 ~ IT8），表面粗糙度可达 $Ra = 0.8 \sim 0.2\mu m$。但由于拉刀的结构比一般刀具复杂，制造成本高，因此，拉削只适用于大量或批量生产。拉刀的形状和各部位的作用如图 6-18 所示。

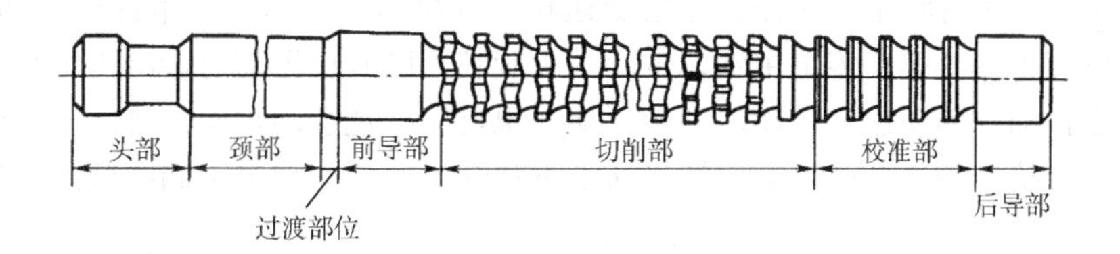

图 6-18　拉刀

三、拉削的工艺特点

1. 生产效率高

拉刀是多齿刀具，一次行程中能够完成粗加工和精加工，生产效率高于铣削。

2. 加工质量高

拉床采用液压系统，传动平稳，拉削速度较低，因此可获得较高的加工精度和较低的表面粗糙度值。

3. 适用于批量生产

由于拉刀的结构复杂，制造难度较大，并且拉削每一种孔形均需要一种专门的拉刀，因此拉削仅适用于大批量生产的孔形加工。

4. 不能拉出台阶孔和不通孔。

第五节 钻削加工

一、钻削的加工范围

钻削加工有钻孔、扩孔和铰孔等方法，如图 6-19 所示。钻削的孔径尺寸受到刀具直径的限制，属于定尺寸切削加工。根据钻削具体方法的不同，钻削加工可分为粗加工、半精加工和精加工。

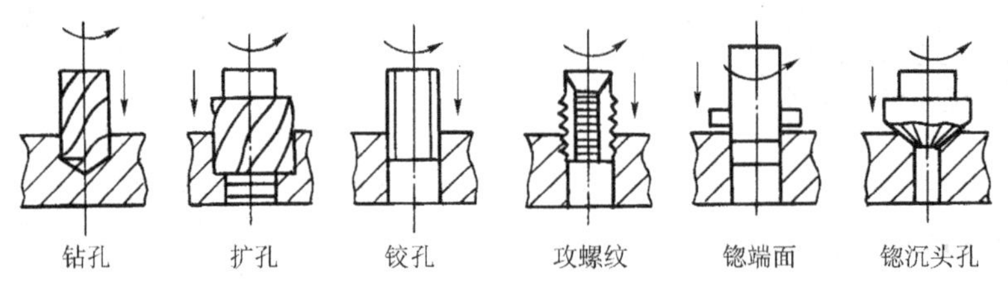

图 6-19 钻削加工

二、常见钻床的结构

1. 台式钻床

台式钻床简称台钻，小巧灵活，使用方便，可以安放在台桌上使用。常见的台式钻床如图 6-20 所示。台钻主轴转速较高，一般用改变 V 带在多级带轮上的位置来调节，调节时必须把钻床停下来。台钻的进给运动是借助进给手柄来实现的。台钻适用于加工小型工件上的直径小于 16mm 的孔。

2. 立式钻床

立式钻床如图 6-21 所示，其规格用最大钻孔直径表示，常用的有 25mm、35mm、40mm 和 50mm 等几种。它由底座、立柱、主轴变速箱、进给箱、主轴、工作台和电动机等组成。动力由电动机经主轴变速箱传给主轴，带动钻头旋转，同时也把动力传给进给箱，使主轴在转动的同时能自动作轴向进给运动。利用手柄，也可以实现手动轴向进给。工件由夹具安装在工作台上。进给箱和工作台可沿立柱导轨上下移动，以适应加工不同高度的工件。

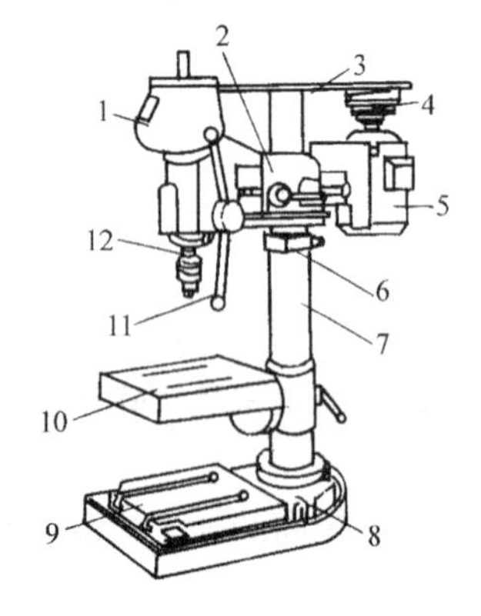

图 6-20 台式钻床

1—安全罩 2—主轴架 3—V 带 4—带轮
5—电动机 6—保险环 7—立柱 8—底座
9—下工作台 10—上工作台 11—手柄 12—主轴

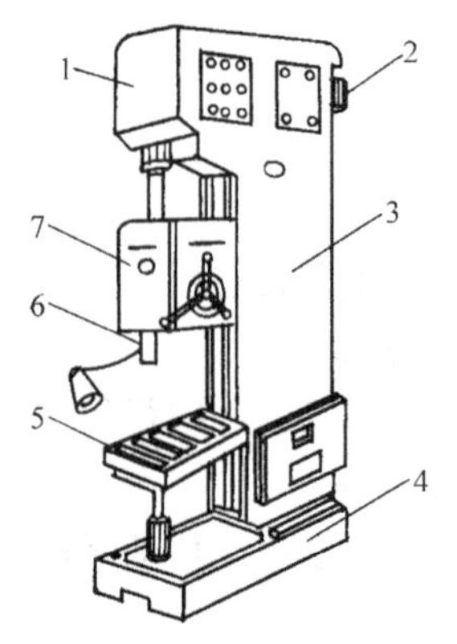

图 6-21 立式钻床

1—主轴变速箱 2—电动机
3—立柱 4—底座
5—工作台 6—主轴 7—进给箱

立式钻床主轴轴线的位置是固定的，为了使钻头与工件钻孔中心重合，加工中当孔的位置改变时必须移动工件，这对加工大型工件上的孔很不方便。因此，立式钻床适用于加工中小型工件上较大的孔（直径 $D \leqslant 50$mm）。

三、钻削方法

1. 钻孔

钻孔是利用钻头在实体材料上加工出孔的加工方法。钻孔常用的刀具为麻花钻，其结构如图 6-22 所示。麻花钻工作部分包括切削部分和导向部分。两个对称的螺旋槽用来形成切削刃和前角，并起着排屑和输送切削液的作用。沿螺旋槽边缘的两条棱边起着减小钻头与孔壁的摩擦面积和修光孔壁的作用。切削部分有两个主切削刃、两个副切削刃和一个横刃。主切削刃上各点的前角和后角是变化的，钻心处前角接近 0°，对切削加工十分不利。

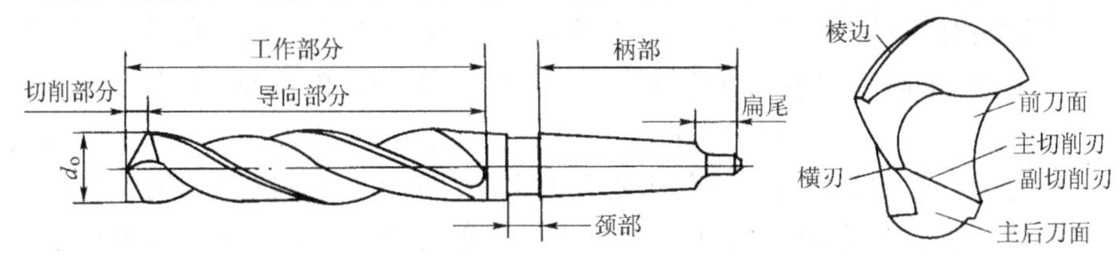

图 6-22　标准麻花钻

与车削外圆相比，钻孔工作条件要复杂得多。由于钻孔时钻头的工作部分大都处在已加工表面的包围中，这会引起一些特殊问题。诸如钻头的刚度、热硬性、强度，以及在加工过程中的容屑、排屑、导向和冷却润滑等都要得以妥善解决。在钻削力的作用下，刚性很差且导向性不好的钻头产生弯曲，致使钻出的孔易于产生“引偏”。在钻床上钻孔产生的引偏现象和在车床上钻孔产生的引偏现象分别示意于图 6-23 中。

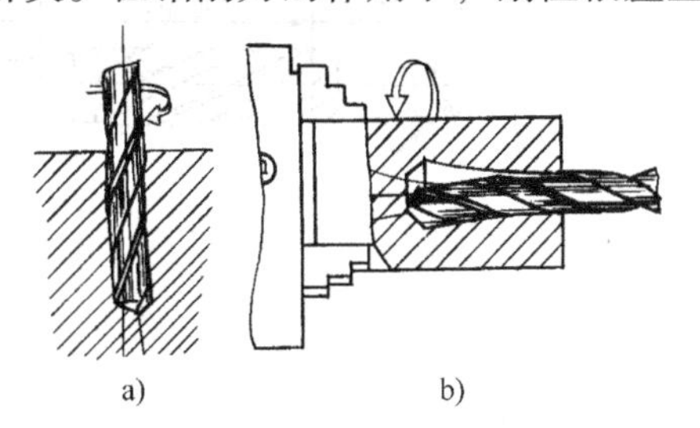

图 6-23　引偏现象
a）钻床上钻孔　b）车床上钻孔

为了减轻引偏现象，可采用如下加工方法：

（1）预钻锥形定心坑　预钻锥形定心坑，如图 6-24 所示。首先用小顶角（$2\varphi = 90° \sim 100°$）大直径中心钻钻头，预钻出锥形坑，然后再使用所需尺寸的钻头钻孔。由于预钻时中心钻的刚度高，锥形坑不易偏斜，在钻孔时可以起定心作用。

（2）用钻套为钻头导向　用钻套为钻头导向如图 6-25 所示，可以减少钻孔开始时的“引偏”。

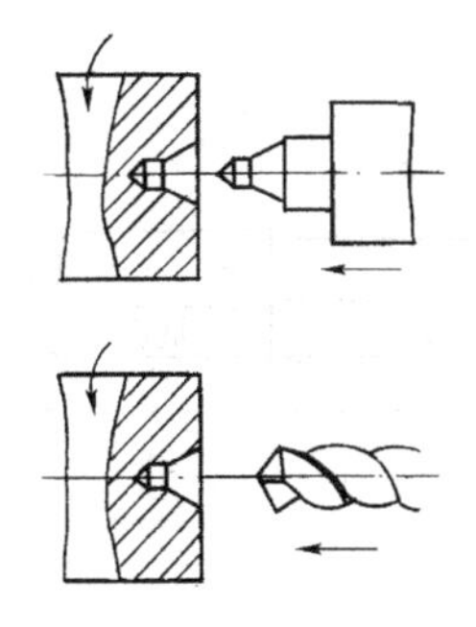

图 6-24　预钻锥形定心坑

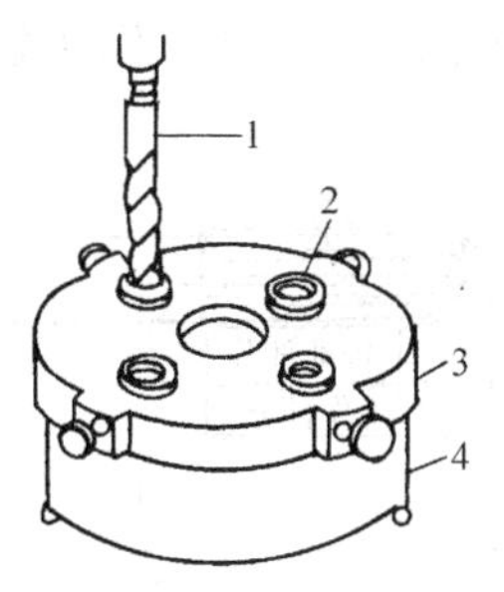

图 6-25　钻模应用
1—钻头　2—钻套　3—钻模　4—工件

钻孔的工艺特点如下：

1）钻削加工的刀具为定尺寸刀具，因而不能任意调整孔径的大小。

2）钻头被封闭或半封闭在一个窄小的空间内，切削液难以被输送到切削区域，易导致钻头的切削部分温度过高。

3）钻头的刚度差，容易产生弯曲变形和偏离正确位置，也容易引起振动。孔的直径愈小，深度愈大，则产生的引偏现象愈明显。

4）切屑排出较为困难，易于划伤孔壁。

5）钻孔加工的精度仅为IT11左右，表面粗糙度 Ra 一般在12.5μm左右，因此钻孔加工属于粗加工。

2. 扩孔

利用扩孔钻头对已有孔径进行扩大的切削加工方法称为扩孔。在一般情况下，扩孔时使用的机床与钻削时相同。扩孔时使用扩孔钻来扩大孔径，扩孔钻的直径一般在 $\phi10$ ~ $\phi80$mm，结构如图6-26所示。扩孔钻的工作部分与普通钻头不同，由3~4个刀齿构成，排屑槽较浅，钻芯较普通钻头粗大。与普通钻头相比较，扩孔钻的刚度大、导向性好，可以校正钻孔时的轴线偏斜。扩孔时的切削余量较小，一般在0.4~0.5mm，切屑较薄，容易排屑，不易划伤孔壁。扩孔加工的精度为IT10~IT9，表面粗糙度 Ra 为6.3~3.2μm。因此，扩孔加工属于半精加工。

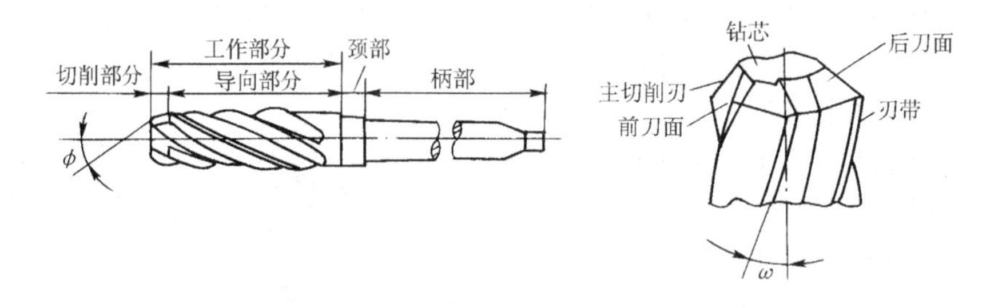

图6-26 扩孔钻

3. 铰孔

利用铰刀对已有孔的孔壁进行微量切削加工的方法称为铰孔。铰孔可以提高已有孔的尺寸精度和降低孔壁的表面粗糙度值。铰孔既可以在钻孔设备上进行，也可以采用手工进行铰削。铰刀的结构如图6-27所示，铰刀的工作部分有6~12个刀齿，校准部分起精修孔壁和导向的作用。铰孔的精度一般能够达到IT8~IT7，表面粗糙度 Ra 为1.6~0.4μm，因此铰孔为精加工。但是，铰孔加工不能校正孔的空间位置。

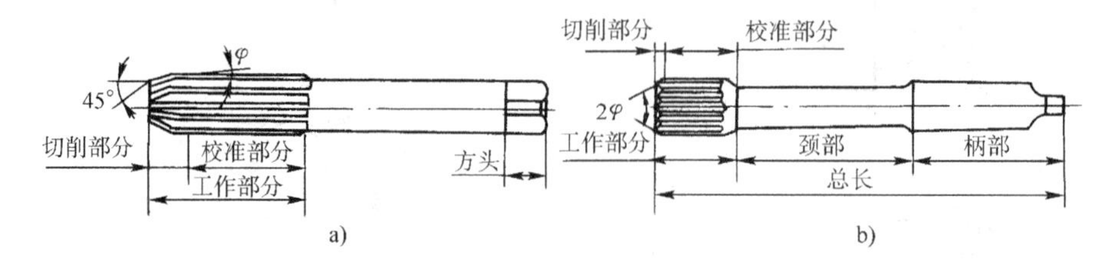

图6-27 铰刀

a）手工铰刀 b）机用铰刀

第六节　镗削加工

一、镗削的加工范围

镗削加工是以镗刀旋转作主运动，工件或镗刀作进给运动的切削加工方法。镗削加工主要在镗床上进行。镗孔是一种应用广泛的孔及孔系加工方法，它可以用于孔的粗加工、半精加工和精加工。既可以加工通孔，又可以加工不通孔。镗孔可以在镗床上进行，也可以在车床、转塔车床、铣床和数控机床、加工中心上进行。与其他孔加工的方法相比较，镗孔的突出优点是，可以用镗刀在一定范围内加工出任意直径的孔。镗孔可以修正已有孔的位置偏差。镗孔的加工精度一般为 IT9 ~ IT7，表面粗糙度 Ra 为 6.3 ~ 0.8μm。在高精度镗床上的镗孔，加工精度可达 IT6 以上，表面粗糙度 Ra 一般为 1.6 ~ 0.8μm，对铜、铝及其合金进行精密镗削时，表面粗糙度 Ra 可达 0.2μm。

由于镗刀和镗杆截面尺寸及长度受到所镗孔径和孔深度的制约，致使镗刀（及镗杆）的刚度较差，容易产生一定的变形和振动。另外，镗削加工切削液的注入和排屑困难，切削速度不宜过高，加上观察和测量不便，所以生产效率较低。

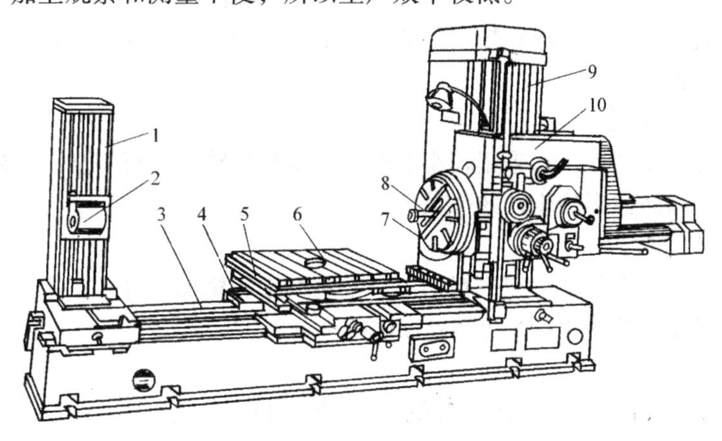

图 6-28　卧式镗床

1—后立柱　2—支承架　3—床身　4—下滑座　5—上滑座　6—工作台
7—平旋盘　8—主轴　9—前立柱　10—主轴箱

二、卧式镗床

卧式镗床是应用最多的镗床。图 6-28 所示为卧式镗床外形，它主要由床身、前立柱、主轴箱、工作台以及带支承架的后立柱等组成。前立柱固定在床身的一端，在它的垂直导轨上装有可以上下移动的主轴箱，主轴可以在其中左右移动，以完成纵向进给运动。主轴前端带有锥孔，以便插入镗杆。平旋盘上有径向导轨，其上装有径向刀具溜板。当平旋盘在旋转时，径向刀具溜板可沿其导轨移动，以作径向进给运动。装在后立柱上的支承架，用于支承悬臂较长的镗杆。支承架可沿后立柱的垂直导轨与主轴箱同步升降，以保持支承孔与主轴在同一轴线上。工作系统装在床身的导轨上，它由下滑座、上滑座和工作台组成。下滑座可沿床身导轨作纵向移动；上滑座可沿下滑座顶部的导轨作横向移动；工作台可在上滑座的环形导轨上绕垂直轴线回转任意角度，以便在工件一次安装中能对互相平行或成一定角度的孔与平面进行加工。孔的镗削加工如图 6-29 所示。

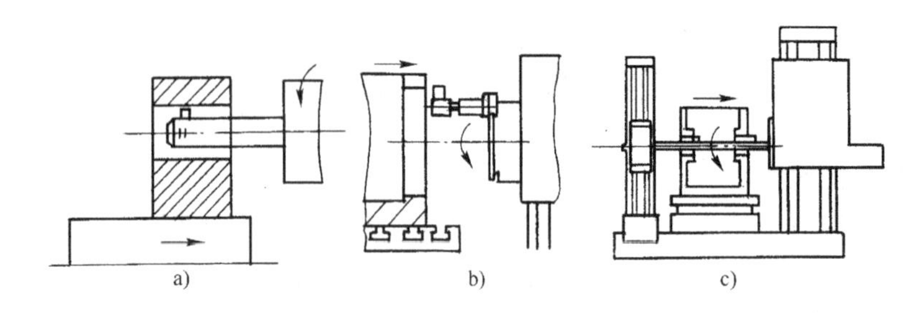

图 6-29 孔的镗削

a）镗单孔 b）利用平旋盘镗孔 c）孔系镗削

三、镗削的工艺特点

1. 镗削的适应范围广

镗削在钻孔、铸孔和锻孔的基础上进行，主要用于箱体、机架等结构复杂的大中型零件上的孔与孔系的加工。由于镗床的结构特点，以及镗床上设有主轴箱和工作台位移量的坐标测量装置的原因，使其容易保证孔与孔之间、孔与基准平面之间的尺寸精度及位置精度。

2. 镗削可校正原有孔的轴线偏斜

对于零件上原有孔的位置偏差可以通过镗削加工消除。但由于镗刀杆直径受孔径的限制，往往刚度较差，易弯曲变形和振动，故采用细长杆的镗刀镗孔时，孔的加工精度和表面粗糙度将受到较大影响。

3. 镗削的生产效率低

为减小镗杆的弯曲变形，需采用较小的背吃刀量和进给量进行切削。另外，镗刀切削刃少，切削效率低，因而镗削的生产效率较低。

4. 工件的装夹次数少

镗床能在工件的一次装夹中完成粗加工、半精加工和精加工等多工序的加工，减少了因多次装夹造成的误差。孔间距的精度可达 ±0.04 ~ ±0.02mm。

第七节 磨削加工

一、磨削的加工范围

在磨床上使用砂轮作为刀具对工件进行切削加工的方法称为磨削。磨削加工能够获得高的加工精度（IT6 ~ IT5）和小的表面粗糙度（$Ra = 0.8 \sim 0.2\mu m$）。高精度磨削可使表面粗糙度 Ra 小于 $0.025\mu m$。磨削加工一般用作精加工工序。常见的几种磨削加工方法，如图 6-30 所示。

二、常见磨床

常见的磨削设备为万能外圆磨床，如图 6-31 所示。它由床身、砂轮架、砂轮、内圆磨装置、头架、尾座、工作台、横向进给机构、液压传动装置和冷却装置等组成。床身上面有纵向导轨和横向导轨。纵向导轨上装有工作台，工作台上安装着头架和尾座。头架上有主轴，可用顶尖或卡盘装夹工件，并带动工件旋转。尾座上的顶尖用以支承工件的另一端。尾座可沿工作台左右移动，以适应磨削不同长度的工件。工作台由液压传动沿纵向导轨作直线往复运动，使工件实现纵向进给，也可用手轮操作实现工作台移动。在工作台前侧的 T 形槽内，装有两个可调位置的换向撞块，用以控制工作台自动换向。工作台由上、下两层组成，

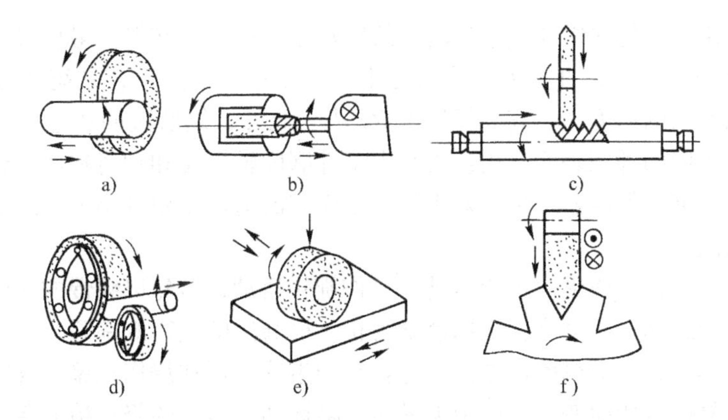

图 6-30 磨削加工方法

a）外圆磨削 b）内圆磨削 c）螺纹磨削 d）无心外圆磨削 e）平面磨削 f）齿轮磨削

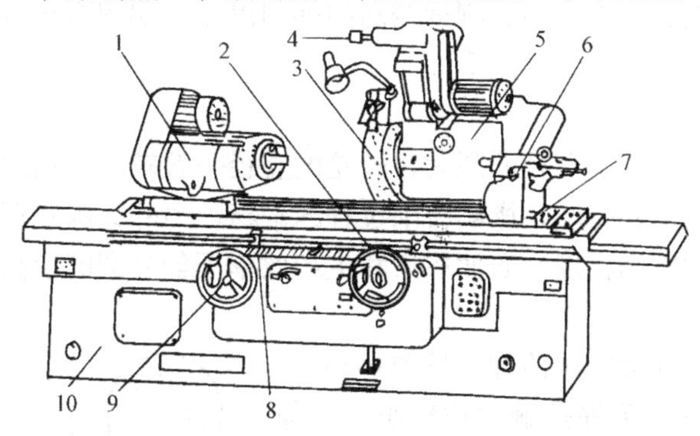

图 6-31 万能外圆磨床

1—头架 2—横向进给手轮 3、4—砂轮 5—砂轮架

6—尾座 7—工作台 8—撞块 9—纵向进给手轮 10—床身

上层相对下层可在水平面内偏转一定角度（$< \pm 10°$），以便磨削锥度不大的圆锥面。装有砂轮主轴和传动装置的砂轮架位于横向导轨上，摇动横向进给手轮可实现砂轮横向进给，也可由液压传动实现快速进退和自动周期进给。内圆磨装置上有供磨削内孔用的砂轮主轴。砂轮架和头架都可绕垂直轴线转动一定角度，以磨削锥度较大的圆锥面。

外圆磨床除可以磨削外圆柱面、外圆锥面和台肩端面外，还可以磨削内孔。其加工精度可达 IT6 ~ IT5，表面粗糙度 Ra 为 0.2 ~ 0.1μm。

三、磨削方法

根据磨削形式的不同，磨削加工分别有外圆磨削、内孔磨削和平面磨削等。

1. 外圆的磨削

常见的外圆磨削有纵磨法和横磨法，如图 6-32 所示。

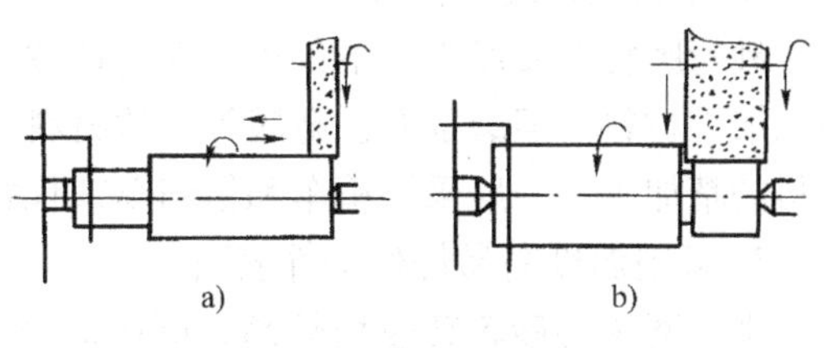

图 6-32 外圆磨削

a）纵磨法 b）横磨法

（1）纵磨法 砂轮的旋转为主运动，工件旋转和工件随工作台的直线往复运动为进给运动。每单行程或往复行程终了时，砂轮作周期性的径向进给（即磨削背吃刀量）。由于每次的磨削深度小，因而磨削力小，磨削

热量相对较少。由于工件作纵向进给运动，故散热条件较好，在接近最后尺寸时可作几次无径向进给的“光磨”行程，直至火花消失为止，可减小工件因工艺系统弹性变形所引起的误差。因此，纵磨法的精度高，表面粗糙度 *Ra* 小。此外，纵磨法的适应性好，一个砂轮可磨削不同直径和长度的外圆表面。用顶尖装夹工件磨削轴、套和轴肩端面，还可保证端面和外圆表面间的垂直度。但纵磨法生产效率低，因而广泛适用于单件小批生产及精磨中，特别适于细长轴的磨削。

（2）横磨法　工件不作纵向进给运动，只作旋转运动，砂轮以缓慢的速度连续或断续地向工件作径向进给运动，直至磨去全部余量为止。横磨法的生产效率高，但工件与砂轮的接触面积大，产生热量大，散热条件差，工件容易产生热变形和烧伤现象，且因切削加工时的径向力大，工件易产生弯曲变形。由于无纵向进给运动，砂轮的修整精度会直接影响工件的尺寸精度和形状精度，因此，有时在横磨的最后阶段作微量的纵向进给。横磨法一般用于大批量生产中磨削直径大、长度较短、刚度较高的外圆以及两端都有台阶的轴颈。若将砂轮修整为成形砂轮，可利用横磨法磨削成形面。

2. 内圆的磨削

内圆的磨削由于受被磨削孔径的限制，砂轮的直径一般较小，切削时的线速度较低。磨削时较细的砂轮轴易于引起振动，影响磨削过程的平稳。另外磨削较深孔时，输送切削液较为困难。因而，内孔的磨削精度、表面质量和生产效率不如外圆磨削高。

3. 平面的磨削

平面磨削有周磨法和端磨法两种，见图6-33。

（1）周磨法　砂轮与工件接触面积较小，冷却条件好，工件温度上升较少。周磨时砂轮的周边磨损均匀，加工质量高于端磨，但磨削效率低于端磨法。

（2）端磨法　砂轮仅一面磨损，但磨削面积大，散热不如周磨法，工件的温升较高，磨削加工的质量相对较低。

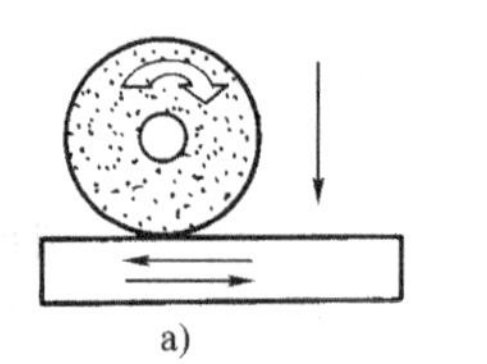

a)

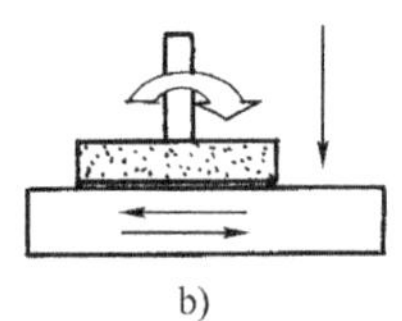

b)

图6-33　平面的磨削
a）周磨法　b）端磨法

四、磨削的工艺特点

1. 容易获得较高的精度和较小的表面粗糙度值

由于磨床的精度高，磨削时砂轮上的磨粒对工件进行细微切削，并伴以摩擦抛光作用，使磨痕极为细浅，减小了工件因工艺系统的弹性变形而引起的加工误差。因而，磨削加工后工件可以得到高的精度和较小的表面粗糙度值。

2. 能加工很硬的材料

砂轮磨粒的硬度大，不仅可磨削铸铁件、未淬火钢件，而且还可磨削淬火钢件及高硬度的难加工材料。但磨削有色金属等较软材料时，磨屑易堵塞砂轮表面孔隙。因而，对于较软材料的精加工，一般采用精车和精细车来代替磨削。

3. 磨削温度高易烧伤工件表面

由于磨床的砂轮转速均较高，磨削时产生的热量大，易于烧伤工件表面，引起尺寸变化。为避免温升过高，磨削时要合理选择砂轮和磨削用量，并采用切削液进行冷却。

复习与思考题

1. 车床的组成部分有哪些？各有什么功用？
2. 常用铣床有哪些类型？其主要特点是什么？
3. 平面的铣削方法有哪些？各有什么优缺点？
4. 钻孔属于粗加工还是精加工？为什么？
5. 镗削加工特点是什么？
6. 磨削加工的主运动和进给运动各是什么？
7. 外圆的磨削方法有哪些？各有什么优缺点？
8. 精加工铜或铝材料的回转体零件时，应采用何种类型的加工机床？为什么？

第七章　零件切削加工的工艺过程

为了保证零件的尺寸、形状和位置精度要求，应该使工件在机床上或夹具中准确定位。在加工过程中，工件受到切削力、重力及惯性力等各种力的作用，有可能偏离准确位置。因此应采取措施，使工件能够保持定位时所获得的准确位置不变，即对工件进行夹紧。对工件的定位和夹紧统称为装夹。

第一节　概　　述

一、生产过程与工艺过程

1. 生产过程

生产过程就是将原材料转变为成品的全过程。包括原材料的运输、储存、生产准备、坯料制造、零件的加工及热处理、装配、检验、调试及涂装包装等。

2. 工艺过程

工艺过程是指用来改变坯料形状、尺寸、表面质量等，使其成为合格零件的过程。如：铸造、锻造、焊接及冲压的坯料制造，零件的机械加工、热处理、装配等。

3. 切削加工工艺过程的组成

工艺过程由一系列工序、安装、工位、工步等组成。

(1) 工序　一个或一组操作者在一个工作地点完成的那一部分工作称为工序。同一产品因批量不同，工序的数量与工序内容有很大区别。如加工图 7-1 所示的阶梯轴时，单件小批生产与大批量生产的工艺过程对比见表 7-1 和表 7-2。

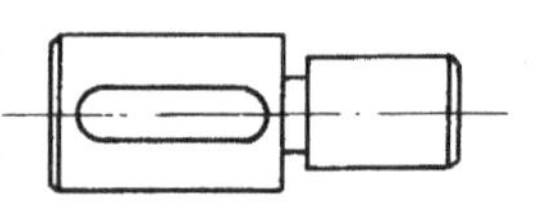

图 7-1　阶梯轴

表 7-1　阶梯轴单件小批生产工艺过程

工序号	工序名称	设备
1	车端面，打中心孔，车外圆，切退刀槽，倒角	车床
2	铣键槽	铣床
3	磨外圆，去毛刺	磨床

表 7-2　阶梯轴大批量生产工艺过程

工序号	工序名称	设备
1	铣端面，打中心孔	铣端面打中心孔机床
2	粗车外圆	车床
3	精车外圆，切退刀槽，倒角	车床
4	铣键槽	铣床
5	磨外圆	磨床
6	去毛刺	钳工台

（2）安装　工件经一次装夹所完成的那部分工作称为安装。一个工序可能有一次安装，也可能有多次安装。如表7-2中的工序4、5只有一次安装，而工序3则至少有两次安装。

（3）工位　工位是指一次装夹后，工件在加工过程中相对于刀具作若干次位置的改变，每次工件所处的位置为一个工位。一个工序可能有一个工位，也可能有多个工位。如表7-2中的各工序都只有一个工位；而工件在如图7-2所示的回转工作台上进行加工时，就有四个工位。其中工位Ⅰ用于装卸工件，工位Ⅱ～Ⅳ分别用于加工不同表面。

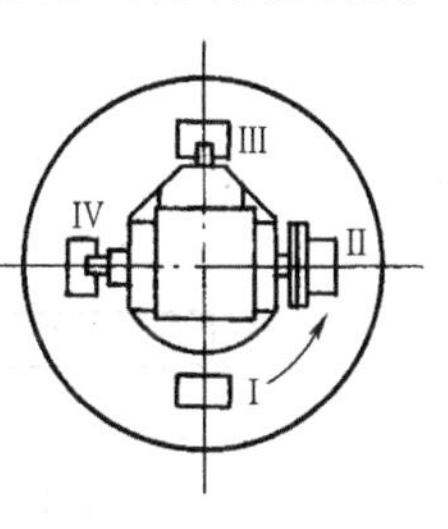

图7-2　四工位

（4）工步　在加工表面不变、加工工具不变的情况下所连续完成的那部分工作称为工步。如表7-2中的工序3有多个工步。

二、机械加工的工艺规程

规定产品或零部件制造工艺过程和操作方法的工艺文件，称为工艺规程。

1. 工艺文件

工艺文件是指用于指导操作、生产和工艺管理等的各种技术文件。其中，各种工艺卡片是重要的工艺文件之一。在JB/Z 187.3—1988《工艺规程格式》中规定了六种机械加工工艺卡片，最重要、也是最常用的当属机械加工工艺过程卡片和机械加工工序卡片。

（1）机械加工工艺过程卡片　机械加工工艺过程卡片是以工序为单位，简要说明产品或零、部件加工过程的一种工艺文件。它主要说明工序排列顺序、工序内容、车间名称、机床、工艺装备及时间定额等。

（2）机械加工工序卡片　机械加工工序卡片是在机械加工工艺过程卡片的基础上，按每道工序所编制的一种工艺文件。一般附有工序简图，并详细说明该工序的每个工步的加工内容、工艺参数、操作要求及所用设备、工艺装备等。

单件小批量生产一般只编制工艺过程卡片，在中批量以上生产中，除工艺过程卡外片，还需编制加工工序卡片。

2. 制订机械加工工艺规程的基本要求

制订机械加工工艺规程的基本要求是“优质、高产、低耗”。同时应在充分利用企业现有生产条件的基础上，尽可能采用先进的工艺技术和经验，并保证良好的劳动条件。另外，还应做到完整、正确、统一和清晰。

制订的机械加工工艺规程，必须可靠地保证零件图上技术要求的实现，尽可能降低工艺成本，充分利用现有条件，减轻劳动强度，保障安全，创造良好、文明的劳动条件。

第二节　工件的装夹与定位

一、工件的装夹

按照装夹方法的不同，可以先定位后夹紧，也可以在夹紧过程中同时实现定位，如图7-3和图7-4所示。图7-4中的零件在车床上进行车削时，工件在三爪自定心卡盘中被夹紧，此时以被夹紧表面作为定位的基准面。在实际应用时，凡是有对中要求的装夹，除V形块外，一般都属于在夹紧过程中同时实现定位的装夹形式。

工件装夹的目的是为了保证加工质量和操作安全，还应尽可能提高生产效率，降低生产成本。因此，工件的装夹应该正确、迅速、方便和可靠。

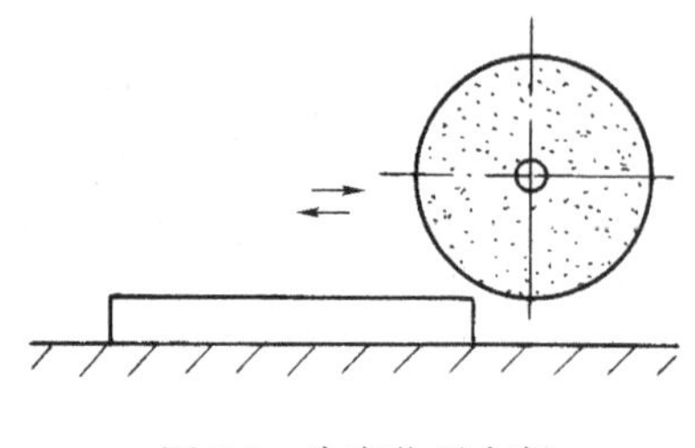

图 7-3 先定位后夹紧

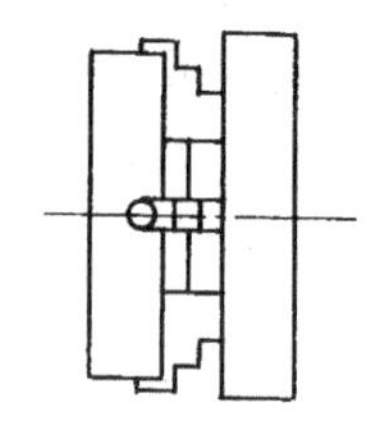

图 7-4 夹紧的同时定位

二、工件的定位

1. 定位原理

与力学中的刚体相似，工件在空间自由状态下具有六个自由度。应用空间直角坐标系，可将工件的六个自由度，分别表示为沿 x、y、z 轴的直线移动 $\vec{x}$、$\vec{y}$、$\vec{z}$ 和绕三轴的转动 $\widehat{x}$、$\widehat{y}$、$\widehat{z}$，如图 7-5 所示。限制工件某一方向的自由度，则工件在某一方向的位置就得以确定。若要完全确定工件的位置，则需要六个相互独立的定位元件来限制工件的六个自由度，即“六点定位原理”。如图 7-6 所示，为便于分析，可将定位元件抽象为定位支承点。

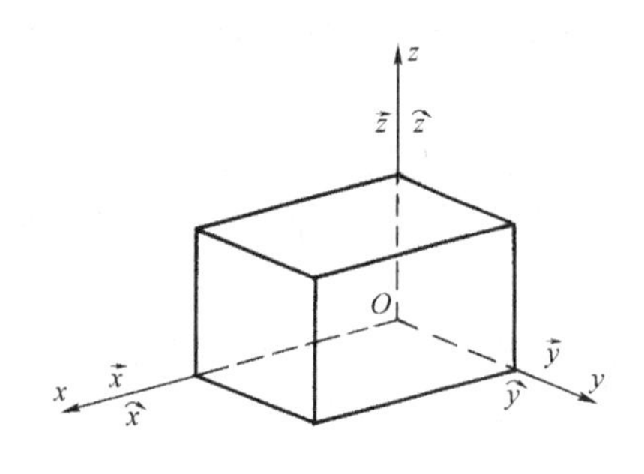

图 7-5 工件的六个自由度

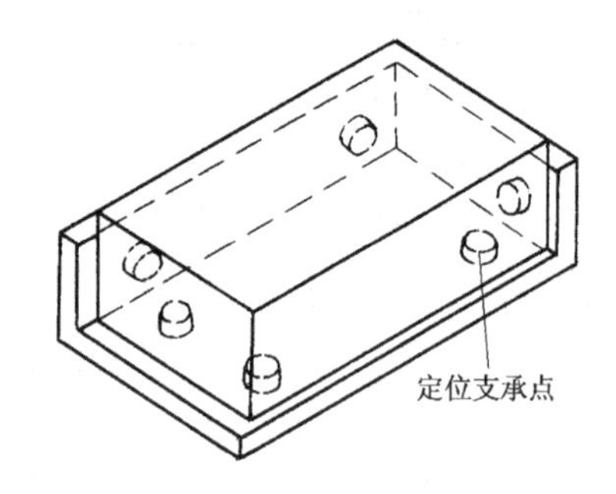

图 7-6 六点定位原理

2. 定位方式

在定位的实际应用时，根据具体需要，工件六个自由度不一定全部被限制。因自由度受限制数量的不同，可将定位方式分为完全定位、不完全定位和重复定位。

（1）完全定位 完全定位是指工件在夹具中，六个自由度均被限制时的定位。如图 7-6 所示的矩形零件，如果在上面钻出不通孔时，六个自由度必须全部得到限制，才能加工出符合要求的工件。

（2）不完全定位 六个自由度未被全部限制时的定位称为不完全定位。如图 7-7 所示，铣削加工零件的凹槽时，$\vec{x}$ 向未被固定，但依然可以正确加工出台阶，保证 y 和 z 向的尺寸。

（3）重复定位 重复定位指工件在夹具中定位时，几个定位支承点重复限制同一个或几个自由度时的定位。如图 7-8 所示，工件以底面、侧面和一孔为定位基准面，在支承板、两个支承钉和短圆柱销上定位。当工件上用作定位的孔的轴线距离底面误差过大，或夹具上的短圆柱销距离支承板误差过大时，就可能造成工件装不进去，其原因在于短圆柱销与支承板重复限制了自由度 $\vec{z}$。由此可见，在批量生产中，重复定位会造成有些工件不能正常装夹的现象，有时也可能造成夹紧变形，破坏了同一批次工件位置的一致性。

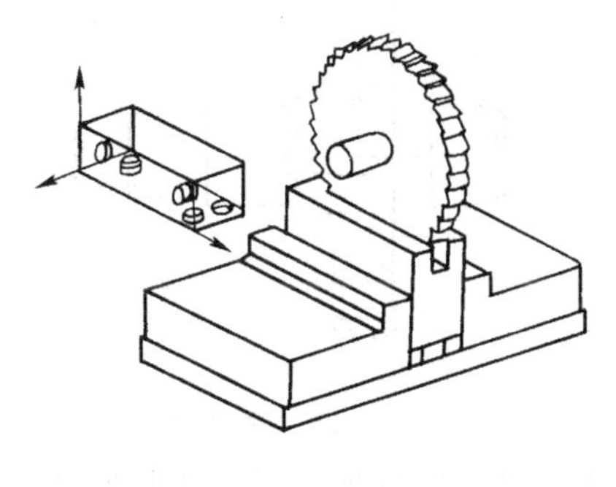

图 7-7 不完全定位

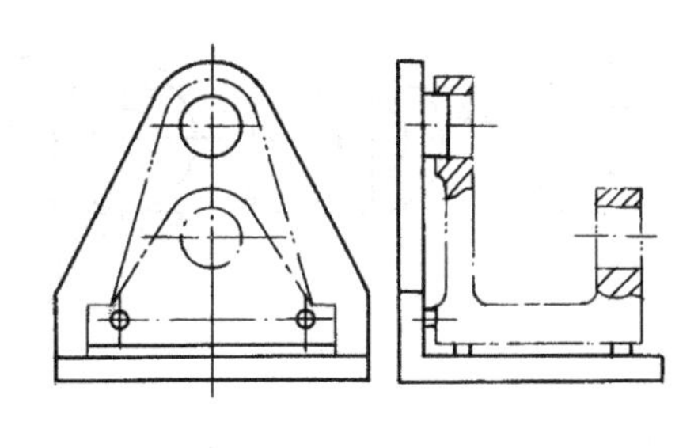

图 7-8 重复定位

第三节 零件的定位基准和加工顺序

一、基准及其分类

为了确定零件的几何参数，必须参照某些点、线或面来确定另外的点、线和面，这些参照即为基准。基准有设计基准和工艺基准。

1. 设计基准

设计基准是指设计图样时使用的基准，每个视图上至少应包括两个基准。如图 7-9 所示的套类零件，ϕ20mm 内孔和 ϕ40mm 外圆均以中心线为设计的基准，端面 C 和端面 D 均以端面 B 为设计的基准。

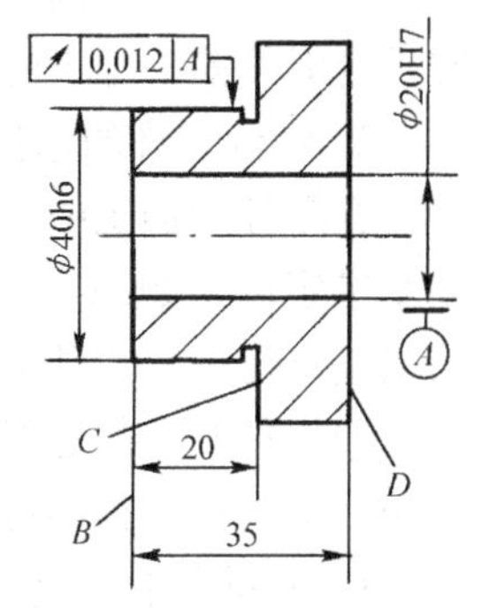

图 7-9 套类件的设计基准

2. 工艺基准

工艺基准是指加工工艺过程中采用的基准。按其作用不同又可分为：

（1）定位基准　工件在机床上或夹具中时，用作确定位置的基准称为定位基准。如图 7-3 所示的零件，在磨削工件的平面时，工件与工作台相接触的底面即为该工序的定位基准；图 7-9 所示的套类零件，当套在心轴上磨削外圆柱面时，内孔就是其定位基准。

（2）测量基准　测量时采用的基准即为测量基准。图 7-10 所示的阶梯轴采用不同的测量方法和测量工具时，其测量基准也不相同。

（3）装配基准　装配时用来确定零部件相对位置所采用的基准称为装配基准。如图 7-11 所示的齿轮轴结构，齿轮以内孔和左端面为装配基准安装在轴上。

二、定位基准的选择

零件进行加工时必须有合理的支撑面，即定位基准。不同的定位基准对加工精度的影响不同。

1. 不同定位基准间的关系

零件加工时的基准可以与设计时的基准一致，也可以不一致，图 7-12 示出了它们对加工精度的影响。为了加工出孔 1，应先加工出底面 3 和顶面 2，得到高度 $H^{+\delta_H}_{0}$，H 的加工误差只要小于 δ_H 即可保证精度。加工孔 1 时，尺寸 h 的设计基准为顶面 2，如果以顶面 2 作为

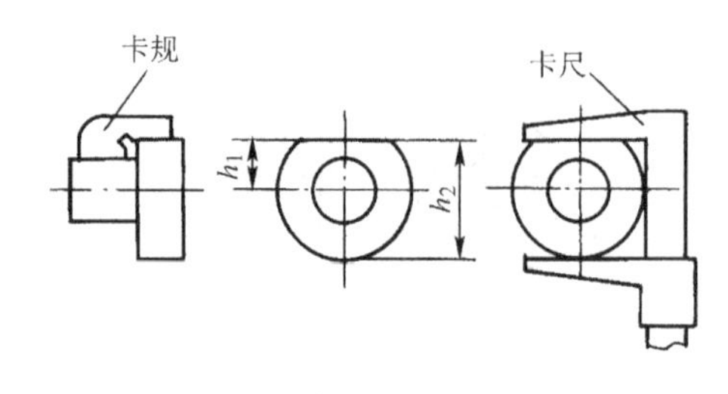

图 7-10　测量基准

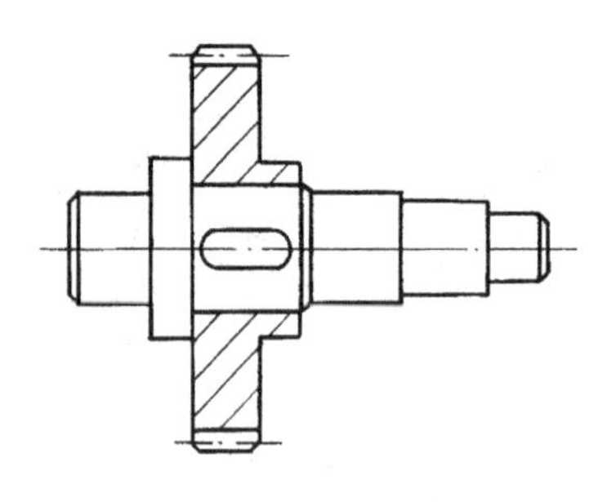

图 7-11　装配基准

定位基准加工孔 1，此时工艺基准与设计基准重合，h 尺寸的实际加工误差 Δ 只要满足

$$\Delta \leqslant \delta_h$$

即可达到要求。如果采用零件的底面 3 作为定位基准，此时的工艺基准与设计基准不重合。h 尺寸的实际工件误差 Δ 应该满足

$$h_{\max} - h_{\min} = \delta_H + \Delta \leqslant \delta_h$$

才能达到精度要求。为了达到精度要求，必须减小 δ_H 和 Δ 值，即必须提高 H 和 h 尺寸的精度。由此可见，基准不重合时，前一加工的误差会影响到后一加工的误差。而基准重合时，前一加工的误差则不会影响后一加工的误差。

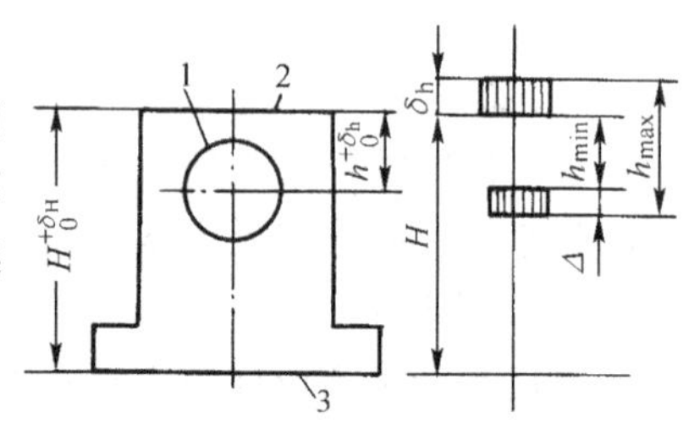

图 7-12　基准与误差
1—孔　2—顶面　3—底面

2. 定位基准的选择原则

在零件的加工中，如果以坯料的未加工面定位，即为粗基准定位。如果使用已经加工过的表面作为定位基准，为精基准定位。粗基准和精基准定位的定位基准选择原则不同。

（1）精基准的选择　选择精基准时，首先要保证工件的加工精度，同时还应使工件装夹方便，夹具的结构尽可能简单。一般应遵循如下原则：

1）基准重合原则。为了保证加工精度，应尽可能用设计基准定位，以便消除基准不重合误差。

2）基准统一原则。当零件的某些表面的相互位置精度要求较高时，这些表面应尽量使用同一个基准定位，以利于保证各个表面的相互位置精度。

3）互为基准原则。为获得均匀的加工余量或较高的位置精度，一般应采用互为基准原则。如齿轮高频感应淬火后，为消除淬火变形、提高齿面与内孔之间的位置精度、保证淬硬层的厚度均匀，一般首先以齿面定位加工内孔，然后以内孔定位磨削齿面。再如，轴类零件热处理后，首先以待磨轴颈定位修磨中心孔，然后再以中心孔定位精磨轴颈。

4）自为基准原则。精加工或光整加工等工序，一般余量小而均匀，这时应选择加工表面本身作为定位基准，其位置精度由先行工序保证。如精磨床身导轨面时，为了保证导轨面耐磨层的厚度和均匀性，一般用导轨面自身找正定位，然后进行磨削加工。

（2）粗基准的选择　粗基准的选择，影响各加工表面的余量分配及非加工表面与加工表面之间的位置精度。但二者往往相互矛盾，这就要据实际情况和具体要求合理地进行选择。一般应遵循如下原则：

1）选取工件上重点要求保证加工余量均匀的表面作为粗基准。如图 7-13 所示的床身，

铸造时为保证导轨面的耐磨性，将导轨面向下放置，以获得细致、均匀的微观组织。加工时，要求切去的金属层尽可能薄一些，以便留下细致、耐磨的金属表层；同时，要求加工余量尽可能均匀，以减少加工后的变形。因此，定位方式应该先以导轨面为粗基准加工床脚平面，再以床脚平面为精基准加工导轨面。

2）若必须保证工件的加工表面与不加工表面之间的位置要求，则应以不加工表面作为粗基准。如图7-14所示的套类零件，由于铸造误差造成内外圆不同轴。为了保证加工后的壁厚均匀，应选择外圆（不加工表面）为粗基准，可以通过一次装夹把绝大部分表面加工出来。

3）若各表面均需加工，且没有重点要求保证加工余量均匀的表面，则应以加工余量最小的表面作为粗基准，以避免有些表面加工余量不足。

4）选作粗基准的表面应平整，无浇道、冒口及飞边等缺陷。

5）粗基准一般只能使用一次，以免产生较大的位置误差。

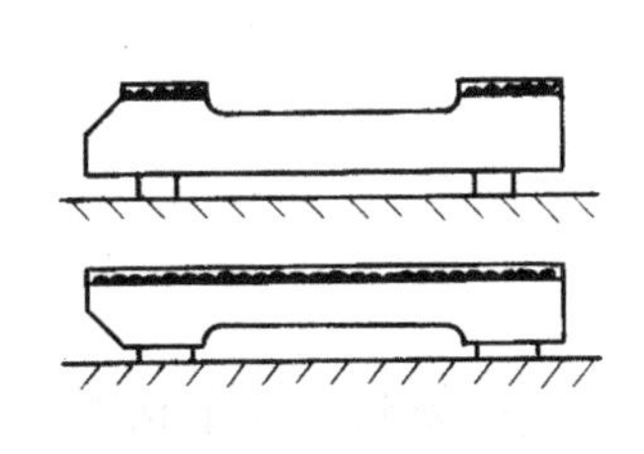

图7-13　床身的粗基准选择

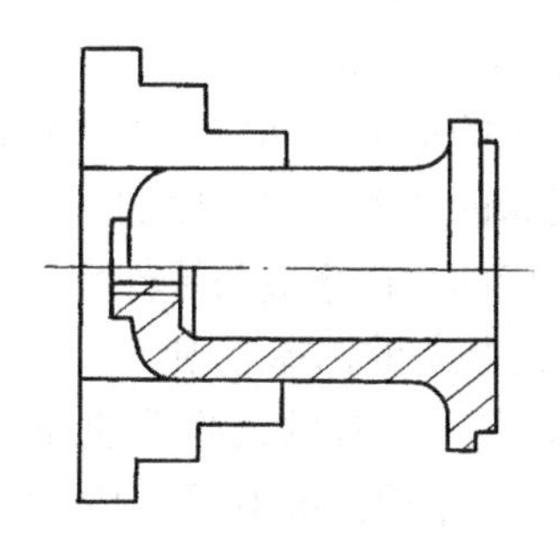

图7-14　坯料表面作粗基准

三、加工顺序的安排

1. 切削加工顺序的安排

工件的各个表面一般都有精度要求，各个表面之间还有位置精度要求。各表面的加工顺序安排往往取决于定位基准的选择和转换，其原则如下：

1）精基准面要先加工，即先精基准后其他。另外，一般应先加工平面，后加工其他表面。

2）精基准加工好后，即应对要求较高的各主要表面进行粗、半精和精加工以及光整加工，次要表面可穿插在各主要表面的工序之间。即先主后次，先粗后精。

3）重要表面加工前，应修正精基准。如轴类零件热处理后、精磨前应修磨中心孔。

4）相对于主要表面有位置要求的次要表面，应安排在主要表面精加工后再加工。

5）易出现废品的工序应适当前移。

2. 热处理工序的安排

热处理工序的安排是否恰当，是影响加工质量和性能的重要因素。热处理方法、次数以及在工艺过程中的位置，应视材料和热处理的目的而定。

（1）退火与正火处理　退火与正火处理安排在机械加工之前。目的是改变材料的组织和硬度，以利切削加工。

（2）时效处理　时效处理分为人工时效和自然时效，目的是用于消除残余内应力。铸造和机械加工都会留下残余内应力，故应视要求予以消除。对于铸件，特别是形状复杂的大型铸件，应在粗加工前后各安排一次时效处理。对于精度要求高的工件，一般在粗加工和半精加工后各安排一次时效处理。

（3）调质处理　调质处理能获得均匀细致的回火索氏体，具有良好的综合力学性能。调质处理可以作为对硬度和耐磨性要求不高的工件的最终热处理。调质处理一般安排在半精加工前进行。

（4）淬火处理　淬火可提高零件的力学性能，一般需配合回火处理。淬火后的工件可能出现变形，工件表面也易于产生氧化，故应安排在磨削之前进行。

3. 辅助工序的安排

辅助工序包括检验、清洗、防锈等，可视具体情况和要求适当安排。

四、机床和工艺装备的选择

工件的加工精度、生产效率和生产成本在很大程度上取决于机床和工艺装备的性能，在实际生产中，应根据工件的生产纲领及加工要求等具体情况进行选择。

1. 机床的选择原则

1）机床的加工范围应与零件轮廓尺寸相适应。

2）机床的精度应与工序加工要求的精度相适应。

3）机床的生产率应与零件生产类型相适应。

2. 工艺装备的选择原则

（1）刀具　刀具的选择取决于加工方法、工件尺寸、工件材料、加工精度及生产效率等，应尽可能采用标准刀具，必要时可采用复合刀具或专用刀具。

（2）夹具　夹具的选择取决于生产类型。单件小批量生产一般选用通用或组合夹具，大批量生产则应设计专用夹具。

（3）量具　量具的选择取决于生产类型和加工精度。单件小批量生产应尽可能采用通用量具；大批量生产且精度要求较高时，应采用各种量规和高效检验设备。

第四节　零件的结构工艺性和坯料的选择

一、零件的结构工艺性

所谓零件的结构工艺性就是零件加工的难易程度。零件的结构工艺性优劣，是随着科学技术的发展而不断产生变化的，因此零件的结构工艺性要适应于生产类型和具体生产条件的要求。在进行零件的结构设计时，应考虑以下工艺性问题：

1. 尽量提高系列标准化程度

适当地组合零件，尽可能地多采用标准化、系列化零件。

2. 应便于工件的装夹

适当地增设工艺性结构，有利于减少装夹次数；有相互位置要求的表面，应尽可能在一次装夹中加工完成。

3. 便于加工和测量

零件尺寸要规格化、标准化，便于采用标准刀具和量具。

4. 保证加工的可能性和方便性

加工表面应有利于刀具的切入和退出，尽可能减少内加工表面和深孔等。

5. 有利于提高生产效率

尽可能减轻工件的质量、减少加工面积，加工表面的形状应尽可能简单，并尽可能布置在同一表面或同一轴线上。

表 7-3 列出了一些典型零件结构工艺性的对比分析，供设计时参考。

表 7-3　零件的结构工艺性分析

序号	设计要求	不合理的结构	合理的结构	说明
1	适当采用组合结构，改善加工条件	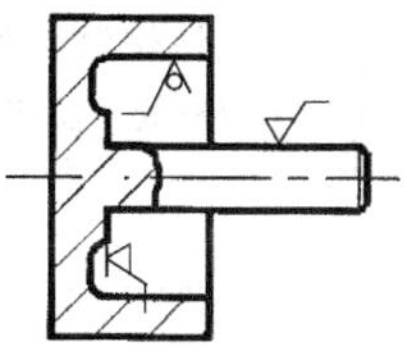	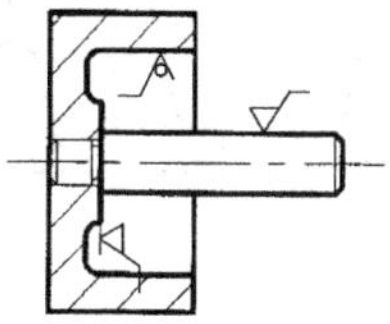	将复杂型面改为组合结构，既方便加工，又容易保证加工精度
2	适当采用组合结构，改善加工条件	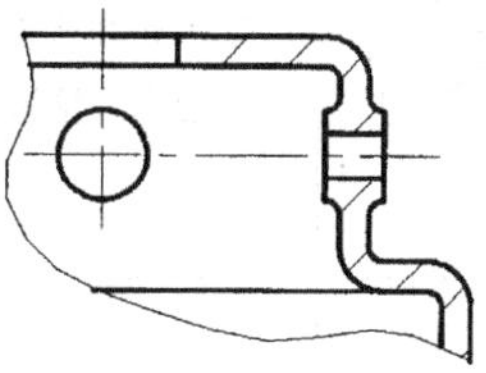	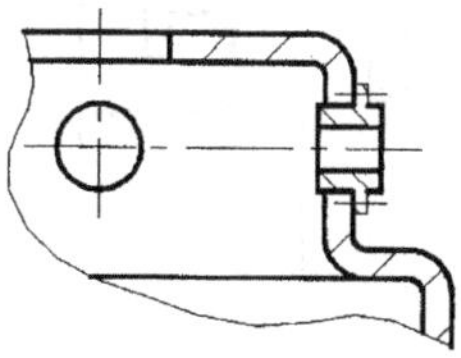	在大型箱体上安装轴承时，其轴承座宜采用组合结构
3	采取适当的工艺措施，使工件装夹方便，并减少装夹次数	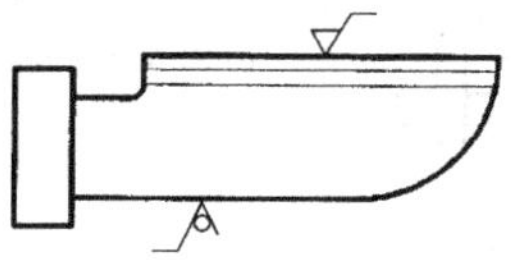	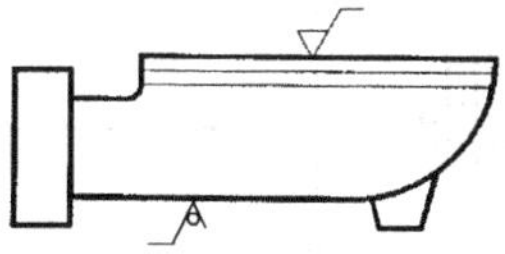	外形不规则的零件应设计工艺凸台，以便于装夹
4		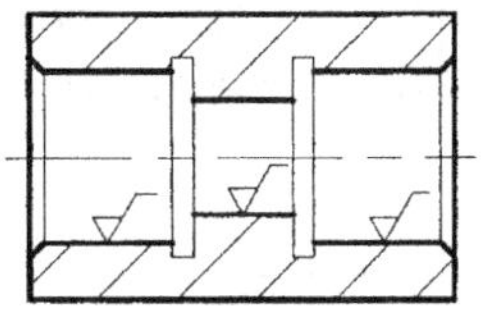	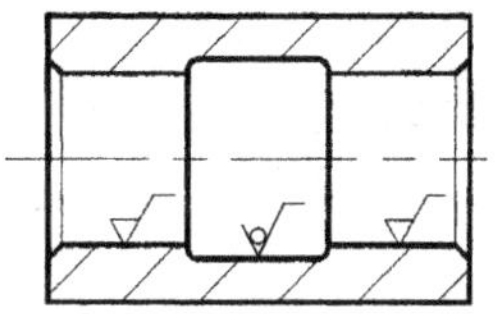	增大非配合表面的直径，只需一次装夹即可完成内孔表面的加工
5		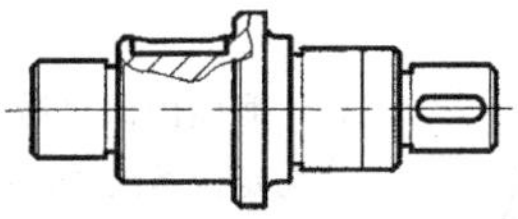	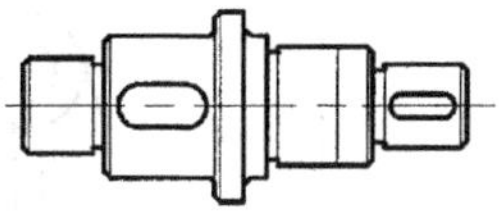	将键槽布置在轴的同一侧，一次装夹即可完成键槽的加工
6	要便于加工和测量	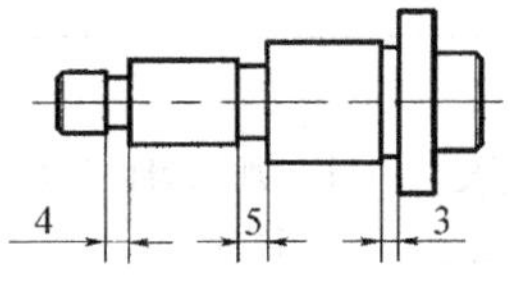	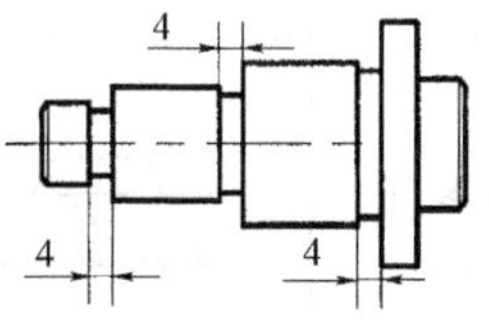	各凹槽尺寸相同，可减少刀具种类，减少换刀时间，便于加工

（续）

序号	设计要求	不合理的结构	合理的结构	说明
7	尽可能减少内表面和深孔的加工	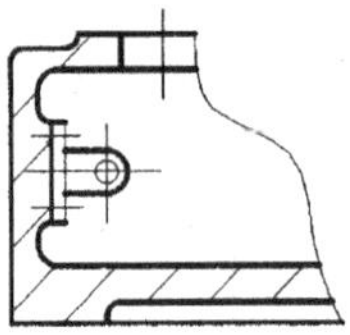	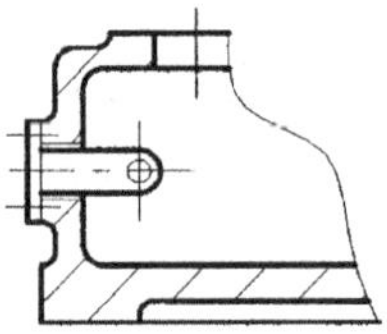	与箱体零件连接时，应将内表面定位改为外表面定位
8		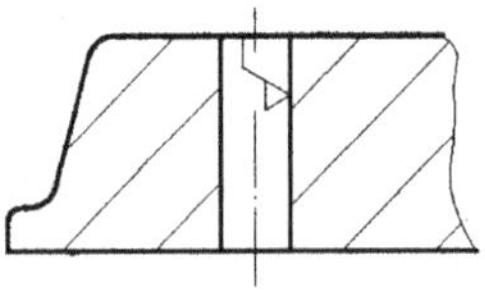	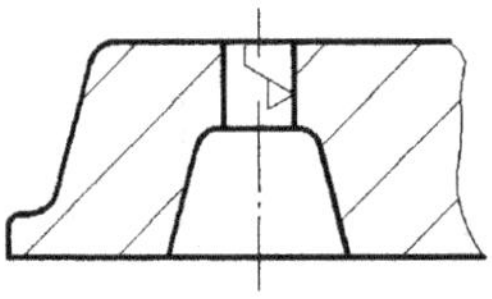	钻较深孔时，冷却、排屑困难，效率低，在结构上应予以避免
9	采取适当的工艺措施，保证刀具的切入和退出	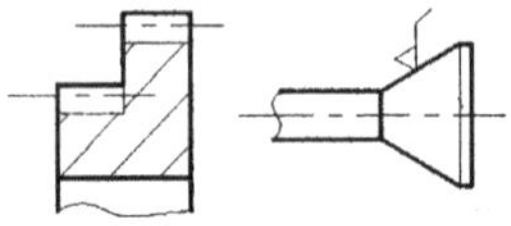	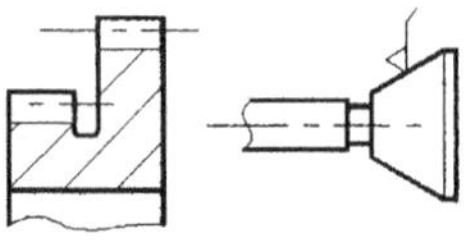	采用切削和磨削加工时，应留有退刀槽或砂轮越程槽
10		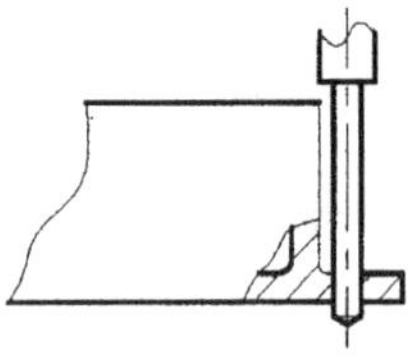	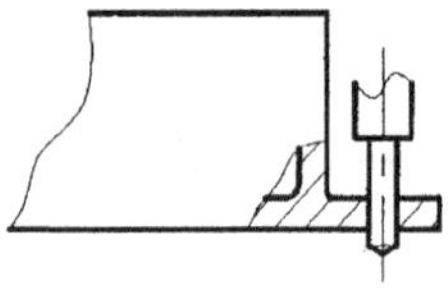	合理布置孔的位置，避免采用加长钻头等非标准刀具
11		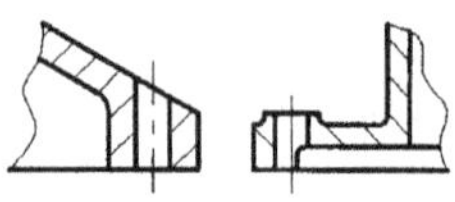	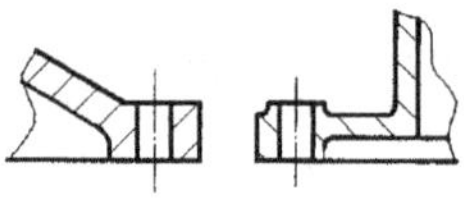	避免在斜面上钻孔或使钻头单刃切削，以防损坏刀具或造成加工误差
12	要有利于提高生产效率	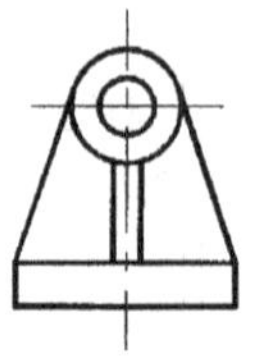	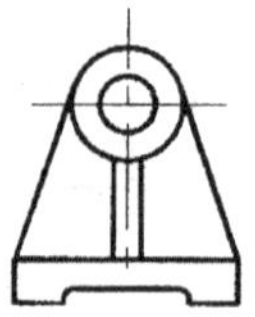	底面内凹可减少加工面积，且作为定位基准时，可使装夹稳定可靠
13		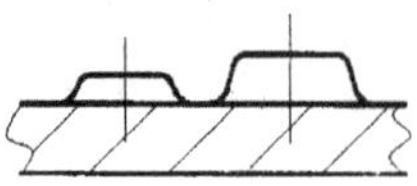	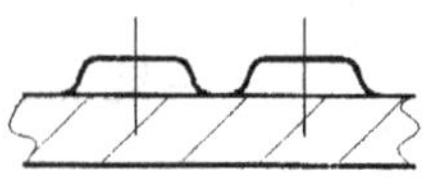	加工表面高度一致时，可减少走刀次数

二、加工对象的工艺性审查

对加工对象的工艺性进行审查，包括以下两方面的工作：

1. 分析加工对象的图样，熟悉各项技术要求

分析研究加工对象的零件图和装配图，熟悉产品的用途、性能及工作条件，明确被加工件的重要程度，了解各项技术要求制订的依据，找出主要技术要求和加工关键，以便在工艺规程中采取措施予以保证。

2. 审查零件的结构工艺性，提出必要的修改意见

对零件的结构要从装夹、加工以及测量等各方面进行认真、仔细地审查，发现不合理之处，要向设计人员提出修改意见。另外，还可以从图样完整性、技术要求的合理性以及材料的选择是否恰当等方面提出改进意见。

三、坯料的选择

制订工艺规程之前，要合理地选择坯料种类和制造方法。坯料选择对零件加工工艺过程的经济性有很大影响，如工序数量、材料消耗、加工工时等都与坯料的选择有很大关系。正确合理地选择坯料，首先必须了解坯料的种类及特点。

1. 常用坯料的种类

（1）铸件坯料　铸件适用于形状复杂的坯料。其生产方法有：砂型铸造、金属型铸造、离心铸造、熔模铸造、压力铸造等。其中砂型铸造的成本较低，应用广泛。但坯料的尺寸精度较差，需要预留较大的切削加工余量。

（2）锻件坯料　在一般情况下，锻件适用于制作强度要求较高、形状简单零件的坯料。主要锻造方法有自由锻和模锻两种。模锻允许较为复杂的锻件形状，锻件的精度高于自由锻件，适用于较大批量生产。

（3）型材　型材分为热轧和冷轧两种，冷轧型材的精度高于热轧型材。因冷轧型材存在加工硬化，硬度高于热轧型材，并且成本较高，故一般情况下热轧型材使用较多。常用的型材有圆钢、钢管、方钢、扁钢、钢板以及角钢、工字钢、槽钢等。

2. 选择坯料时应考虑的因素

影响坯料选择的因素很多，须全面考虑后确定。如选择坯料的种类及制造方法时，总希望坯料接近成品。但对于坯料的形状要求过高，往往使坯料制造困难，费用增加；如果适度降低对坯料形状的要求，反而能够降低总成本。总的来说，应考虑以下几个主要因素：

（1）产品的生产规模　生产规模在很大程度上决定着坯料的制造方法及其经济性。如批量较大时，应选择精度和生产效率较高的坯料制作方法。这样虽一次性投入较大，但由于降低了机械加工的工作量，提高了材料利用率，故总成本反而有所降低。在单件小批生产中，则可以选择精度和生产效率较低的制作方法，如砂型铸造和自由锻等。

（2）零件的力学性能要求

零件的力学性能决定着坯料材料，而坯料材料又决定坯料的制造方法。如力学性能要求较高的钢材零件，一般应选用锻造坯料。而各种设备的机体或机座等，则多选用铸铁坯料。

（3）零件的结构形状及尺寸　零件的结构形状及尺寸也是选择坯料时应考虑的重要因素，如形状复杂的零件一般宜采用铸造，而大型零件的坯料则无法采用模锻。

（4）生产条件　选择坯料时，应尽可能从本企业的现有设备和技术水平出发，考虑其可能性和经济性。

第五节　零件切削成形的工艺分析

零件进行切削成形以前，必须对零件图样上所提供的各种要求和信息进行分析，然后确定坯料、切削加工设备和切削加工路线。零件的不同，坯料将会不同，切削成形的方法也不同。现以某种车辆用电动机壳体为例作介绍，零件图样如图 7-15 所示，批量生产时的工艺分析如下：

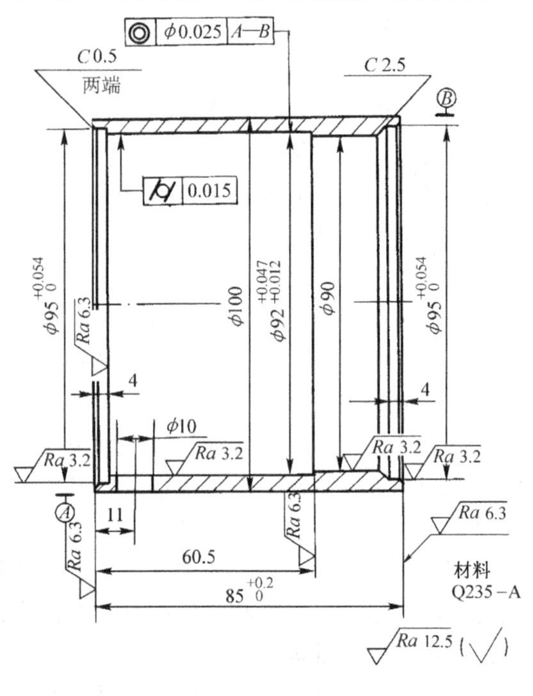

技术要求

1. 零件坯料可采用无缝钢管或由钢板卷制而成，采用卷管时，卷后应整形。
2. 锐角倒钝。

图 7-15　电动机壳产品图样

一、结构工艺性分析

电动机壳体的主要加工表面为 φ92mm 和 φ95mm 内孔表面，不仅尺寸精度要求较高，而且还有圆柱度和同轴度要求，表面粗糙度要求 *Ra* 为 3. 2μm。在制订加工工艺时，对这些要求必须予以保证。另外，电动机壳体的总长度 85mm 有公差要求，其他尺寸则均为未注尺寸公差。

电动机壳体的壁厚较薄，最薄处只有 2. 5mm。选用 Q235-A 材料，塑性较大，易于在加工中产生变形。因此应采取措施予以保证。

二、选择坯料

由于图中要求的材料为 Q235-A，可直接选用适当壁厚的热轧无缝钢管作为坯料。

三、拟订工艺路线

1. 加工方法的选择

工件的各表面除 φ10mm 孔外，均采用车削加工的方法。

2. 定位基准的选择

（1）精基准的选择　工件的内孔要求精度较高，而加工内孔时采用外圆作为定位基准比较方便。因此，整个内孔的粗加工、内孔 φ92mm 以及同一端的内孔 φ95mm 的半精加工和精加工均选用外圆作为精基准。考虑到同轴度的要求，加工另一端的内孔 φ95mm 时选用内孔 φ92mm 作为精基准。

（2）粗基准的选择　由于整个电动机壳体的各个表面均需加工，为保证重要表面的加工余量均匀，应选用内孔表面作为粗基准。

3. 加工阶段的划分

因工件的精度要求较高，所以将加工阶段分为粗加工、半精加工和精加工三个阶段。另外，为减少工件的变形，中间还应插入适当的去应力退火热处理。

4. 机床及工艺装备的选择

所选用的机床及工艺装备见表 7-4。

四、工艺规程文件的编写

表 7-4　电动机壳半精车、精车内孔 $\phi95$mm 时的机械加工工艺过程卡片

（单位名称）	机械加工工艺过程卡片	产品型号		零件图号			
		产品名称	车用电动机	零件名称	电动机壳	共 1 页	第 1 页
材料牌号	Q235-A	坯料种类	钢管	坯料外形尺寸		每坯料可制件数	1
每台件数	1	备注					

工序号	工序名称	工序内容	车间	工段	设备	工艺装备	工时 准终	工时 单件
1		时效	准备					
2	车	车外圆至 $\phi100$，齐端面，保证尺寸 $85^{+0.2}_{0}$，倒钝锐角，表面粗糙度均为 $\sqrt{Ra\ 12.5}$	机加		CA6140	顶尖、外圆车刀、游标卡尺 0.02/150		
3		人工时效	准备					
4	车	车内孔至 $\phi90$，表面粗糙度为 $\sqrt{Ra\ 6.3}$；车外端内孔至 $\phi92^{+0.047}_{+0.012}$，保证尺寸 60.5，表面粗糙度 $\sqrt{Ra\ 3.2}$；车端部内孔至 $\phi95^{+0.054}_{0}$，保证尺寸 4，表面粗糙度 $\sqrt{Ra\ 3.2}$，倒角为 $C0.5$，表面粗糙度 $\sqrt{Ra\ 12.5}$；倒钝锐角	机加		CA6140	内孔车刀、塞规		
5	车	调头车内孔至 $\phi95^{+0.054}_{0}$，表面粗糙度为 $\sqrt{Ra\ 3.2}$，保证尺寸 4；倒角 $C2.5$ 和 $C0.5$，表面粗糙度为 $\sqrt{Ra\ 12.5}$	机加		CA6140	胀胎、内孔车刀、塞规		
6	钻	钻孔 $\phi10$，保证尺寸 11，表面粗糙度 $\sqrt{Ra\ 12.5}$	机加			钻模、游标卡尺		
7	检	检验尺寸 $85^{+0.2}_{0}$、$\phi92^{+0.047}_{+0.012}$、60.5、$\phi95^{+0.054}_{0}$ 等，表面粗糙度 $\sqrt{Ra\ 3.2}$、$\sqrt{Ra\ 6.3}$、$\sqrt{Ra\ 12.5}$ 等	检验			游标卡尺 0.02/150、检验量规		

描图
描校
底图号
装订号

标记	处数	更改文件号	签字	日期	标记	处数	更改文件号	签字	日期	设计（日期）	审核（日期）	标准化（日期）	会签（日期）

表 7-5　电动机壳半精车、精车内孔 ϕ95mm 时的机械加工工序卡片

（单位名称）	机械加工工序卡片	产品型号		零件图号			
		产品名称	车用电动机	零件名称	电动机壳	共 5 页	第 4 页

车间	工序号	工序名称	材料牌号
机加	5	车	Q235-A
坯料种类	坯料外形尺寸	制件数	每台件数
钢管		1	1
设备名称	设备型号	设备编号	同加工件数
车床	CA6140		1
夹具编号		夹具名称	切削液
J2000-3		涨胎	
工位器具编号		工位器具名称	工序工时
			单件

工步号	工步名称	工步内容	工艺设备	主轴转速 r/min	切削速度 mm/r	进给量 mm/r	切削深度 mm		工步工时 辅助
1	半精车	车外端内孔至 $\phi94.7\pm0.043$，保证尺寸 3.8，表面粗糙度 $\sqrt{Ra\ 6.3}$	CA6140、涨胎、内孔刀 游标卡尺 0.02/150						
2	精车	车外端内孔至 $\phi95^{+0.054}_{0}$，保证尺寸 4，表面粗糙度 $\sqrt{Ra\ 6.3}$；$\phi92^{+0.047}_{+0.012}$ 与该孔和左端同尺寸孔公共轴线的同轴度为 $\phi0.025$	CA6140、涨胎、内孔刀、塞规						
3	倒角	内端倒角 $C2.5$，表面粗糙度 $\sqrt{Ra\ 12.5}$	CA6140、涨胎、内孔刀						
4	倒角	外端倒角 $C0.5$，表面粗糙度 $\sqrt{Ra\ 12.5}$	CA6140、涨胎、内孔刀						

标记	处数	更改文件号	签字	日期	标记	处数	更改文件号	签字	日期	设计（日期）	审核（日期）	标准化（日期）		

描图
描校
底图号
装订号

对于机械加工工艺规程来说，最为重要的文件是“机械加工工艺过程卡片”和“机械加工工序卡片”。这里不仅列出了电动机壳体的机械加工工艺过程卡片，见表7-4，还列出了半精车、精车内孔 ϕ95mm 及倒角时的机械加工工序卡片，见表7-5。

复习与思考题

1. 试述定位与夹紧的区别与联系。
2. 工艺基准包括哪些？分别叙述其定义。
3. 什么叫生产过程和工艺过程？
4. 机械加工工艺过程由哪几部分组成？试分别叙述其定义。
5. 简述机械加工工艺规程的作用和制订程序。
6. 什么叫“六点定位原理”？合理的定位方式是否一定要限制工件的六个自由度？
7. 若定位支承点不超过六个，是否就一定不会出现重复定位？为什么？
8. 在进行结构设计时，应考虑哪些工艺性问题？
9. 常用的坯料有哪几种？选择坯料时应考虑哪些因素？
10. 粗、精基准的选择原则各是什么？
11. 安排加工顺序时应遵照什么原则？

第八章　零件成形的工艺设计

设计出零件的图样以后，需要利用成形工艺将其加工制造出来。不同的成形工艺和同种工艺中不同的工艺参数，均有可能影响到零件的制造质量、成本和效率。因而合理地设计工艺，对最终完成零件的加工制造有重要的意义。

第一节　热处理件的工艺设计

热处理是对固态金属的加热、保温和冷却，从而改变其组织结构和性能的工艺。热处理的工艺有多种，不同的热处理工艺有不同的特点和作用，只有熟悉它们才能正确选择和应用。另外，热处理的工艺参数除了依照理论参数外，还要根据具体零件的大小和形状，以及材料的特点来灵活确定。

一、热处理工艺的特点

常见的热处理工艺有退火、正火、淬火和回火，另外还有表面热处理和化学热处理等，以退火、正火、淬火和回火最为多用。

1. 退火和正火工艺的特点

退火和正火是以软化材料为主要目的的处理方法。正火的冷却速度比退火快，处理后零件的组织结构比退火细小，力学强度和硬度略高。但由于正火的冷却速度高于退火，工件冷却时产生的内应力大于退火处理，故消除内应力的效果不如退火好。正火的生产周期短于退火，所以生产中经常使用正火工艺。

2. 淬火工艺的特点

淬火工艺主要是提高零件的硬度，硬度的提高使耐磨性随之提高了，强度也提高了。淬火处理最典型的特点是加热后的快速冷却。

确定淬火工艺时，应该注意到材料的淬硬性与材料的化学成分有关。一般情况下，材料中的碳含量愈高，零件淬火后的硬度愈高。要求硬度高的零件必须选用中等或高含碳量的钢材，才能在淬火后获得高硬度。但需要说明的是，对于低碳钢，有时也采用淬火工艺。尽管低碳钢零件淬火后的硬度提高不大，但由于增加了钢中碳的弥散程度，并获得了低碳马氏体，所以能够提高低碳钢的强度。

淬火工艺中与淬硬性同等重要的概念是淬透性。材料的淬透性愈大，材料经过淬火获得硬化层的深度愈大，这对许多大截面的零件尤其重要。厚大的重要零件往往要求较深的硬化层，这必须使零件的心部能够快冷，对于碳钢材料的厚大零件是不易达到的。由于合金钢中多数合金元素可以推迟奥氏体向其他组织结构的转变，促使钢材以比较缓慢的冷却速度，获得硬度高的组织结构。因此，合金钢中的合金元素除了本身可以提高材料的性能以外，还可以改善钢的热处理工艺条件，使零件淬火时的冷却速度可以相对较低，使厚大零件能够获得较深的硬化层。较低的冷却速度又可以减少淬火时的内应力，减少零件淬火时的开裂倾向。

由淬火工艺中的淬硬性和淬透性两方面可以看出，零件的选材合理与否，直接影响到热处理工艺和零件的力学性能。

3. 回火工艺的特点

经过淬火之后的零件一般要进行回火处理，以便消除淬火产生的内应力，减少零件的脆性，并适当调整零件的硬度。回火有不同的温度，淬火马氏体在不同回火温度下会产生不同的分解或变化。对于绝大部分钢材，回火的温度愈高，零件回火后的硬度愈低。因此需要根据零件的性能要求来确定回火温度。低温回火一般适于硬度要求高的零件；中温回火适于弹性要求高的零件；对综合力学性能要求高的零件应进行高温回火，即调质热处理。

二、拟定零件热处理工艺的基本方法

1. 分析零件的结构和材料

对于需要进行热处理的零件，要由结构形状和材料两方面进行分析。

对于结构复杂、截面变化大，或者有尖角部位和过薄的零件结构，为避免淬火处理时冷却不均匀造成变形或开裂，应尽量降低加热温度，冷却时适当采取预冷措施，并尽可能采用冷却缓慢的冷却介质。必要时应改进零件的结构，对于大截面尺寸的零件，为保证心部的透热，要适当延长保温时间。

零件材料的化学成分直接影响到热处理加热温度的高低，一般通过查阅工艺手册来确定加热温度。零件淬火时的冷却方式与材料有关。淬火处理时，碳钢材料需要快冷，一般采用盐水作为冷却介质；合金钢材料大多采用冷却相对缓慢的油介质进行冷却，以减少零件快冷时的开裂倾向。

2. 分析加热易于出现的问题

零件的热处理需要考虑加热时的氧化等不利因素。退火和正火处理的零件，一般会有进一步的切削加工工序，表面产生的氧化层对工件的影响较小。对于已经切削加工过的工件，加热时的表面氧化十分有害，需要采取防止氧化的措施，例如采用真空电炉或保护气氛炉加热。如若没有防止氧化的加热设备，应适当增大工件机械加工的余量。

3. 分析热处理与其他工艺的关系

热处理可以是零件制造的一个中间环节，如改善锻、轧、铸毛坯组织的退火或正火；也可以是达到规定力学性能的最终环节，如淬火后的回火等。一般情况下，零件的热处理工序在制造流程中有以下情况：

1）在切削加工前进行热处理，如退火、正火、人工时效等。

2）在切削加工的半精加工后进行热处理，如调质处理、淬火和回火等。

3）在切削加工的精加工后进行的热处理，如淬火和回火、高频感应淬火和回火、渗碳或渗氮等处理。

4. 分析加热设备的特点

加热设备有空气介质加热炉、保护气氛加热炉和真空加热炉等。

空气介质的加热炉根据结构特点又有箱式炉、井式炉和带状炉等。其中以箱式炉最为常用，适用于大部分零件的热处理。一般情况下，中温箱式炉的最高允许加热温度为950℃左右。工件装炉时可单层摆放或多层叠放。单层摆放时加热较为均匀，但生产效率较低。井式炉适用于细长形状的工件加热，加热时工件在炉内处于吊挂状态。空气介质的加热炉密封不理想，工件加热时氧化严重。但该类设备的结构简单，设备成本相对较低。

保护气氛加热炉有专门的加热室，装入工件后需要通入氩气、氮气或氢气，以防止工件产生氧化。该类加热炉对工件的氧化轻微，适用于精加工或半精加工后的工件加热，但设备成本相对较高。

真空加热炉能够使工件在真空下加热，使零件的氧化非常轻微。但真空加热炉的结构复杂，设备的成本高，应用相对较少。

5. 绘出热处理工艺曲线

根据零件的形状、尺寸、材料和性能要求，结合选取的热处理工艺，确定加热温度、保温时间、冷却方法，绘出热处理工艺曲线，以便于操作执行。

三、热处理工艺参数的选择

热处理工艺参数的选择除了要根据有关理论，如铁碳合金状态图和等温转变图进行分析外，还要根据零件的形状结构、尺寸大小、性能要求、加热设备特点等，对实际工艺参数进行灵活调整。

1. 退火与正火的工艺参数确定

（1）加热温度　有关钢的退火和正火加热温度可查阅热处理手册或参考表 8-1 选取。有关合金钢的退火和正火加热温度可查阅热处理手册或参考表 8-2 选取。

表 8-1　钢的退火和正火加热温度

钢号		20	45	50	60
Ac_1/℃		735	724	725	727
Ac_3/℃		855	780	760	766
Ms/℃			330	300	265
退火	温度/℃	800 ~ 900	800 ~ 840	820 ~ 840	800 ~ 820
	冷却方式	炉冷	炉冷	炉冷	炉冷
	硬度 HBW	≤156	≤200	≤228	≤230
正火	温度/℃	920 ~ 950	850 ~ 870	820 ~ 850	800 ~ 820
	冷却方式	空冷	空冷	空冷	空冷
	硬度 HBW	≤156	≤220	≤230	≤255

表 8-2　合金钢的淬火和回火加热温度

钢号		20Cr	40Cr	30CrMo	35CrMo
Ac_1/℃		766	743	757	755
Ac_3/℃		838	782	806	800
Ms/℃			355	345	371
退火	温度/℃	860 ~ 890	825 ~ 845	830 ~ 850	820 ~ 840
	冷却方式	炉冷	炉冷	炉冷	炉冷
	硬度 HBW	≤197	≤207	≤229	≤230
正火	温度/℃	870 ~ 890	850 ~ 870	870 ~ 880	830 ~ 880
	冷却方式	空冷	空冷	空冷	空冷
	硬度 HBW	≤270	≤250	≤400	240 ~ 286

（2）保温时间　电炉加热的保温时间等于工件的有效厚度乘以保温系数；油炉、煤气

炉加热的保温时间为电炉加热保温时间的0.5～0.7倍。保温系数可参照表8-3或有关手册选取。

表8-3 电炉加热的保温系数

钢的类别	退火保温系数/（min/mm）	正火保温系数/（min/mm）
碳素结构钢	1.5～1.8	1.0～1.5
合金结构钢	1.8～2.0	1.2～1.8
合金工具钢	2.0～3.0	

（3）冷却速度　可直接查有关手册，碳素工具钢退火应以不大于50～100℃/h的冷却速度冷至500～550℃后空冷，不同冷却速度所需要的冷却介质可以通过相关手册查得。

2. 淬火与回火的工艺参数确定

（1）淬火温度　淬火温度是根据钢的临界点、工件的形状和尺寸大小等进行选择的。表8-4和8-5列出了几种常用钢的淬火和回火温度及表面硬度的参照数值。

不同的回火温度可以获得不同的硬度。需要注意的是，必须对工件先进行淬火处理使其获得足够的硬度后，才可能在不同回火温度下得到不同的硬度。由于回火过程中材料内应力释放和淬火组织结构的分解均需要一定的时间，因而保温时间一般需要2～3h。大部分钢材回火之后的冷却为空冷。某些合金钢会有回火脆性，需要在油中快速冷却。

表8-4 常用钢的淬火、回火温度和表面硬度

钢号	淬火温度/℃	冷却介质	表面硬度HRC	回火温度/℃
15（渗碳）	780～800	盐水	58～63（工件直径≤80mm）	160～200
35	830～850	盐水	30～40（工件直径≤50mm）	380～440
45	810～830	盐水	30～40（工件直径≤80mm）	400～450
	840～860	盐水	52～58（工件直径≤60mm）	200～220
	810～830	盐水－油	42～47（工件直径≤50mm）	350～380
	800～830	盐水－油	48～53（工件直径≤30mm）	240～280

表8-5 常用合金钢的淬火和回火温度

钢号		20Cr	40Cr	30CrMo	35CrMo
Ac_1/℃		766	743	757	755
Ac_3/℃		838	782	806	800
Ms/℃			355	345	371
淬火	温度/℃	860～880	830～860	850～880	840～860
	冷却方式	水或油冷	油冷	水或油冷	油冷
	硬度HRC	>28	>55	>52	>55
回火	150℃回火	28HRC	55HRC	52HRC	55HRC
	200℃回火	26HRC	53HRC	51HRC	53HRC
	400℃回火	24HRC	43HRC	44HRC	43HRC
	500℃回火	22HRC	34HRC	32HRC	32HRC

（2）保温时间　保温时间的计算公式为

$$T = K\delta$$

式中，T 为保温时间，单位为 min；K 为保温系数（查有关手册或表格）；δ 为有效厚度，单位为 mm（棒状工件取直径尺寸为有效厚度；扁形工件取厚度尺寸为有效厚度；套形工件，当工件的高度小于 1.5 倍壁厚时，取高度尺寸为有效厚度；当工件的高度大于 1.5 倍壁厚时，取 1.5 倍的壁厚尺寸为有效厚度）。

四、零件热处理的工艺设计例

小轴零件如图 8-1 所示，材料为 45 钢，数量为 50 件，热处理要求为 53 ~ 57 HRC。

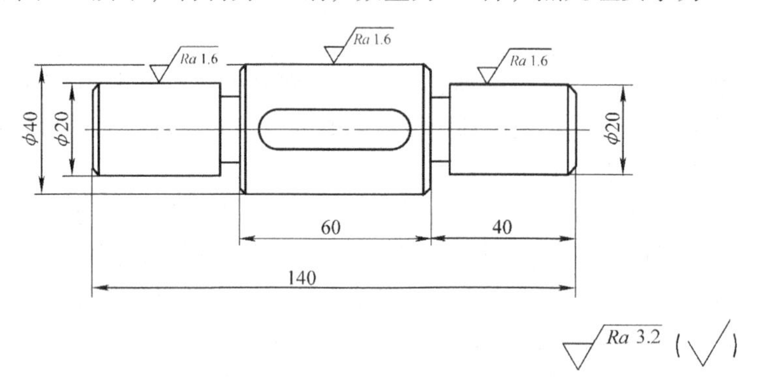

图 8-1 小轴的零件图

1. 零件的分析

该零件成形的基本工艺方法可以有以下三种：

1）由铸造成形获得毛坯，通过进一步的切削加工最终成形。

2）由锻造成形获得毛坯，通过进一步的切削加工最终成形。

3）由供应的钢材直接切削加工成形。

由于轴类零件要求有一定的韧性，并且硬度也不能太低。如果采用铸造毛坯其强度和韧性均不如锻造毛坯；如果采用供应的钢材直接切削加工，零件的强度虽然也不如锻造毛坯，但可以节省锻造工序。综合考虑，本例采用锻造毛坯，再进一步对毛坯进行切削加工形成零件。

2. 确定零件的热处理工艺

根据零件的应用特点和硬度要求，应该通过淬火达到高的硬度要求，然后再采用低温回火来降低脆性并消除淬火造成的内应力。另外，由于零件采用了锻坯，为了使锻件各部分的组织结构和硬度均匀，并减小因锻后冷却不均产生的内应力，则需要进行退火或正火处理，以便为淬火热处理作组织结构准备。考虑到本例的零件属于一般零件并且结构较简单，为了缩短热处理周期，采用锻后正火处理。

3. 确定零件的工艺流程

下料→锻造→正火处理→车削（粗加工、半精加工）→铣削→淬火→低温回火→检验硬度和尺寸→磨削（精加工）

4. 确定加热设备

根据工件的尺寸和形状，正火加热时采用箱式炉。由于工件的批量较小，故淬火加热也采用箱式炉，为减轻表面氧化带来的不利影响，应在半精加工时适当增加下一步的机械加工余量。先将工件装入带有木炭粉的密封铁箱中保护，然后再装炉进行淬火加热。淬火冷却采用盐水介质。由于回火温度不高，加热时工件表面不会产生严重的氧化，因而采用一般箱式炉。

5. 确定工艺参数

（1）正火工艺参数的确定　由于零件各部位的直径不同，需要按照最大直径计算才能保证全部透热，于是零件的厚度确定为40mm。由于锻坯需要留有机械加工余量，根据锻件的设计规则，本锻件最大直径为44mm，故有效加热厚度 δ 为44mm。正火的保温系数 K 取1.5。正火的保温时间计算如下

$$T = K\delta = 1.5 \times 44\text{min} = 66\text{min}$$

（2）淬火工艺参数的确定

1）加热温度。查阅热处理手册可以确定该钢的淬火加热温度。本例零件材料为45钢，由热处理手册查得其淬火加热温度为840～860℃。对于同一种钢材，由于零件的形状、尺寸和所采用的冷却方式不同，淬火加热温度也会有所不同。若零件的形状复杂，壁厚不够均匀，为了减少淬火时的变形，淬火加热温度尽量采用参数的下限值。但是淬火加热温度过低会使工件淬火后的硬度偏低，如若淬火的硬度达不到要求，则应适当提高加热温度。由于本例零件的形状较为简单，淬火变形和开裂的倾向较小，淬火加热的温度可以取上限，以便淬火后能够获得较高的硬度。选取860±10℃作为淬火加热温度。

2）保温时间。零件的加热设备选用箱式炉，保温时间由下式计算

$$T = K\delta = 1 \times 44\text{min} = 44\text{min}$$

一般箱式炉的加热介质为空气，保温系数 $K = 1\text{min/mm}$。

3）淬火冷却。为防止淬火裂纹，对于有效厚度较大或形状复杂的碳钢零件可采用盐水-油的双液淬火，而对于一般的碳钢零件常用盐水或清水的单液淬火。本例选取冷却速度较快的盐水作为淬火介质。

（3）回火工艺参数的确定

1）回火温度的确定。参照热处理手册，根据硬度要求确定210±10℃为回火温度，保温120min。

2）回火的冷却方式。由于零件没有特殊要求，并且回火温度较低，回火的冷却方式采用常见的空冷方式进行。

6. 绘出热处理各工艺曲线

小轴的热处理工艺曲线如图8-2所示。

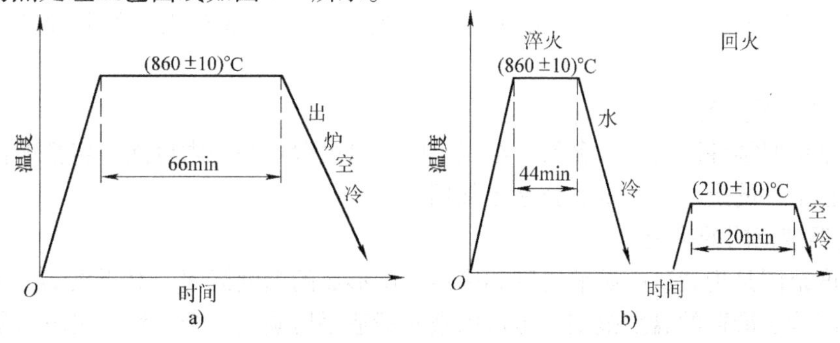

图8-2　小轴的热处理工艺曲线

a）锻后正火的工艺曲线　b）淬火和回火的工艺曲线

第二节　自由锻件的工艺设计

自由锻件的工艺设计包括零件的结构分析，锻件工艺参数的选取和锻件图的绘制。为了能够设计出合格的锻件，不仅需要计算原始坯料的尺寸，而且还要设计锻造比和修正工序。

一、锻造工艺的选择

主要的锻造工艺有自由锻、胎模锻和模锻。锻造工艺的不同，允许锻件的复杂程度、精度和批量不同，锻造设备和生产效率也不同。

1. 自由锻的工艺特点

自由锻无法锻出结构复杂的锻件，锻件的精度和生产效率不高。但自由锻对设备的要求较为简单，主要依靠操作技术来完成坯件的锻造。对于单件或小批量的锻件，往往首先选用自由锻的方法。

2. 模锻的工艺特点

模锻能够锻出形状较为复杂和精度高的锻件。模锻的生产效率可以很高。由于模锻锤的精度高，设备成本也高于自由锻设备。模锻时需要专门的锻模，大型锻模的制作较为困难，因而大型锻件一般采用自由锻进行锻造。对于大批量的中小型锻件，一般多采用模锻。

3. 胎膜锻的工艺特点

胎膜锻的特点介于模锻和自由锻之间，允许锻件的结构略为复杂，锻件的精度和生产效率高于自由锻，但是低于模锻，适用于小批量的生产。

二、绘制自由锻的锻件图

1. 分析零件的结构特点

零件的结构不同，对应锻件的结构和锻造特点也不相同。应该根据锻件的结构情况，判断某些部位能否直接锻出。例如，零件的齿形部位、螺纹部位、小孔和小的凹槽部位，自由锻均无法锻出。另外，对于斜面、锥面和球面结构也无法锻出。这需要在相应部位添加余块，对锻件结构作简化处理。

2. 自由锻件余量和公差的确定

大多数锻件需要进一步机械加工达到最终的形状和尺寸，因而自由锻件需要为机械加工留有余量。不同的锻件形状和大小以及不同的锻件部位，需要留的余量不一定相同。对于不需要进行机械加工的表面，则不应留有加工余量。不同锻件的余量需要查阅锻件手册获得。表 8-6 和表 8-7 列出了部分盘类自由锻件的余量和公差。表 8-8 列出了部分轴类自由锻件的余量和公差。

3. 绘制自由锻件图

锻件图是依照零件图的形状和尺寸绘制出的。自由锻件图的内容除了包括锻件形状和尺寸外，还包括锻件的余块、余量和公差等数据。

4. 锻造温度范围的确定

锻造温度范围是指锻造的始锻温度和终锻温度形成的温度区间。对于大部分碳钢，可以由铁碳状态图确定锻造的温度范围，也可以查阅锻造手册确定。合金钢情况较为复杂，一般需要查阅锻造手册确定。

表 8-6　盘类自由锻件的机械加工余量和公差

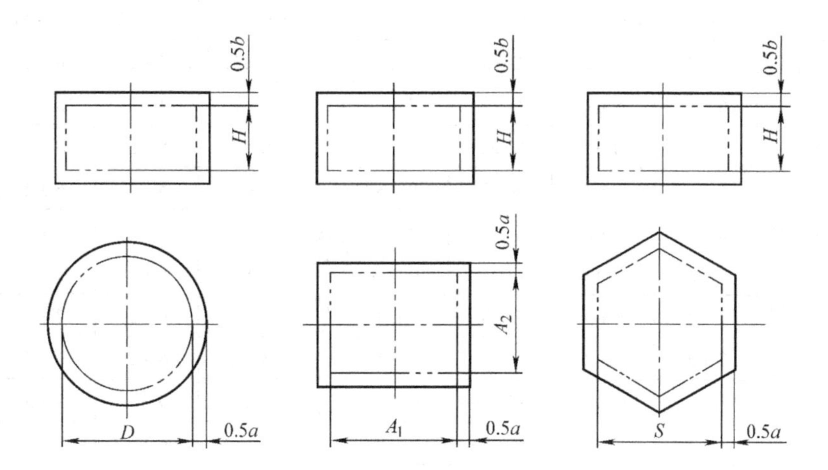

零件高度 H/mm		0~40		40~63		63~100		100~160		160~200	
余量/mm		a	b	a	b	a	b	a	b	a	b
零件尺寸 D（或 A, S）/mm	锻件精度等级 F										
	63~100	6±2	6±2	6±2	6±2	7±2	7±2	8±3	8±3	9±3	9±3
	100~160	7±2	6±2	7±2	6±2	8±3	7±2	8±3	8±3	9±3	9±3
	160~200	8±3	6±2	8±3	7±2	8±3	8±3	9±3	9±3	10±4	9±3
	200~250	9±3	7±2	9±3	7±2	9±3	8±3	10±4	9±3	11±4	10±4
	锻件精度等级 E										
	63~100	4±2	4±2	4±2	4±2	5±2	5±2	6±2	6±2	7±2	8±3
	100~160	5±2	4±2	5±2	5±2	6±2	6±2	6±2	7±2	7±2	8±2
	160~200	6±2	5±2	6±2	6±2	7±2	6±2	7±2	8±3	8±3	9±3
	200~250	6±2	6±2	7±2	6±2	7±2	7±2	8±3	8±3	10±3	9±3

表 8-7　带孔的盘类自由锻件的机械加工余量和公差

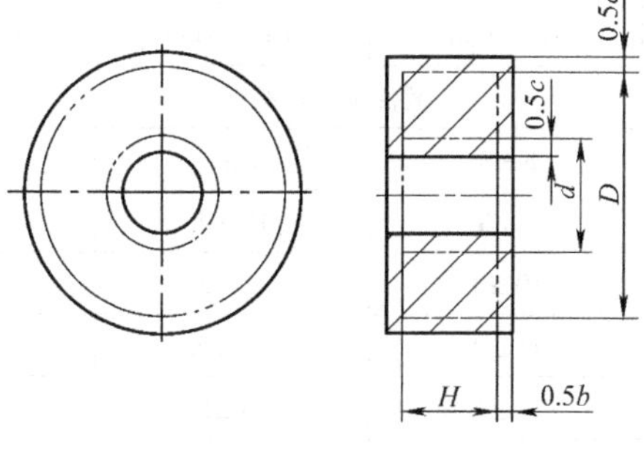

($0.1D \leqslant H \leqslant 1.5D$　$d \leqslant 0.5D$)

（续）

零件高度 H/mm	公差	零件直径 D/mm							
		锻件精度等级 F				锻件精度等级 E			
		63 ~ 100	100 ~ 160	160 ~ 200	200 ~ 250	63 ~ 100	100 ~ 160	160 ~ 200	200 ~ 250
0 ~ 40	*a*	6 ± 2	7 ± 2	8 ± 3	9 ± 3	4 ± 2	5 ± 2	6 ± 2	6 ± 2
	b	6 ± 2	6 ± 2	6 ± 2	7 ± 2	4 ± 2	4 ± 2	5 ± 2	6 ± 2
	c	9 ± 3	11 ± 4	12 ± 5	14 ± 6	6 ± 2	8 ± 3	9 ± 3	9 ± 3
40 ~ 63	*a*	6 ± 2	7 ± 2	8 ± 3	9 ± 3	4 ± 2	5 ± 2	6 ± 2	7 ± 2
	b	6 ± 2	6 ± 2	7 ± 2	7 ± 2	4 ± 2	5 ± 2	6 ± 2	6 ± 2
	c	9 ± 3	11 ± 4	12 ± 5	14 ± 6	6 ± 2	8 ± 3	9 ± 3	11 ± 4
63 ~ 100	*a*	7 ± 2	8 ± 3	8 ± 3	9 ± 3	5 ± 2	6 ± 2	7 ± 2	7 ± 2
	b	7 ± 2	7 ± 2	8 ± 3	8 ± 3	5 ± 2	6 ± 2	6 ± 2	7 ± 2
	c	11 ± 4	12 ± 5	12 ± 5	14 ± 6	8 ± 3	9 ± 3	9 ± 3	11 ± 4
100 ~ 160	*a*	8 ± 3	8 ± 3	9 ± 3	10 ± 4	6 ± 2	6 ± 2	7 ± 2	8 ± 3
	b	8 ± 3	8 ± 3	9 ± 3	9 ± 3	6 ± 2	7 ± 2	8 ± 3	8 ± 3
	c	12 ± 5	12 ± 5	14 ± 6	14 ± 6	9 ± 3	11 ± 4	11 ± 4	12 ± 5
160 ~ 200	*a*		9 ± 3	10 ± 4	11 ± 4	7 ± 2	7 ± 2	8 ± 3	10 ± 3
	b		9 ± 3	9 ± 3	10 ± 4	8 ± 3	8 ± 2	9 ± 3	9 ± 3
	c		14 ± 6	15 ± 6	17 ± 7		12 ± 5	12 ± 5	14 ± 6

表 8-8　轴类自由锻件的机械加工余量和公差

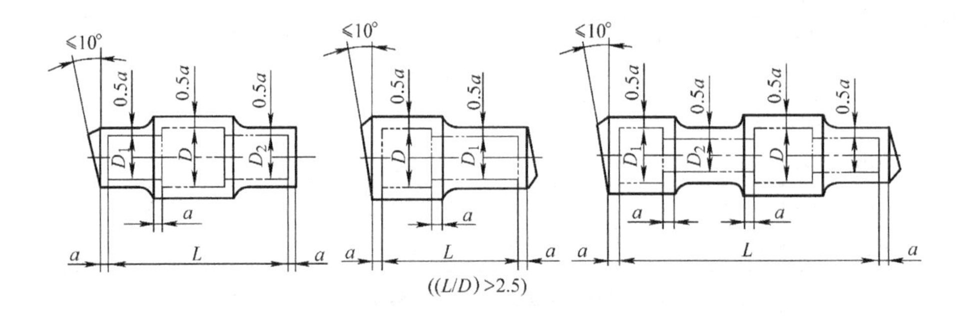

零件直径 D/mm	零件总长 L/mm				
	0 ~ 315	315 ~ 630	630 ~ 1000	1000 ~ 1600	1600 ~ 2500
锻件精度等级 F					
0 ~ 40	7 ± 2	8 ± 3	9 ± 3	10 ± 4	
40 ~ 63	8 ± 3	9 ± 3	10 ± 4	12 ± 5	13 ± 5
63 ~ 100	9 ± 3	10 ± 4	12 ± 5	13 ± 5	14 ± 6
100 ~ 160	10 ± 4	11 ± 4	12 ± 5	14 ± 6	15 ± 6
160 ~ 200		12 ± 5	13 ± 5	15 ± 6	16 ± 7
200 ~ 250		13 ± 5	14 ± 6	16 ± 7	17 ± 7
250 ~ 315			16 ± 7	18 ± 9	19 ± 9

（续）

零件直径 D/mm	零件总长 L/mm				
	0~315	315~630	630~1000	1000~1600	1600~2500
锻件精度等级 E					
0~40	6±2	7±2	8±3	9±3	
40~63	7±2	8±3	9±3	11±4	12±5
63~100	8±3	9±3	10±4	12±5	13±5
100~160	9±3	10±4	11±4	13±5	14±6
160~200		11±4	12±5	14±6	15±6
200~250		11±4	12±5	15±6	16±7
250~315			15±6	17±7	18±8

三、拟定变形的工序

常见的自由锻件有盘类件和轴类件，主要锻造工序多采用镦粗、拔长、冲孔、弯曲等工序。形状较扁的锻件大多采用镦粗的方法进行锻造。中间有孔的锻件，先镦粗再冲孔。细长形状的锻件，主要通过拔长的方法进行锻造。有时为了去掉锻坯表面的氧化皮，对拔长件适当镦粗后再进行拔长。对于有孔的拔长件，需要先行镦粗和冲孔，再进行芯棒拔长。锻件变形过程中需要的各个工序，以及工序的先后顺序均应进行设计。

四、盘类自由锻件的工艺设计例

紧固盘零件的结构如图 8-3 所示，需要设计该零件的锻件毛坯。零件的材料为 45 钢，生产数量为 200 件。要求确定零件的锻造方法，绘出锻件图，并且确定锻件的相关工艺。

1. 零件的结构分析和锻造方法的确定

由零件图可知，零件外圆腰部 12mm 宽的凹槽结构和直径 20mm 的孔结构靠自由锻不能锻出，该两部分应该设计余块，以简化锻件的形状。锻坯的余块部位最终通过机械加工去除。根据图中的尺寸要求，零件各表面均需要由机械加工达到要求。因此，零件的各表面均需要添加余量。

由于零件的需要数量不多，并且锻件的结构相对简单，确定采用自由锻锻出该件。结合锻件的形状考虑，锻造工序以镦粗为主，并且需要冲孔和扩孔。

2. 设计锻件图

（1）确定机械加工余量和公差　根据锤上自由锻造锻件机械加工余量和公差标准查得锻件水平方向的双边余量和公差 $a=11^{+4}_{-3}$，锻件高度方向双边余量和公差 $b=10^{+3}_{-2}$，内孔双边余量为 $1.2a$，为了安全起见取 15^{+3}_{-4}。

（2）绘出自由锻的锻件图　根据上述确定的锻件余块、余量和公差，在原有零件图的基础上绘出自由锻的锻件图。该零件的锻件图如图 8-4 所示。

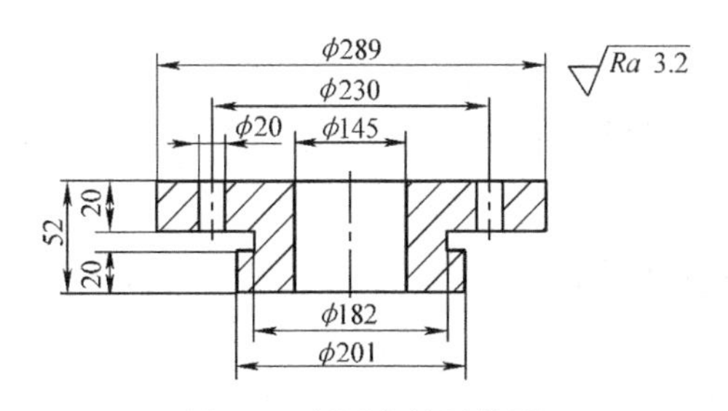

图 8-3　紧固盘的零件图

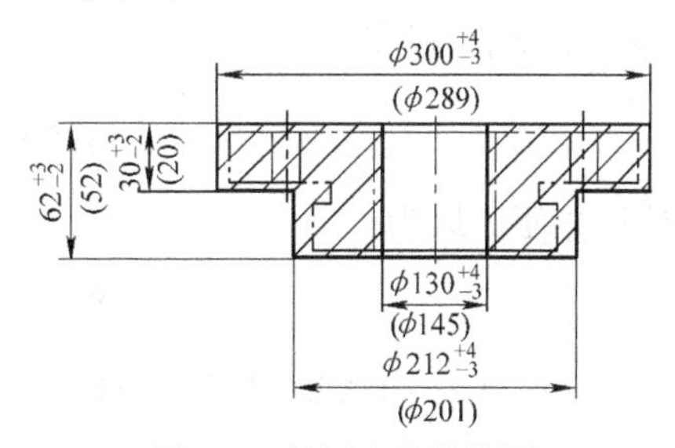

图 8-4　紧固盘的锻件图

3. 确定变形的工序

按照锻件图中确定的锻件形状和尺寸，主要工序为自由锻的镦粗→冲孔→扩孔，如图 8-5 所示。

（1）镦粗　首先对坯料初步镦粗。由于锻件带有单面凸肩，还需借助于垫环工具对初步镦粗的坯料进行局部镦粗，如图 8-5 中的局部镦粗所示。

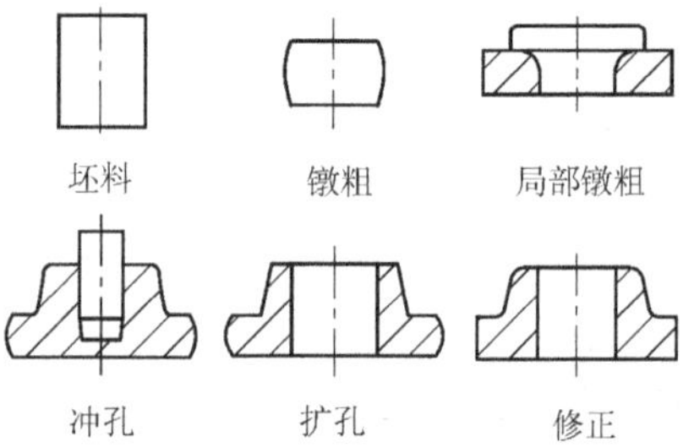

（2）冲孔　由于锻件的内孔直径较大，为了减少冲孔的难度，先采用较小直径的冲子进行冲孔，然后再用较粗的冲子扩孔。根据实践经验和相关资料，冲孔直径 $d_{冲}$ 应小于坯料直径 D 的 1/3，即

$$d_{冲} \leqslant \frac{1}{3}D = \frac{1}{3} \times 212\text{mm} = 70.6\text{mm}$$

坯料　镦粗　局部镦粗
冲孔　扩孔　修正

图 8-5　主要的自由锻工序

实际选用 $d_{冲} = 70\text{mm}$。

（3）扩孔　总扩孔量为锻件孔径减去冲孔直径，即（130 − 70）mm = 60mm。为了减少扩孔造成的锻件整体变形，每次的扩孔量不允许太大，一般为 15 ~ 30mm。该锻件可以分三次进行扩孔，每次的扩孔量依次为 20mm、20mm、20mm。

（4）修正锻件　由于自由锻件受锻造条件的限制，实际锻件的形状和尺寸与要求有一定偏差。为了精确形状和尺寸，锻件还需要在锻锤上修正。

4. 计算原始坯料的尺寸

（1）坯料体积　坯料的体积 $V_{坯}$ 包括锻件体积 $V_{锻}$ 和烧损体积，即

$$V_{坯} = (1 + \delta\%) V_{锻}$$

锻件体积按公称尺寸计算，$V_{锻} = 2427200.8\text{mm}^3$

烧损率 δ 一般为 $V_{锻}$ 的 2% ~5%，取 $\delta = 3.5\%$

于是
$$V_{坯} = 2427200.8 \times (1 + 3.5\%)\ \text{mm}^3 = 3276721\text{mm}^3$$

（2）原始坯料的尺寸　由于第一道变形工序需要镦粗，坯料直径应按镦粗时的工艺来考虑。镦粗时为了避免坯料产生弯曲，要控制坯料的高径比。一般情况下，高径比应小于 2.5。为了便于下料，高径比不能过小，一般要大于 1.25。即

$$1.25 \leqslant \frac{H_0}{D_0} \leqslant 2.5$$

式中，H_0 为坯料的原始高度；D_0 为坯料的原始直径。

由 $V_{坯} = \frac{\pi}{4}D^2H_0$，可得

$$0.799\sqrt[3]{V_{坯}} \leqslant D_0 \leqslant 1.167\sqrt[3]{V_{坯}}$$

为了计算方便，取为

$$0.8\sqrt[3]{V_{坯}} \leqslant D_0 \leqslant 1.1\sqrt[3]{V_{坯}}$$

即
$$D_0 = (0.8 \sim 1.1)\sqrt[3]{V_{坯}}$$
$$= (0.8 \sim 1.1)\sqrt[3]{3276721}\text{mm} = 118.8 \sim 163.4\text{mm}$$

取 $D_0 = 150\text{mm}$

$$H_0 = \frac{V_{坯}}{\frac{\pi}{4}D^2} = \frac{3276721}{\frac{\pi}{4} \times 150^2}\text{mm} = 185.4\text{mm}$$

取 $H_0 = 186\text{mm}$

根据计算数值，设计原始坯料的直径为150mm，高度为186mm。

5. 确定锻造温度范围

查阅铁碳相图得知，45 钢的始锻温度为1200℃，终锻温度为800℃ 。

6. 确定锻后的热处理方法

为了防止锻造后出现不良的组织结构，并且减少因冷却不均出现的内应力，需要对锻件进行正火或退火处理。本例的自由锻件采用正火处理，查阅热处理手册得45 钢正火的加热温度为（860 ±10）℃。保温时间为

$$T = K\delta = 1 \times 62\text{min} = 62\text{min}\ （取\ \delta = 62\text{mm}）$$

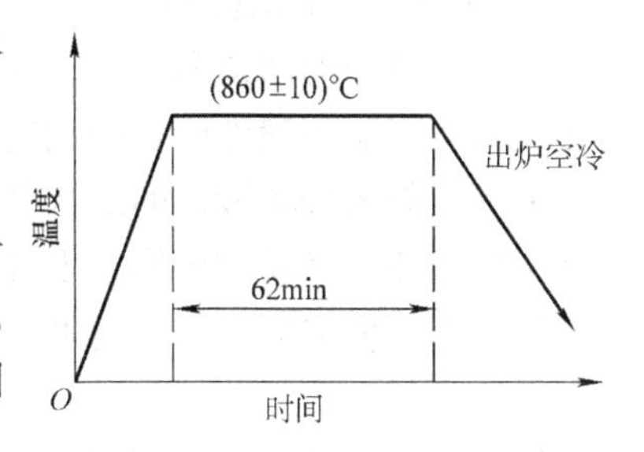

图 8-6　锻后正火热处理的工艺曲线

确定该锻件的锻后正火工艺如图 8-6 所示。

7. 填写工艺卡片

为了便于执行各个预定的自由锻工序，需要编写自由锻件的工艺过程卡片。本例的工艺过程卡片从略。

第三节　模锻件的工艺设计

模锻件需要借助于锻模成形，在绘制锻件图时首先要确定锻模分型面的位置。另外还要考虑模锻斜度、圆角、飞边等。由于模锻不能锻出通孔，需要设计冲孔连皮。模锻件的精度和表面粗糙度要求较高，还要根据要求设置精整方面的工序。

一、模锻件的工艺特点

1. 模锻件的基本过程

模锻件生产的基本过程为：锻前准备→模锻成形→锻后处理。

（1）锻前准备　锻造前的准备工作包括备料和加热。模锻件的备料一般采用轧制的型材，模锻前要把较长的棒料切断成所需的料段。坯料加热是模锻的重要工序之一，通过合理加热可以提高金属的塑性，降低变形抗力，利于金属的流动成形。

（2）模锻成形　模锻成形是获得模锻件的主要过程。它是利用金属在固态下的流动能力，通过加压使金属材料充满模膛的过程。

（3）锻后处理　锻后处理包括切边与冲孔、校正与精压、锻件热处理、表面清理、锻件精度检验等。切边和冲孔是为了去除锻件上的飞边和连皮。清理表面的目的是去除氧化皮，显露表面缺陷，并为冷校正、精压和机械加工提供良好的锻件表面质量。有些锻件在锻后工序中或周转中容易产生变形，需要通过校正工序矫正。精压是通过对锻件金属的少量挤压，获得良好的尺寸精度和表面质量。为了改善锻件的内部组织，消除残余应力，保证锻件良好的可加工性和力学性能，在零件机械加工前，需要对锻件进行热处理。

2. 模锻件的工艺特点

模锻件的生产具有高效、高精度、节约金属的特点，适用于大批量制造。尽管模锻允许锻出结构较为复杂的锻件形状，但也不能过于复杂。为了使锻件能够顺利脱模，需要设计分型面、圆角和模锻斜度。为了使锻坯能够充满模膛，必须设计飞边结构。在需要锻出孔的部位要留有冲孔连皮。锻件上的飞边和连皮需要设计专门的切除工序。

二、模锻件图的绘制

1. 分析零件的结构特点

根据零件图的结构和尺寸，首先要分析锻件可能的分型面设计方案。分型面的选取合理与否，直接影响到锻件能否顺利脱模，影响到锻件所需要辅料的数量。

另外，需要分析锻件的结构是否易于充满模膛。锻件上过薄的部位不易充满模膛，所以应该尽量避免，必要时可修改零件的结构设计。

为了节约锻造成本和提高锻造效率，需要分析锻件是否可以采用“两件合锻”或“一坯两件”等锻造方案。

2. 模锻件工艺参数的确定

（1）余量和公差的确定　零件表面所有需要进行机械加工的部位，都要给出一定的加工余量。余量的大小要根据锻件的尺寸大小、形状复杂程度和零件表面粗糙度的要求确定。余量选取得过大，会增加锻件的切削加工量和金属的损耗；余量选取得过小，会引起加工余量不足，出现废品。模锻件的余量选择可参照《钢质模锻件公差及机械加工余量》的国家标准进行。

（2）斜度和圆角的确定　锻件垂直于分型面方向的表面要有模锻斜度，以利于锻件出模。锻件冷却时趋于离开模壁的部分称为外斜度，反之称为内斜度。外斜度在5°～15°之间选取，具体可查阅《钢质模锻件通用技术条件》。模锻内斜度按模锻外斜度增加2°～3°，但外斜度的最大值不超过15°。

锻件的凸角和凹角一般不允许呈尖角，应当设计成为适当的圆角。锻件的凸圆角半径称为外圆角半径，凹圆角半径称为内圆角半径。它们的作用其一是使金属易于充满模膛，其二是减轻锻模相应部位的应力集中，并可以减小模具热处理淬火的开裂倾向。模具外圆角半径和内圆角半径参照有关国家标准选取。

（3）冲孔连皮的确定　模锻不能在锻件上直接锻出通孔，只能锻出不通孔并且在分型面上留有冲孔连皮。连皮需要利用冲孔工序将其切除。锻件孔径小于25mm时，一般不锻出。

冲孔连皮必须选择合适的厚度。连皮的尺寸太薄，需要较大的锻造力来保证锻件充满模膛，对设备和模具不利；连皮的尺寸太厚，既浪费金属，又容易使锻件在切除冲孔连皮时产生变形。

冲孔连皮的结构形式有平底连皮、斜底连皮、带仓连皮和拱形连皮四种，其结构如图8-7所示。

平底连皮最为多见，其结构如图8-7a所示，主要用于浅或小的孔结构，适用于$d<2.5h$或$d<60$mm的锻件，连皮厚度S和圆角半径R_1与设备吨位有关。表8-9为根据锻造设备吨位选用的连皮厚度S和圆角半径R_1值。

表 8-9　平底连皮的 S 值和 R_1 值

锻锤吨位/t	1～2	3～5	10
S/mm	4～6	5～8	10～12
R_1/mm	5～8	6～10	8～20

斜底连皮的结构如图 8-7b 所示，适用于 $d>2.5h$ 或 $d>60$mm 的锻件。一般情况下连皮底部的斜度 α 取 1°～2°，连皮厚度 $S'=0.7S$（S 为按平底连皮选用的连皮厚度），内圆角半径 R_1 与平底连皮设计相同。采用斜底连皮能增加连皮周边的厚度，既减少了金属用量，又可以避免连皮周边产生折叠。

带仓连皮的结构如图 8-7c 所示，当预锻模采用斜底连皮时，终锻模应采用带仓连皮。S_1 和 b 为桥部的厚度和宽度尺寸，R_1 为预锻模相应圆角半径的 1/2。连皮仓部也可设计成图 8-7d 的拱式结构。带仓连皮可使内孔中多余的金属挤入连皮仓部，避免连皮周边部位产生折叠。

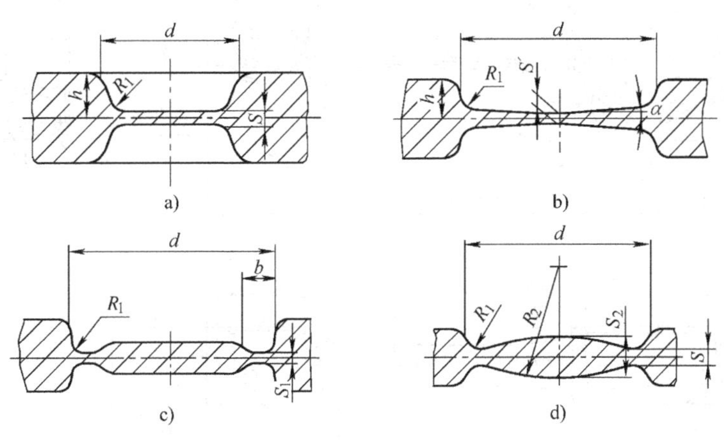

图 8-7　锻件连皮的结构形式

a）平底连皮　b）斜底连皮　c）带仓连皮　d）拱形连皮

3. 绘制模锻件图

锻件图是制订模锻工艺、设计和制造锻模和最终检验锻件的基本依据。模锻件图的内容包括分型面的选择和余块的确定，机械加工余量和锻件公差，模锻斜度和锻造圆角半径，以及设计飞边和冲孔连皮等。

三、拟定其他工序

其他工序包括切除飞边和冲孔连皮，锻件的热处理，表面的清理，校正和精压等。模锻件应该根据实际需要，设计不同的工序来满足要求。

飞边和冲孔连皮需要在模锻后切除。飞边与连皮的切除有冷切和热切两种。一般采用热切，即在模锻成形后，利用锻件的余温完成切边和冲孔。热切的温度一般不允许低于 800℃，否则会影响切边和冲孔模具的寿命，也会影响锻件切边和冲孔的精度。冷切是锻件冷却到常温后完成飞边和连皮的切除，它的优点是劳动条件好，锻件因冲切产生的变形小，缺点是冲裁力大，需要较大吨位的冲切设备，锻件有时可能产生裂纹。

为了减轻锻造时因冷却和变形不均所造成组织结构的不正常，减小锻件的内应力，一般需要对模锻件进行退火或正火热处理。

表面清理可以及时发现锻件的缺陷，表面氧化皮的去除会给机械加工带来便利，同时也使锻件表面美观。常见的表面清理有酸洗法和喷丸法。其中喷丸法不仅可以去除锻件表面的氧化皮，而且还迫使锻件表面产生微量的塑性变形，出现表面的加工硬化效果，提高锻件的力学性能。

四、模锻件的工艺设计例

图 8-8 为汽车发动机的连杆，材料为 35MnVS，硬度要求 230～270HBW，$\sigma_b \geqslant 800$MPa，$\delta \geqslant 13\%$，批量为 10000 件。现需要设计出连杆的模锻工艺。

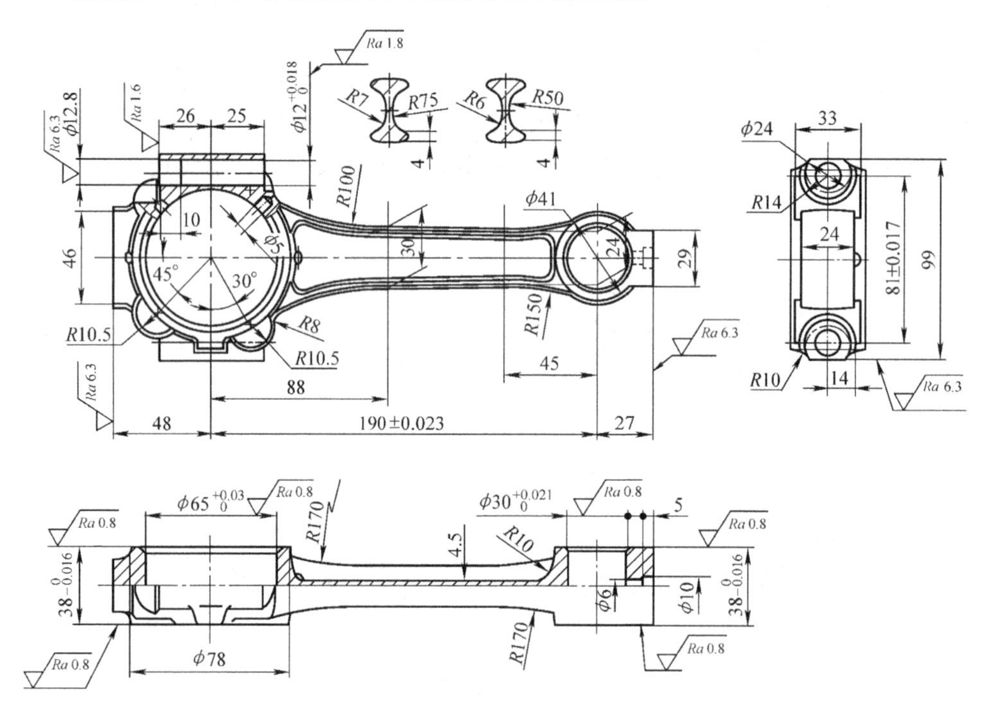

图 8-8 连杆和杆盖的零件图

1. 零件结构特点的分析

考虑到连杆和连杆盖的结构特点，采取将两件合锻的方案。锻造完成后再切开分为两件，具体方案如图 8-9 所示。

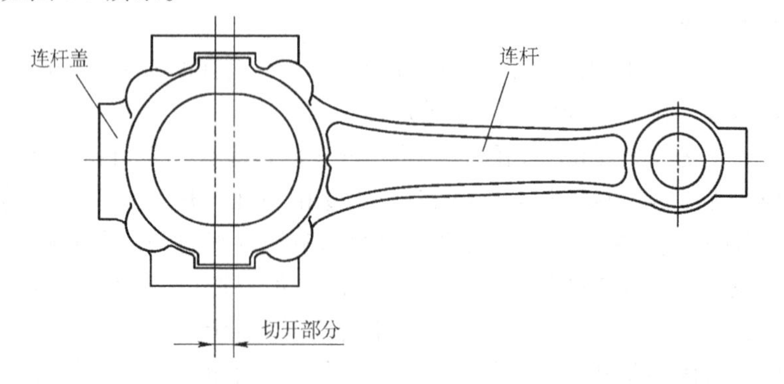

图 8-9 锻件的合锻

汽车连杆和连杆盖的合锻不仅一次锻出两件，使锻件和模具的品种减少，而且还使坯料在模膛中流动更为均匀，使锻件的成形更为容易。

锻后切削加工时，先将连杆的螺栓孔部位加工完成，将连杆和连杆盖切开，再将连杆和连杆盖紧固在一起，然后再加工连杆大端孔和小端孔，以保证相应的尺寸精度、形位精度和表面粗糙度。

2. 设计模锻件图

（1）确定分型面　连杆和杆盖组合后的长度为265mm，大端宽度为99mm，厚度为38mm，考虑到厚度方向尺寸最小，厚度方向的中部具有最大的水平投影面积。将分模面取在厚度方向的中部，便于金属充满模膛，并且上、下模膛的轮廓一致，便于模具调整对正。分模面的设计如图8-10所示。

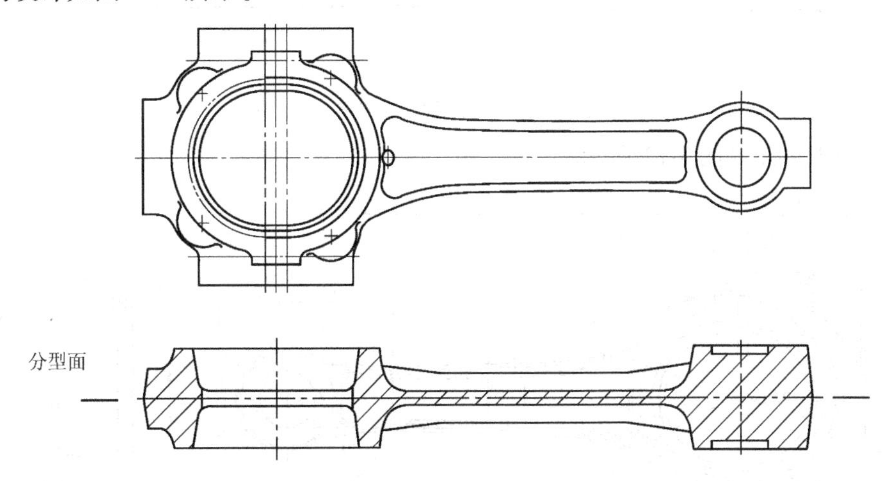

图8-10　连杆锻件的分模面

（2）确定机械加工余量　连杆大端和小端的厚度为38mm，两端的上下表面锻造后需要机械加工，参照《钢制模锻件公差及机械加工余量》国家标准，考虑连杆有重量公差要求，最后需要采用精压工序，模锻件厚度方向加工余量和公差选择$2.4^{+1.2}_{0}$mm，连杆厚度的锻造尺寸为$40^{+1.2}_{0}$mm。

连杆大端的孔为$R=32.5$mm，内孔单边加工余量取2.0mm，连杆大端内孔锻造尺寸为$R=30.5$mm。

连杆盖顶部需要机械加工，尺寸为48mm，选取机械加工余量和公差为$1.5^{+1.1}_{-0.5}$mm，锻件的顶部尺寸为$49.5^{+1.1}_{-0.5}$mm。连杆小端的端部也需要机械加工，尺寸为27mm，选取机械加工余量和公差为$2.5^{+0.9}_{-0.5}$mm，锻件的小端端部尺寸为$29.5^{+0.9}_{-0.5}$mm。

（3）确定模锻斜度　锻件大端和小端的圆柱部外表面以及杆部的外表面，锻后不再需要机械加工，设计时已留有结构斜度，可以满足模锻的要求。其余未设计结构斜度的部位，外侧模锻斜度选取7°，内侧模锻斜度选取为10°。

（4）确定圆角半径　参照《钢制模锻件公差及机械加工余量》的国家标准，锻件的外圆角半径选取为$R_{外}=2.5$mm，内圆角半径选取为$R_{内}=5$mm。

（5）绘出模锻件图　连杆锻件小端的内孔尺寸为$\phi30$mm，该内孔不锻出，设计成为余块。但为了节省金属，该内孔的上下部位可以适度下凹，设计成为$\phi24$mm的不通孔结构。

连杆锻件大端为短轴61mm、长轴69.5mm的椭圆孔，采用平底连皮，选取连皮厚度为$S=6\text{mm}$。

飞边槽的结构见图8-11，通常采用图8-11a的结构形式，锻件形状较简单时可采用图8-10b的结构形式。该模锻件的工艺设计采用8-11a的结构形式。参照《钢制模锻件公差及机械加工余量》的国家标准，飞边槽的桥部设计厚度$h=4.5\text{mm}$，宽度$b=15\text{mm}$，仓部$L=50\text{mm}$，$B=10\text{mm}$；圆角半径$r_1=1.5\text{mm}$。

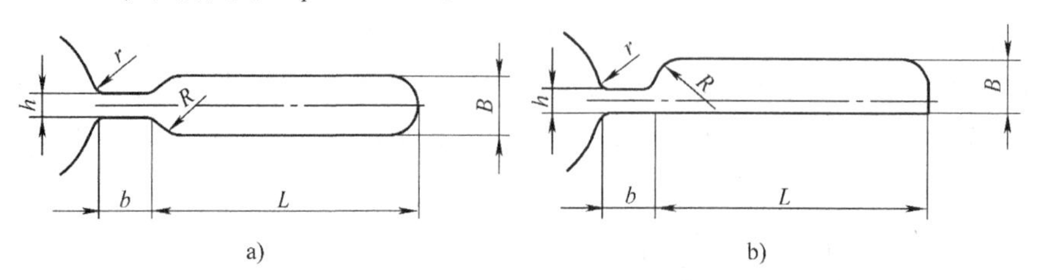

图8-11 飞边槽的结构形式

连杆的模锻件图如图8-12所示。

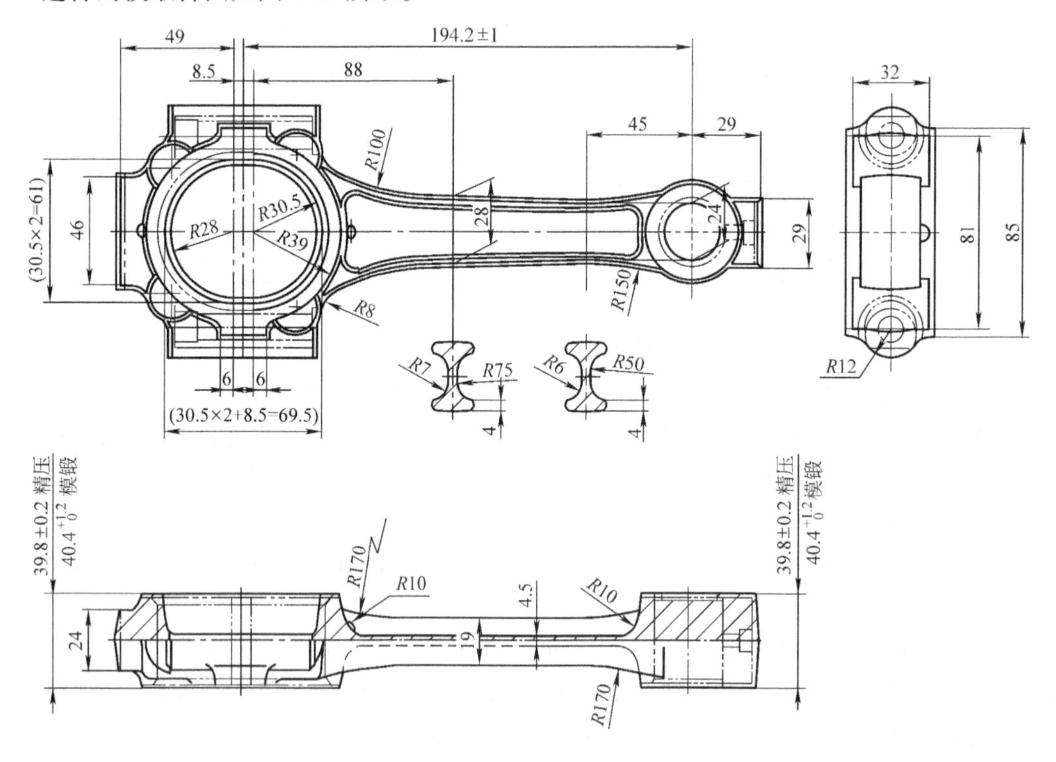

图8-12 连杆的模锻件图

3. 锻件坯料尺寸的计算

模锻件的坯料体积包括锻件体积、飞边和连皮的体积、加热氧化烧损的体积和钳子夹头体积的总和。

（1）锻件和飞边体积的计算

1）锻件体积的计算。锻件的体积（含连皮）按照锻件图进行计算，其中所有跨越分型面的厚度尺寸应按其名义尺寸加上厚度尺寸上偏差的50%计算。

2）飞边的体积计算。一般锻件的飞边按能够充满仓部的50%计算，复杂锻件或复杂部位的飞边按充满仓部的60%～90%计算。该锻件按一般锻件计算，即选取充满仓部的50%计算。

该锻件先按飞边槽仓部充满程度求出飞边有效截面积$S(mm^2)$，按截面中心求出飞边的长度$L(m)$，则飞边体积$V_f=SL(mm^3)$。

（2）计算坯料规格　为了模锻时坯料易于充满模膛，选取锻件原始坯料尺寸时，需要考虑锻件连同连皮和飞边在一起时最大截面处的面积。连杆锻件的最大截面积在大端，包括飞边和连皮的截面积在内，计算的该端最大截面积为$2521mm^2$。故应该部位需要选用50mm×50mm的方形钢作为原始坯料。另外计算的小端截面积相当于$\phi45mm$圆钢的截面积，杆部截面积相当于$\phi22mm$圆钢的截面积。

经计算，锻件体积（含连皮）$V_d=306cm^3$，飞边体积$V_f=68cm^3$，此时坯料体积V_p为

$$V_p=V_d+V_f=(306+68)cm^3=374cm^3$$

考虑加热时的烧损率δ，感应加热时取$\delta=0.5\%\sim1\%$，其他加热方式时取$\delta=2\%\sim3\%$。坯料采用油炉加热方式，选取加热烧损率$\delta=2\%$。另外，根据锻件的尺寸和形状特点，坯料不需要设置火钳夹头部位，该部位占用的坯料体积可以不计。该件坯料的总体积为

$$V_p'=V_p(\delta+100)\%=374\times(2+100)\%cm^3=381.5cm^3$$

由

$$V_p'=L_dA$$

得

$$L_d=V_p'/A=381.5/25cm=15.26cm\approx153mm$$

其中原始坯料的长度为L_d；原始坯料的截面积为$A=5\times5cm^2=25cm^2$。

原始坯料的尺寸为153mm×50mm×50mm的方形钢坯。

4. 模锻件的变形过程

连杆合锻件两端的尺寸较大，中间杆部的尺寸较小，头部平均截面积与杆部截面积之比为6.68∶1。首先采用辊锻工艺制坯，然后再进行压力机上模锻，模锻采取预锻和终锻两个工步。模锻的预锻和终锻工步如图8-13所示。

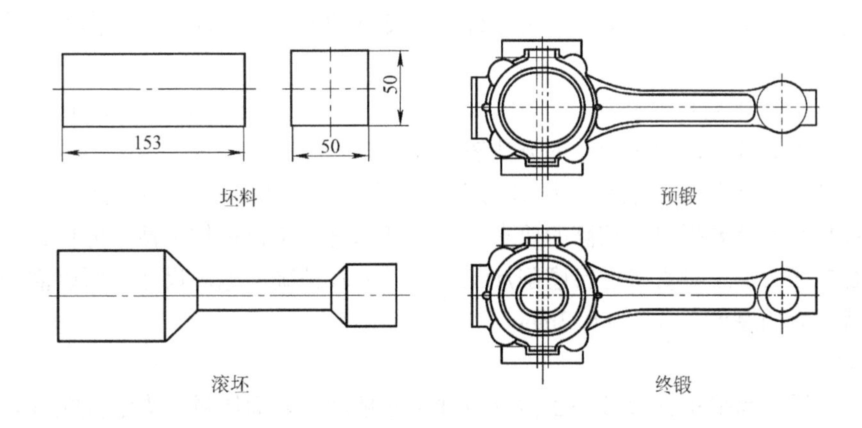

图8-13　连杆锻造的工艺过程

5. 锻造设备的确定

该连杆模锻件的锻造设备选用热模锻压力机。常见的热模锻压力机规格系列为：10MN、16MN、20MN、25MN、31.5MN、40MN、63MN、80MN、120MN、125MN等。采用开式锻模

进行锻造时，热模锻压力机的公称压力，可按下面的经验公式计算：

$$P=(64\sim73)F$$

式中，P 为热模锻压力机公称压力，单位为 kN；F 为锻件水平投影面积（包括连皮和飞边的桥部），单位为 cm^2。

经过计算，该锻件的水平投影面积（包括连皮和飞边的桥部）$F=268cm^2$。

于是，热模锻压力机的公称压力 P 为

$$P=(64\sim73)F=(64\sim73)\times268kN=17152\sim19564kN$$

为了保证锻件的精度和质量公差，并且适当留有余地，选用25MN 热模锻压力机。

6. 确定其他工序

（1）飞边与冲孔连皮的切除　连杆模锻完成后，利用余温完成切边和冲孔。采用具有切边和冲孔功能的复合冲模，在热模锻压力机的一次行程内完成连杆锻件的切边和冲孔。

（2）锻件热处理　一般情况下，为了保证连杆锻件有良好的综合力学性能，在机械加工前要对锻件进行调质处理。但该连杆材料选用了 35MnVS 钢，属于非调质易切削钢，可以不通过淬火就能得到较高的硬度和力学性能。查阅有关资料得知 35MnVS 钢冷却速度与组织结构的关系如表 8-10 所示。

表 8-10　35MnVS 钢冷却速度与组织结构的关系

冷却速度/（℃/s）	3	7～17	>23
组织结构	F+P	F+P+B+M	M

根据表中数据可知，该钢以 3℃/s 的速度冷却可以获得 F+P 组织，该种组织的硬度为 220～280HBW，$\sigma_b\geqslant870MPa$，$\delta\geqslant15\%$。考虑到实际锻件的冷却速度要大于 3℃/s，可以将锻件放入电炉中缓冷，以控制冷却速度，得到相应的组织结构，使锻件的硬度和相关力学指标达到要求。根据钢材的具体特点，锻后可以不进行退火或正火，只是在锻造后适当控制锻件的冷却速度即可。

（3）表面清理　为了去除连杆锻件表面的氧化皮，显露氧化凹坑等缺陷，为精压和机械加工提供良好的锻件表面质量，并为零件提供良好的非加工表面，连杆模锻件采用抛丸方法对表面进行清理。

（4）校正　由于连杆锻件的形状复杂，模锻后进行的切边、冲孔和调质处理，都有可能引起变形。该锻件采用冷压校正的方法矫正变形。

（5）精压　为了保证发动机工作时的动平衡要求，零件的质量要保持均匀一致，因此在模锻时对其厚度公差提出了较高的要求。由连杆的进一步机械加工情况分析，大端和小端的上下端面在压力加工后直接进行磨削加工，也需要较精确的毛坯尺寸。所以需要对连杆进行精压，精压后的厚度公差为 ±0.2mm。

7. 检验

锻造完成后，需要根据模锻件图检查锻件尺寸精度、表面质量和力学性能等。检验的主要内容如下：

1）外观的检查，包括各种尺寸公差、形状公差和表面等。常采用的检查方法包括常规量具检测、专用样板和夹具检查以及划线检查等。

2）力学性能的检查，包括锻件硬度和强度等。

3）折纹、裂纹等微小缺陷的检查，可采用无损探伤方法检查。

4）材料成分和内部组织的检查，包括材料化学成分分析、低倍组织检查和金相组织检查等。

第四节　铸造件的工艺设计

铸造件的工艺设计主要包括铸造方法的选择，铸件形状与尺寸的确定，铸件图的绘制。在确定铸件图之前，需要分析构件的结构工艺性，还要考虑构件材料与铸造方法的关系等。

一、确定铸造方法

砂型铸造方法由于使用方便和成本低，目前应用最多。但砂型铸造的铸件表面粗糙，尺寸精度低，一般需要为机械加工留有较大的余量。砂型铸件的批量和大小基本不受限制，批量大时可以采用机器造型以减少劳动强度和提高效率。对于表面粗糙度和尺寸精度要求不高的铸件，以及大型铸件应该尽量采用砂型铸造。

特种铸造包括熔模铸造、金属型铸造、低压铸造、压力铸造和离心铸造等。虽然特点各有不同，但其精度都比砂型铸造要高。其中的金属型铸造、低压铸造和压力铸造的效率有明显提高，适合于大批量生产。由于金属铸型耐高温的能力有限，不适用于浇注熔点过高的金属和合金。金属铸型不可能制作得太大，故金属型铸造很难适用于大型铸件的生产。对于批量大、表面粗糙度和尺寸精度要求高，尺寸较小的有色金属铸件，应该考虑选用金属铸型的铸造方法。熔模铸造方法允许铸件的复杂程度较高，浇注温度高，铸件表面比砂型铸件的表面光洁，但工艺相对复杂并且生产效率较低。由于操作上的原因，熔模铸造通常只用于25kg以下的铸件生产。对于结构复杂的小型铸件，采用砂型铸造难以达到要求时，可以采用熔模铸造方法。

二、分析铸造合金的特点

铸造合金包括铸铁、铸钢和有色金属，其中以铸铁的应用最为广泛。铸铁件的力学性能除了受材料的化学成分影响外，还与铸件的冷却速度有关，即与铸件的壁厚有关。因而对于铸件往往要从材料和壁厚两方面分析对力学性能产生的影响。

常规条件下可锻铸铁用于壁厚数毫米的铸件，如果铸件壁厚过大要采用快冷的工艺措施，以保证浇注后获得白口铸铁的组织结构。只有获得了白口铸铁的组织，才有可能通过可锻化退火得到可锻铸铁。

普通灰铸铁适用于壁厚10～25mm的铸件。如果铸件壁厚过大，有可能造成实际铸铁牌号的降低，其力学性能并不一定能随壁厚的增大而成比例增加。

孕育铸铁和球墨铸铁要经过孕育处理，浇注前铁液粘度会有所增加，使铁液的充型能力降低。适于壁厚25mm以上的铸件生产，铸件壁厚过薄会对充型带来不利影响。

铸钢的收缩率大于铸铁，铸造时需要留有较大的收缩余量，以保证铸钢件的尺寸要求。为了对铸钢件进行补缩，冒口的设置要求比铸铁件更为严格。另外，由于铸钢件的浇注温度高，要求型砂的熔点也高。

铸件的收缩率与所采用的材料有关，不同材料的收缩率如表8-11所示。对于尺寸较大的铸件，必须考虑收缩率对铸件的影响。尺寸小的铸件，需要加入的收缩余量很微小，如若对应部位已经考虑了机械加工余量，可以灵活处理而不计算其收缩量。

表 8-11 几种常见铸造合金的线收缩余量

合金种类	灰铸铁	可锻铸铁	球墨铸铁	碳素铸钢	铝合金	铜合金
线收缩率（%）	0.8～1.0	1.2～2.0	0.8～1.3	1.38～2.0	0.8～1.6	1.2～1.4

三、绘制铸件图

1. 分析铸件的结构工艺性

对铸件的结构工艺性进行分析，可以发现零件图样的设计不足，以便及时纠正错误。另外可以发现过渡圆角，不必要的活块，壁厚不均等结构工艺性方面的问题。

2. 确定铸件的分型面和浇注位置

铸件浇注位置的确定和分型面的确定是相互关联的。确定了铸件的分型面，其浇铸位置也就得到了确定。浇注位置和分型面的设计合理与否，会直接影响铸件的产品质量和生产效率。

另外，有些铸造方法不需要设计分型面，例如离心铸造和熔模铸造。

3. 设计浇注系统

浇注系统由内浇口、内浇道、直浇道、浇口杯和冒口组成。一般将内浇口和内浇道设于分型面上。为了减小液体对型腔的冲击，内浇口设计得较为细小，若流量不足可设多个内浇口和内浇道。直浇道垂直贯穿于上箱，在分型面处与内浇道连接。浇口杯为漏斗状，处于直浇道的顶端。对于冒口的设置需要根据铸件的要求确定，收缩严重的金属或要求严格的铸件，一般要设置冒口。收缩量较小的金属或没有特别要求的普通铸件，可以不设置冒口。

4. 绘制铸件图

铸件工艺图的内容主要有铸件的浇注位置、分型面、起模斜度、砂芯、芯座、机械加工余量和收缩量等。铸件机械加工余量的确定与铸件的尺寸和部位有关。一般情况下，尺寸大的铸件预留的机械加工余量较大，处于铸件上部的加工余量应该较大，具体数值可根据有关铸造设计手册确定。型芯的芯头和芯座尺寸也需要通过查阅铸造设计手册确定。对于铸件上无机械加工要求的表面，则不需要加入机械加工余量。

四、砂型铸造件的工艺设计

图 8-14 为一齿轮零件，齿轮最大直径处为 400mm，总体高度为 190mm。生产数量为 20 件，材料为 HT300。现需要设计铸件图。

1. 零件分析和铸造方法确定

根据零件的尺寸要求，零件的齿形无法直接铸出，需要通过机械加工完成。零件辐板的上下表面无机械加工要求，不需要加入机械加工余量。其余有机械加工要求的表面均需要添加余量。零件的内孔允许利用砂芯铸出。由于零件无特别要求，可以不设置冒口。根据生产批量和铸件精度的要求，合理选用砂型铸造方法。

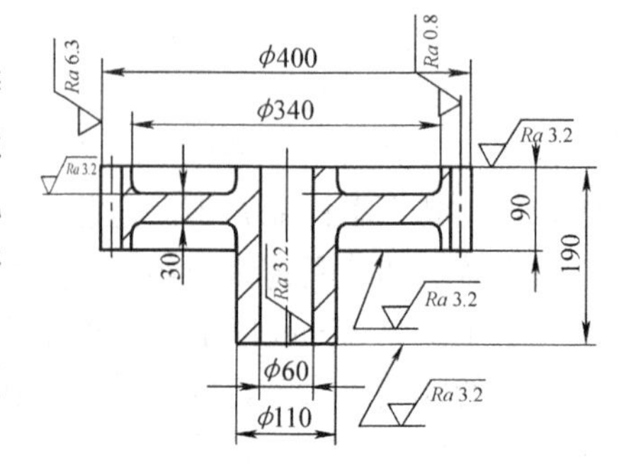

图 8-14 齿轮的零件图

2. 确定浇铸位置和分型面

根据零件的形状结构和起模的方便性，将零件大端朝上的位置确定为浇注位置，将大端上缘确定为分型面。该方案可以使铸件位于下箱，以利于造型和浇注。

3. 设计铸件图

（1）机械加工余量的确定　铸件机械加工余量可参照表2-5中的数据确定，也可查阅有关铸造设计手册确定。考虑到齿部的机械加工是以孔和底部平面为安装基准的，所以应该选取相应基准规定的加工余量。各部位的机械加工余量具体如下：

齿宽部的厚度 =（90 +5 +4）mm =99mm；

其中：上表面余量为5mm，下表面余量为4mm。

齿轮总高 =（190 +5 +4）mm =199mm；

其中：上表面余量为5mm，下表面余量为4mm。

齿轮外径 =（400 +4 ×2）mm =408mm；

其中：外表面单侧余量为4mm。

由于铸造孔时的型芯有可能出现一定倾斜，因此孔壁的机械加工余量要尽量选择大些，此处按顶部的加工余量选取。

齿轮孔径 =（60 −5 ×2）mm =50mm；

其中：内孔表面单侧余量为5mm。

其余不要求进行机械加工的部位保持原来的尺寸不变。

（2）收缩量的确定　根据孕育铸铁的收缩特点，查阅有关手册后收缩率选为0.7%，加入铸件收缩量后铸件的尺寸如下：

齿宽部位的厚度 =99 ×1.007mm =99.7mm　取100mm。

齿轮总高 =199 ×1.007mm =200.4mm　取200mm。

齿轮外径 =408 ×1.007mm =410.9mm　取411mm。

齿轮孔径 =50 ×1.007mm =50.4mm　取50mm。

轮辐直径 =340 ×1.007mm =342.4mm　取342mm。

轮辐厚度 =30 ×1.007mm =30.2mm　取30mm。

颈部直径 =110 ×1.007mm =110.8mm　取111mm。

（3）起模斜度的确定　为了能够在造型时顺利起模，应该设置起模斜度。起模斜度是以添加收缩量后的尺寸为基础进行设计的。由于齿轮是以外圆为机械加工的粗基准，考虑到卡盘装夹的安全可靠性，齿轮外圆处的斜度不宜过大，设置起模斜度为5°较为合适。对于不影响零件使用和机械加工的部位取斜度为10°。型芯处对应的铸件结构不设起模斜度。

（4）铸造圆角的确定　铸造圆角的设置可以减轻应力集中，利于金属液体充型。圆角设计的过大，有可能使对应部位的温度增高，但圆角半径过小时减轻应力集中的作用不够明显。一般情况下，铸件的尺寸愈大则圆角半径愈大。参考有关设计手册，根据该铸件的尺寸大小，铸造圆角半径设计为3mm。

（5）型芯的确定　型芯的设计可以参考铸造设计手册。下芯头的高度为型芯直径的1.1倍，斜度为10°，下芯头与下芯座的单侧间隙选为1mm。下芯座底面设计有一个下凹的环形槽，截面尺寸为高5mm和宽5mm，其主要作用是容纳落砂颗粒，以免落下的砂粒影响型芯的正常安装。上芯头的高度为型芯直径的0.9倍，斜度为15°。上芯头与上芯座顶部缝隙选为2mm，侧面单侧间隙选为1mm。

（6）浇注系统的确定　该铸件的浇注系统由内浇口、内浇道、直浇道和浇口杯组成。由于铸件无特殊要求，故不设计冒口补缩。

铸件图如图 8-15 所示，合模图如图 8-16 所示。

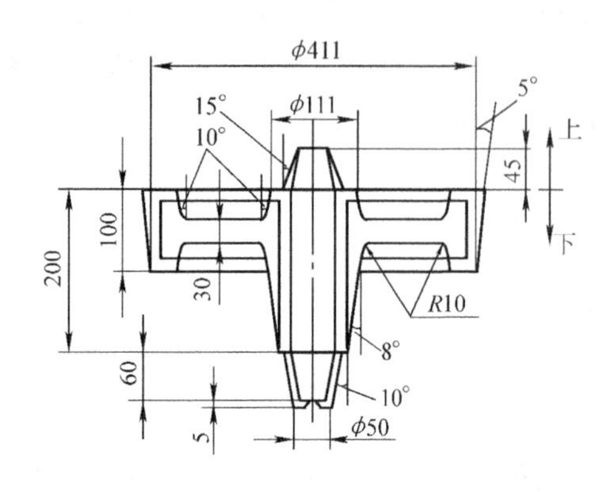

图 8-15　齿轮的铸件图

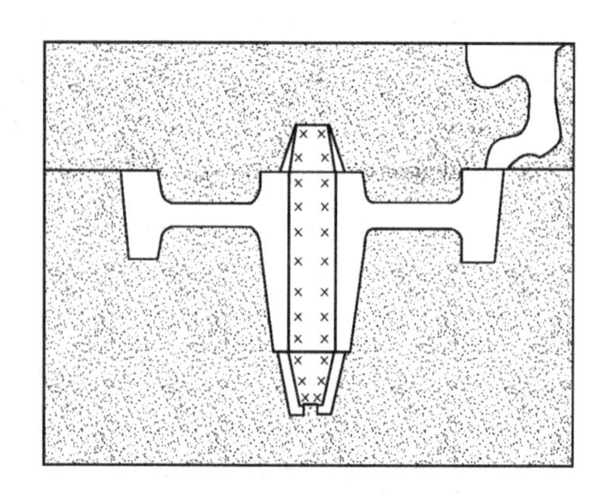

图 8-16　齿轮铸件的合模图

第五节　机械加工件的工艺设计

机械制造过程中一般采用铸造、锻压或焊接毛坯，通过机械加工得到符合要求的零件。为了保证零件的设计性能、质量和经济性要求，需要制订零件的机械加工工艺规程，根据工艺规程对零件进行加工。

在制订机械加工工艺时，由于零件的生产批量、设备、技术水平和成本要求各不相同，所采取工艺的特征也不相同。常见的生产类型和工艺特征列于表 8-12 中。

表 8-12　各种生产类型的工艺特征

生产类型	单件小批生产	批量生产	大批量生产
毛坯的制造方法及加工余量	锻件用自由锻。铸件用砂型铸造，木模手工造型。毛坯精度低，加工余量要求大	部分锻件用模锻。部分铸件用砂型铸造，金属模样造型。毛坯精度及加工余量中等	锻件采用模锻。铸件用砂型铸造时，采用金属模造型。也经常使用金属型类的铸造方法。毛坯精度高，加工余量小
机床设备及其布置	通用机床、数控机床。按机床类别采用机群式布置	部分通用机床、数控机床及高效机床。按工件类别分工段排列	广泛采用高效专用机床及自动机床。按流水线和自动线排列
工艺装备	多采用通用夹具、刀具和量具。靠划线和试切法达到精度要求	广泛采用夹具，部分靠找正装夹来达到精度要求，较多采用专用刀具和量具	广泛采用高效率的专用夹具、刀具和量具，用调整法达到精度要求
操作者技术水平	需技术熟练的人员	需技术比较熟练的人员	对操作环节人员的技术要求较低，对调整环节的人员技术要求高
工艺文件	有工艺过程卡，关键工序要有工序卡。加工工序要有详细工序卡等文件	有工艺过程卡，关键零件要有工序卡，加工工序要有详细的工序卡等文件	有工艺过程卡和工序卡，关键工序要有调整卡和检验卡

（续）

生产类型	单件小批生产	批量生产	大批量生产
生产效率	低	中	高
成本	高	中	低

机械加工工艺设计涉及的参数和工艺文件较多。例如需要分析和设计工艺流程、选择设备、工件的装夹定位和各个工序的精度要求，同时还要考虑各个工序的相互关联。其中较为主要的是编制机械加工工艺方案，具体有以下步骤。

一、分析零件图

在了解零件形状、尺寸的基础上，分析各加工表面的精度（包括尺寸精度、形状精度和位置精度）和表面粗糙度要求，以及热处理等技术要求，标题栏中的材料、零件数量等，而且要将毛坯图与零件图进行对比，以确定待加工表面，同时还要注意局部的细小结构。

二、毛坯的选择

由于零件机械加工的工序数量、材料消耗、加工工时等都在一定程度上与所选的毛坯有关，故正确选择毛坯具有重要的技术经济意义。具体选择毛坯时，应根据零件的材料、结构形状、尺寸，以及生产类型，并结合生产条件等因素，综合考虑决定。毛坯的主要类型有铸件、锻件、型材、冲压件及焊接件等。

三、分析零件的待加工表面

常见零件的待加工表面种类有平面、外圆、内孔、成形面等。制订加工方案时需要确定在最终加工之前所需要的加工方法。例如，外圆采用车削或磨削等；内孔采用车削、钻削、铰削、镗削、磨削或拉削等；平面采用铣削、刨削、磨削、拉削等；成形面和特殊表面可按其特点具体确定。

不同的机械加工方法能够达到的精度不同。各种常用的加工方法所能达到的精度、表面粗糙度如表 8-13、表 8-14、表 8-15 所示。

表 8-13　外圆表面加工方案及其经济精度

加工方案		经济精度公差等级（IT）	表面粗糙度 *Ra* /μm	适用范围
粗车		11 ~ 13	20 ~ 80	适用于除淬火钢以外的金属材料
半精车		8 ~ 9	5 ~ 10	
精车		6 ~ 7	1.25 ~ 2.5	
滚压（抛光）		6 ~ 7	0.04 ~ 0.32	
粗车	半精车→磨削	6 ~ 7	0.63 ~ 1.25	不宜用于有色金属，主要适用于淬火钢的加工
	粗磨→精磨	5 ~ 7	0.16 ~ 0.63	
	粗磨→精磨→超精磨	5	0.02 ~ 0.16	
粗车→半精车→精车→超精车		5 ~ 6	0.04 ~ 0.63	主要用于有色金属
粗车	半精车→粗磨→精磨→镜面磨	5 级以上	0.01 ~ 0.04	主要用于高精度要求的钢铁零件加工
	半精车→精车→精磨→研磨	5 级以上	0.01 ~ 0.04	
	半精车→精车→粗研→抛光	5 级以上	0.01 ~ 0.06	

表 8-14　内孔表面加工方案及其经济精度

加工方案	经济精度公差等级（IT）	表面粗糙度 *Ra* /μm	适用范围
钻	11～13	≥20	加工未淬火钢及铸铁的实心毛坯。也可加工有色金属材料
钻→扩	10～11	10～20	
钻→扩→铰	8～9	2.5～5	
钻→扩→粗铰→精铰	7	1.25～2.5	
钻→铰	8～9	2.5～5	
钻→粗铰→精铰	7～8	1.25～2.5	
钻→（扩）→拉	7～9	1.25～2.5	大批量生产
粗镗（或扩）	11～13	10～20	除淬火钢以外的各种钢材，加工毛坯上已有的孔
粗镗（或扩）→半精镗（或精扩）	8～9	2.5～5	
粗镗（或扩）→半精镗（或精扩）→精镗（或铰）	7～8	1.25～2.5	
粗镗（或扩）→半精镗（或精扩）→精镗（或铰）→浮动镗	6～7	0.63～1.25	
粗镗（扩）→半精镗→磨	7～8	0.32～1.25	主要用于淬火钢，不宜用于有色金属
粗镗（扩）→半精镗→粗磨→精磨	6～7	0.16～0.32	
粗镗→半精镗→精镗→超精镗		0.08～0.63	
钻→（扩）→粗铰→精铰→珩磨		0.04～0.32	主要用于高精度要求的孔加工
钻→拉→珩磨			
钻→粗镗→半精镗→精镗→珩磨			

表 8-15　平面加工方案及其经济精度

加工方案	经济精度公差等级（IT）	表面粗糙度 *Ra* /μm	适用范围
粗车	11～13	20～80	适用于工件的端面加工
粗车→半精车	8～9	5～10	
粗车→半精车→精车	6～7	1.25～2.5	
粗车→半精车→磨	6	0.32～1.25	
粗刨（粗铣）	11～13	20～80	适用于不淬硬的平面加工
粗刨（粗铣）→精刨（精铣）	7～9	1.0～2.5	
粗刨（粗铣）→精刨（精铣）→刮研	5～6	0.16～1.25	
粗刨（粗铣）→精刨（精铣）→宽刃精刨	6	0.32～1.25	批量较大，宽刃精刨，要求效率高的加工
粗刨（粗铣）→精刨（精铣）→磨	6	0.32～1.25	适用于精度要求较高的平面加工
粗刨（粗铣）→精刨（精铣）→粗磨→精磨	5～6	0.04～0.63	
粗铣→拉	6～9	0.32～1.25	适用于大量生产中加工较小的不淬火平面

（续）

加工方案	经济精度公差等级（IT）	表面粗糙度 Ra /μm	适用范围
粗铣→精铣 →磨→研磨	5～6	0.01～0.32	适用于高精度平面的加工
粗铣→精铣 →磨→研磨→抛光	5 级以上	0.01～0.16	

四、选择定位基准

定位基准是机械加工中工件定位的依据。它的合理选择对保证加工精度、安排加工顺序和提高加工效率有着重要的意义。

第一道加工工序只能以毛坯的表面作为定位基准，这种基准称为粗基准。在以后的工序中用已加工表面为基准，这种基准称为精基准。在选取切削加工基准时，需要按照粗基准和精基准的各自确定原则来确定。如果确定的加工基准不合理，往往会影响零件的精度和生产效率，甚至会造成废品。

有些工件为了便于装夹或为了便于某些部位的加工需要，需在工件上设计出专门的辅助定位机构，称为辅助基准。例如在铸造毛坯上设计的工艺凸台和工艺孔等。

五、拟定工艺路线

拟定工艺路线就是把加工工件所需的各个工序作出安排，它主要包括安排加工顺序、选择机床以及选择工、夹、量、辅、刃具等。

1. 安排加工顺序

安排加工顺序应注意以下几点：

（1）基准先行　作为精基准的表面应首先安排加工，因为后续加工要用它来定位。如轴类工件的中心孔、箱体工件的底面和结合面都应先加工。

（2）粗精加工应分阶段进行　划分加工阶段有以下方面的作用。

1）可使铸、锻、焊件的残余应力在机械加工过程中逐渐松弛。也可消除粗加工较大夹紧力引起的变形，并可解决大切削用量产生的表面质量差和加工精度低的问题。

2）经济、合理地使用设备，提高效率。粗加工采用功率大，精度低，刚度大的机床，选大的切削用量，以提高效率。精加工则相反，主要保证高精度。

3）及早发现缺陷，减少浪费。精加工安排在最后，可使工件精加工后的表面不受损伤。

（3）分清主次　主要表面的粗加工、半精加工一般都安排在次要表面的加工之前。其他次要表面和键槽、螺纹、孔等可穿插在主要表面加工工序之间或稍后进行，但应安排在主要表面最后精加工或光整加工之前，以防止加工过程中损坏已加工的高精度表面。

（4）形状区分　形状较复杂的铸、锻、焊接件加工前要安排划线工序，这也是复杂毛坯进入机械加工前的检测手段之一。

（5）工序的分散编排和集中编排各有所长　尽量集中编排，力求在少数工序内完成加工。以减少更换机床、减少工件的搬移，缩短工件的加工周期。

（6）热处理工序要按其作用合理安排　为了保证材料具有良好的可加工性，粗加工前应安排退火或正火；调质一般安排在粗加工后，半精加工之前；淬火、回火一般为最终热处理，其后安排磨削加工。

(7) 检验工序　检验工序是保证产品质量的重要措施，同时还可及早发现废品以避免无效加工。检验应在每道工序完成后进行。

(8) 其他工序　如表面处理、镀铬、发蓝处理、涂装等均安排于全部加工之后。去毛刺、清洗等可安排在工序间穿插进行。

2. 选择机床

工件各加工表面的加工方法确定后，就可根据零件尺寸查阅机床的技术规范，确定机床的型号。一般需考虑工件的最大尺寸能否安装在机床上，并考虑夹具可装夹的尺寸范围，同时还要看刀具与工件间的相对运动行程能否加工出所需要的表面。

3. 选择刀具

安排工序的同时还应选择每道工序所用刀具种类和形状，以及有无特殊要求，并按零件材料的硬度确定刀具材料的种类。

六、编制工艺文件

工艺路线确定后，还应确定各加工工序的余量及公差，估算时间定额等，最后要以图表（或文字）的形式写成工艺文件。工艺文件的形式和种类，因生产类型不同，会各有不同。

七、机械加工件的工艺设计示例

图 8-17 为一机床的齿轮轴，生产批量为 150 件。要求为该零件设计机械加工工艺。

1. 分析零件

该零件的主要部分为回转体轴类结构，左端有 M16 螺纹，右端为方形结构，中间 ϕ18mm 处为扁形结构。技术要求有：

1）零件的主要表面为 $\phi 25_{-0.04}^{-0.02}$mm，其表面粗糙度 Ra 为 0.4μm。

2）$\phi 25_{-0.04}^{-0.02}$mm 轴线对基准 A（ϕ50 右端面）的垂直度公差为 ϕ0.02mm。

3）ϕ50mm 左端面对基准 A 的平行度公差为 0.02mm。

4）工件材料为 45 钢，$\phi 25_{-0.04}^{-0.02}$mm 外圆面与方头处淬火 40～45HRC。

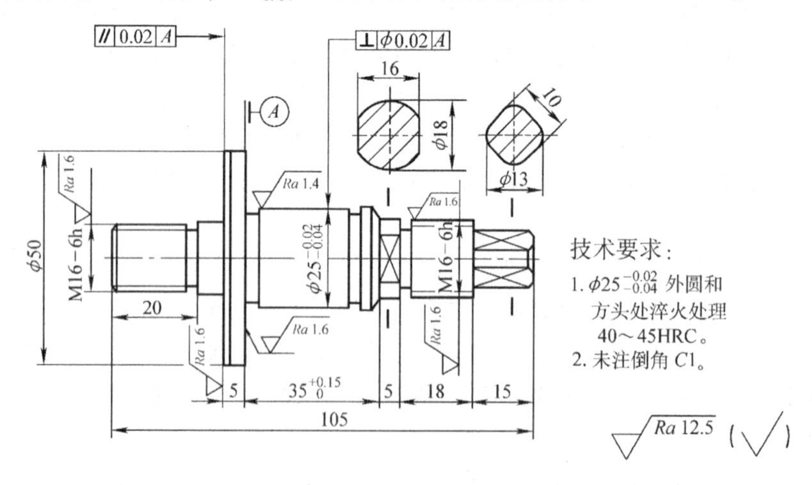

图 8-17　齿轮轴零件图

2. 毛坯的选择

常见的轴类零件毛坯有供应状态的热轧棒料和锻件两种。单件小批量生产时，形状简单和强度没有特别要求的轴类零件，一般采用热轧棒料作为毛坯。但考虑到该零件的直径尺寸变化较大，为节省材料和减少机械加工时间，结合零件的生产数量，选用自由锻件毛坯较为合适。

3. 定位基准的选择

轴类零件的粗基准，通常采用毛坯外圆面表面。粗加工完成后，一般采用轴两端的中心孔作为精基准。这样既可以在一次装夹中加工出各段外圆表面及其端面，又符合基准统一原则，以便在以后的铣、磨工序中仍可采用中心孔作为定位基准。与此同时，既保证了轴上各段外圆面的同轴度，又保证了轴线与端面的垂直度以及两端面间的平行度。由于两端中心孔的精度对零件的加工精度影响很大，为了保证定位基准部位的精度，应该在零件最终热处理后修研两端的中心孔。

4. 工艺路线的拟定

根据该零件的结构特点和技术要求，主要表面需要在车床、磨床上加工，方形部位及 ϕ18mm 的扁形处可在铣床或刨床上加工。

由于零件属于小批量生产，拟采用工序集中安排的方法生产，用两道工序将所有车削加工完成，缩短了加工工艺路线。淬火热处理安排在车削、铣削加工之后和磨削之前。该轴的加工方法可以设计以下两种加工方案：

方案一：

1）自由锻制造毛坯，对毛坯进行锻后正火处理。

2）车削两端面，钻出中心孔。

3）车削各外圆面和端面，车削槽、倒角和车螺纹，车削 $\phi25_{-0.04}^{-0.02}$mm 处，预留 0.3mm 的加工余量。

4）铣削方形处和扁形处，去除毛刺。

5）对 $\phi25_{-0.04}^{-0.02}$mm 外圆表面及方头处进行高濒感应淬火处理，然后进行中温回火处理。

6）修研中心孔。

7）磨削 $\phi25_{-0.04}^{-0.02}$mm 外圆表面。

8）产品检验。

方案二：

1）自由锻制造毛坯，对毛坯进行锻后正火处理。

2）车削两端面，钻出中心孔。

3）车削各外圆面、端面，车削槽，倒角，车螺纹，车削 $\phi25_{-0.04}^{-0.02}$mm 处，预留 0.3mm 的加工余量，在 ϕ50 处的侧面留 0.2mm 的加工余量。

4）铣削方形处和扁形处，去除毛刺。

5）对 $\phi25_{-0.04}^{-0.02}$mm 外圆表面及方头处表面淬火处理，然后进行中温回火处理。

6）修研中心孔。

7）磨削 $\phi25_{-0.04}^{-0.02}$mm 外圆表面，磨削 ϕ50mm 处的两侧面。

8）产品检验。

根据零件图的要求可知，ϕ50mm 处两侧面表面粗糙度 Ra 要求为 1.6μm，该要求可以不进行磨削就能达到要求。但为了保证 ϕ50mm 两侧面的位置精度要求，在方案二中将 ϕ50mm 处两侧面的精加工安排在热处理工序之后，采用磨削加工时，可以与 $\phi25_{-0.04}^{-0.02}$mm 一同磨出。而方案一中 ϕ50mm 处两侧面是在车削工序中完成的。车削后还要进行淬火处理，有可能导致零件产生变形，影响 ϕ50mm 处两侧面的位置精度。因而，采用方案二更为适宜。

5. 工艺过程

齿轮轴的工艺过程列于工艺过程卡片中，具体见表 8-16。

表 8-16 齿轮轴的机械加工工艺过程卡片

<table>
<tr><td rowspan="11"></td><td colspan="3" rowspan="2">(单位名称)</td><td colspan="3" rowspan="2">机械加工工艺过程卡片</td><td colspan="2">产品型号</td><td></td><td>零件图号</td><td></td><td>共 1 页</td></tr>
<tr><td colspan="2">产品名称</td><td>减速器</td><td>零件名称</td><td>齿轮轴</td><td>第 1 页</td></tr>
<tr><td>材料</td><td>45 钢</td><td>毛坯种类</td><td>锻件</td><td>毛坯尺寸</td><td></td><td>每坯件数</td><td>1</td><td>本批件数</td><td>150</td><td>备注</td><td></td></tr>
<tr><td>工序号</td><td>工序名称</td><td colspan="3">工序内容</td><td>车间</td><td colspan="2">设备</td><td colspan="3">工艺装备</td><td>单件工时</td></tr>
<tr><td>10</td><td>下料</td><td colspan="3">锯切棒料(详见下料单)</td><td>材料</td><td colspan="2">锯床</td><td colspan="3"></td><td></td></tr>
<tr><td>20</td><td>锻造</td><td colspan="3">自由锻</td><td>锻工</td><td colspan="2">空气锤</td><td colspan="3"></td><td></td></tr>
<tr><td>30</td><td>正火</td><td colspan="3">正火热处理</td><td>热处理</td><td colspan="2">45kW 箱式炉</td><td colspan="3">火钳、布氏硬度计</td><td></td></tr>
<tr><td>40</td><td>车削</td><td colspan="3">车削两端面、钻中心孔</td><td>机加工</td><td colspan="2">车床</td><td colspan="3">三爪自定心卡盘,45°车刀、中心钻</td><td></td></tr>
<tr><td>50</td><td>车削</td><td colspan="3">车削各外圆面、端面、槽,倒角,车螺纹</td><td>机加工</td><td colspan="2">车床</td><td colspan="3">双顶尖、45°车刀、90°车刀、切槽车刀、螺纹车刀、游标卡尺</td><td></td></tr>
<tr><td>60</td><td>铣削</td><td colspan="3">铣削方形和扁形处、去毛刺</td><td>机加工</td><td colspan="2">铣床</td><td colspan="3">顶尖、分度头、游标卡尺</td><td></td></tr>
<tr><td>70</td><td>热处理</td><td colspan="3">ϕ25mm 处外圆面和方头处表面淬火</td><td>热处理</td><td colspan="2">高频感应设备</td><td colspan="3">火钳、洛氏硬度计</td><td></td></tr>
<tr><td>描图</td><td>80</td><td>热处理</td><td colspan="3">中温回火</td><td>热处理</td><td colspan="2">45kW 箱式炉</td><td colspan="3">火钳、洛氏硬度计</td><td></td></tr>
<tr><td></td><td>90</td><td>钳工</td><td colspan="3">修研中心孔</td><td>机加工</td><td colspan="2">钻床</td><td colspan="3"></td><td></td></tr>
<tr><td>描校</td><td>100</td><td>磨削</td><td colspan="3">磨削 ϕ25mm 处外圆和 ϕ50mm 处两侧面</td><td>机加工</td><td colspan="2">外圆磨床</td><td colspan="3">双顶尖、千分尺</td><td></td></tr>
<tr><td>底图号</td><td>110</td><td>检验</td><td colspan="3">按图样要求进行检验</td><td></td><td colspan="2"></td><td colspan="3"></td><td></td></tr>
<tr><td rowspan="2"></td><td></td><td></td><td></td><td></td><td></td><td></td><td colspan="2">设计(日期)</td><td colspan="2">审核(日期)</td><td>标准化(日期)</td><td>会签(日期)</td></tr>
<tr><td>标记</td><td>处理</td><td>更改文件号</td><td>签字</td><td>日期</td><td></td><td colspan="2"></td><td colspan="2"></td><td></td><td></td></tr>
</table>

复习与思考题

1. 一般情况下，调质热处理工艺为何不安排在零件的粗加工之前?
2. 对复杂结构的零件进行热处理时，在加热温度范围以内为何要尽量降低其加热温度?
3. 图 8-18 为一轴零件，共需要 10 件，请设计毛坯的自由锻工艺并绘出自由锻图。
4. 锻模上的飞边槽为何要有桥部和仓部之分?
5. 在设计模锻件工艺时，飞边的体积计算为何不能取其锻模仓部体积的 100%?
6. 请设计图 8-19 的铸造工艺，并绘出铸件图。
7. 图 8-20 为一齿轮轴，批量为 20 件，请设计毛坯制造的工艺和切削加工的工艺。

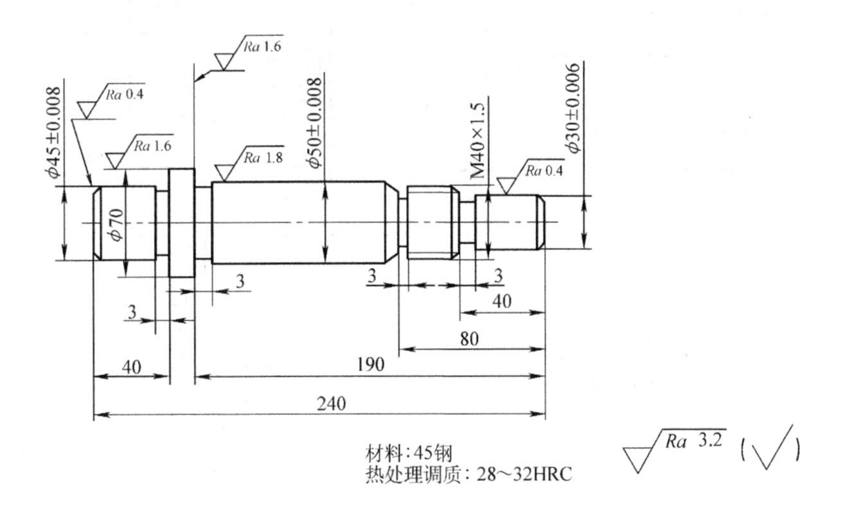

图 8-18 轴零件

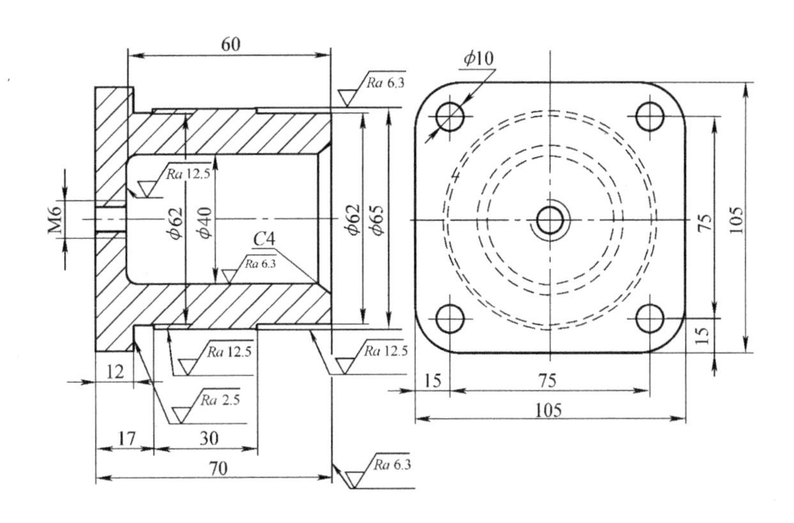

图 8-19 螺旋支座

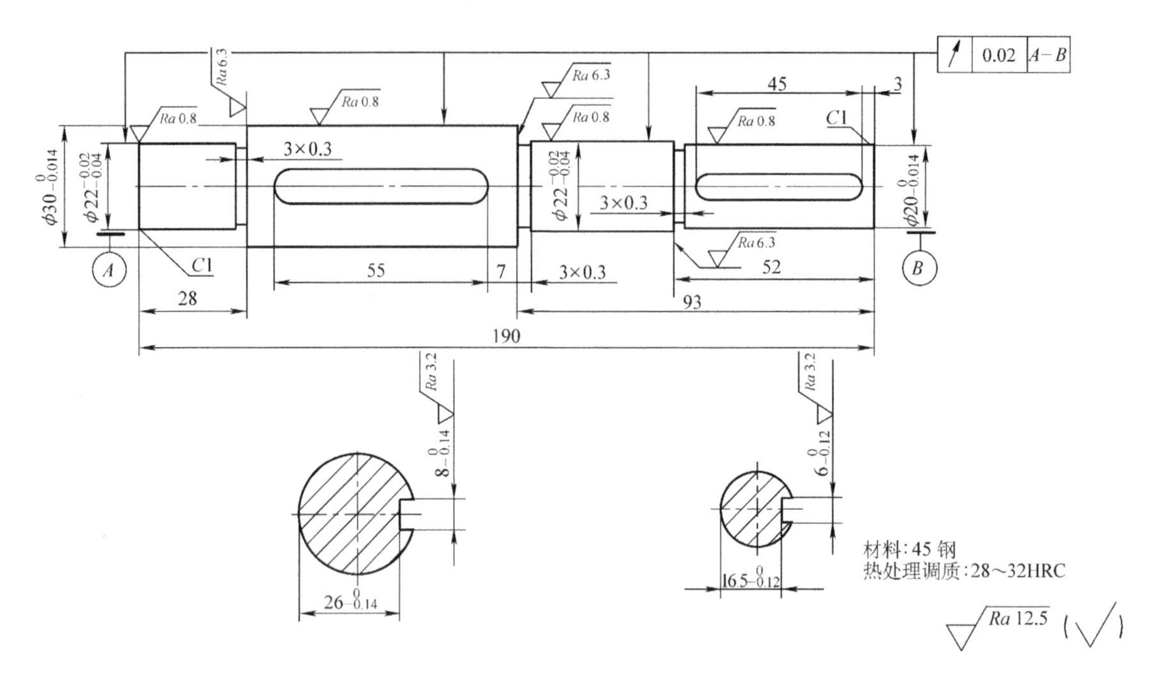

0.02
A−B
Ra 6.3
Ra 0.8
45
3
C1
3×0.3
55
7
52
28
93
190
Ra 3.2
材料:45 钢
热处理调质:28～32HRC
Ra 12.5

图 8-20　齿轮轴

参 考 文 献

[1] 陈全德，张建勋，杨秉俭．材料成形工程［M］．西安：西安交通大学出版社，2000.

[2] 许本枢．机械制造概论［M］．北京：机械工业出版社，2000.

[3] 李振明，陈寿祖．金属工艺学［M］．北京：高等教育出版社，1989.

[4] 荆学俭，许本枢．机械制造基础［M］．济南：山东大学出版社，1995.

[5] 国家自然科学基金委员会．机械制造科学（热加工）［M］．北京：科学出版社，1995.

[6] 热处理手册编委会．热处理手册［M］．北京：机械工业出版社，1992.

[7] 齐宝森，等．机械工程材料［M］．上海：上海交通大学出版社，1999.

[8] 齐宝森，等．机械工程材料［M］．北京：地震出版社，2001.

[9] 邓文英．金属工艺学［M］.4 版．北京：高等教育出版社，2000.

[10] 陈寿祖，郭晓鹏．金属工艺学（热加工部分）［M］．北京：高等教育出社，1987.

[11] 李振明．机械制造基础［M］．北京：机械工业出版社，1999.

[12] 机械工程手册编委会．机械工程手册：工程材料卷［M］.2 版．北京：机械工业出版社，1996.

[13] 盛善权，等．金属工艺学［M］．北京：机械工业出版社，1992.

[14] 司乃钧，等．热加工工艺基础［M］．北京：高等教育出版社，1991.

[15] 张力真，徐允长．金属工艺学实习教材［M］.2 版．北京：高等教育出版社，1991.

[16] 金禧德．金工实习［M］．北京：高等教育出版社，1993.

[17] 中国机械工程学会锻压学会．锻压手册［M］．北京：机械工业出版社，1993.

[18] 中国机械工程学会焊接学会．焊接手册［M］．北京：机械工业出版社，1995.

[19] 陈洪勋，张学仁．金属工艺学实习教材［M］．北京：机械工业出版社，1995.

[20] 王东升，等．金属工艺学［M］．杭州：浙江大学出版社，1990.

[21] 清华大学金属工艺学教研室．金属工艺学实习教材［M］．北京：高等教育出版社，1997.

[22] 王昕，等．机械制造基础（工艺实习）［M］．北京：机械工业出版社，1999.

[23] 王启平．机械制造工艺学［M］．哈尔滨：哈尔滨工业大学出版社，1988.

[24] 孟兴发，等．机械制造工程概论［M］．北京：航空工业出版社，1992.

[25] 齐世恩．机械制造工艺学［M］．哈尔滨：哈尔滨工业大学出版社，1989.

[26] 国家自然科学基金委员会．机械制造科学（冷加工）［M］．北京：科学出版社，1994.

[27] 刘晋春，等．特种加工［M］．北京：机械工业出版社，1994.

[28] 胡永生．机械制造工艺原理［M］．北京：北京理工大学出版社，1992.

[29] 宋健．现代科学技术基础知识［M］．北京：科学出版社 1994.

[30] 王先逵．机械制造工艺学［M］．北京：清华大学出版社，1989.

[31] 冯之敬．机械制造工程原理［M］．北京：清华大学出版社，1999.

[32] 傅水根．机械制造工艺基础［M］．北京：清华大学出版社，1998.